Ellen Ivers-Tiffée, Waldemar von Münch

Werkstoffe der Elektrotechnik

Ellen Ivers-Tiffée, Waldemar von Münch

Werkstoffe der Elektrotechnik

10., überarbeitete und erweiterte Auflage

Mit 245 Abbildungen und 40 Tabellen

Teubner

Bibliografische Information der Deutschen Bibliothek
Die Deutsche Bibliothek verzeichnet diese Publikation in der Deutschen Nationalbibliografie;
detaillierte bibliografische Daten sind im Internet über <http://dnb.ddb.de> abrufbar.

Prof. Dr.-Ing. Ellen Ivers-Tiffée leitet das Institut für Werkstoffe der Elektrotechnik der Universität Karlsruhe (TH). Sie lehrt und forscht in den Bereichen funktionskeramische Werkstoffe und passive Bauelemente.
Prof. Dr. phil. nat. Waldemar von Münch war bis zu seiner Emeritierung Direktor des Instituts für Halbleitertechnik der Universität Stuttgart.

1. Auflage 1972
2. Auflage 1975
3. Auflage 1978
4. Auflage 1982
5. Auflage 1985
6. Auflage 1989
7. Auflage 1993
8. Auflage 2000
9. Auflage 2004
10. Auflage Januar 2007

Der B.G. Teubner Verlag ist ein Unternehmen von Springer Science+Business Media.
www.teubner.de

Umschlaggestaltung: Ulrike Weigel, www.CorporateDesignGroup.de
Druck und buchbinderische Verarbeitung: Strauss Offsetdruck, Mörlenbach
Gedruckt auf säurefreiem und chlorfrei gebleichtem Papier.

ISBN 978-3-8351-0052-7

Vorwort zur 10. Auflage

Werkstoffe spielen eine zentrale Rolle für den technischen und wirtschaftlichen Fortschritt. Ihre Verfügbarkeit ist mitbestimmend für die Innovation in den Schlüsseltechnologien Informations-, Energie-, Medizin- und Umwelttechnik. Mehr als die Hälfte aller forschenden Unternehmen in Deutschland ist auf dem Gebiet neuer Werkstoffe tätig, dabei entsteht eine große Vielfalt neuartiger Bauelemente. Die Umsetzung der Forschungsergebnisse in intelligente elektronische Systeme liegt in der Hand von Elektroingenieurinnen und -ingenieuren, die in der Lage sind, im Spannungsfeld zwischen physikalischer Grundlagenforschung, Werkstoffwissenschaft und Ingenieurskunst *kreativ* zu arbeiten.

Das vorliegende Skriptum behandelt eingangs **Aufbau und Eigenschaften der Materie**. Besonderes Augenmerk gilt dabei der Kristallstruktur in Festkörpern. Damit wird die Basis für das Verständnis der folgenden fünf Themenschwerpunkte gelegt.

Wie wird die Torsion einer Welle gemessen, wie das Magnetfeld eines Kernspintomographen erzeugt – nur zwei Anwendungsgebiete moderner **metallischer Werkstoffe**. Zum Messen kleinster Magnetfelder können **Halbleiter,** deren Eigenschaften gezielt geändert wurden, verwendet werden. Die Einflussgrößen und die resultierenden Eigenschaften des Werkstoffs werden hier besprochen. Mit modernen **Dielektrika** können Aktoren mit Positioniergenauigkeiten im Nanometerbereich (Piezoeffekt) und sehr kleine, hochkapazitive Kondensatoren zum Einsatz in Mobilfunktelefonen aufgebaut werden. Der Themenkomplex der dielektrischen Bauelemente wird in Theorie und Praxis dargestellt. **Nichtlineare Widerstände** auf der Basis polykristalliner Keramik kommen als Heißleiter, Kaltleiter oder Varistoren (Variable Resistoren) zum Einsatz. In diesem Kapitel wird der Zusammenhang zwischen Werkstoffzusammensetzung, Mikrogefüge und elektrischer Funktion ausführlich vorgestellt. Abschließend behandelt das Skriptum die drei Haupttypen des Magnetismus und die Anwendung **magnetischer Werkstoffe** in Elektrotechnik und Informationstechnik.

Dank der zahlreichen Hinweise und Anregungen von Kollegen und Studenten wurde die Gelegenheit wahrgenommen, in der vorliegenden Auflage einige Verbesserungen vorzunehmen sowie den Anhang um zwei Abschnitte zu erweitern: Sowohl eine Formelsammlung mit den wichtigsten Gleichungen aus dem behandelten Stoffgebiet als auch eine Auswahl von Übungsaufgaben mit Lösungen sollen dem Studenten insbesondere bei der Prüfungsvorbereitung von Nutzen sein.

Karlsruhe, Juni 2006

E. Ivers-Tiffée

Inhaltsverzeichnis

1 Aufbau und Eigenschaften der Materie

Der russische Chemiker Mendelejew und der Karlsruher Prof. Meyer ordneten (unabhängig voneinander) vor mehr als einem Jahrhundert die damals bekannten 63 Elemente nach ihren Eigenschaften, die sich periodisch mit steigendem Atomgewicht wiederholten. Dieses Schema nannte man später das Periodensystem der Elemente. Die beobachtete Regelmäßigkeit konnte lange nicht begründet werden, bis zur Entdeckung des Ausschließungsprinzips durch den Physiker Wolfgang Pauli. Zusammen mit der aus dem Bohrschen Atommodell folgenden Tatsache, dass Elektronen im Atom nur bestimmte Energiezustände annehmen können, erklärt es die Elektronenkonfiguration der Elemente. Diese Gesetzmäßigkeiten werden in Kapitel 1.1 besprochen. Die Quantenmechanik bildet auch die Grundlage für das Verständnis der Atom- und Molekülorbitale, mit denen die verschiedenen Arten der chemischen Bindung erklärbar sind (Kapitel 1.2). Die drei Aggregatzustände der Materie werden in 1.3 besprochen, mit dem Schwerpunkt auf den Kristallstrukturen. Die Gittereigenschaften und die Energiebänder der Festkörper, die bei der Vereinigung einzelner Atome zum Festkörper entstehen, erklären die verschiedenen Arten von Festkörpern – Metalle, Halbleiter und Isolatoren – und ihre mechanischen, elektrischen und thermischen Eigenschaften (Kapitel 1.4).

1.1 Aufbau der Atome und Periodensystem der Elemente

1.1.1 Bohrsches Atommodell und Wasserstoffatom

Die Materie ist aus Elementarteilchen, d. h. aus Protonen, Neutronen und Elektronen zusammengesetzt. Zu den charakteristischen Merkmalen eines Elementarteilchens gehören die elektrische Ladung q, die Masse m, der Spin (Eigendrehimpuls) s und das magnetische Moment μ_m. Die elektrische Ladung und der Spin sind quantisierte Größen. Ein Teilchen kann nur eine Ladung aufweisen, die ein Vielfaches der Elementarladung $e_0 = 1{,}602 \cdot 10^{-19}$ As beträgt. Der Drehimpuls ist stets ein halb- oder ganzzahliges Vielfaches der Größe $\hbar = h/2\pi$, hierin ist $h = 6{,}624 \cdot 10^{-34}$ Js das Plancksche Wirkungsquantum. Der Betrag des magnetischen Dipolmoments des Elektrons entspricht dem Bohrschen Magneton ($\mu_B = e_0 h/4\pi m_e$).

	Proton	Neutron	Elektron
Ladung	$e_0 = 1{,}602 \cdot 10^{-19}$ As	0	$-e_0 = -1{,}602 \cdot 10^{-19}$ As
Ruhemasse	$m_P = 1{,}673 \cdot 10^{-27}$ kg	$m_N = 1{,}675 \cdot 10^{-27}$ kg	$m_e = 9{,}109 \cdot 10^{-31}$ kg
Spin	$s_p = 5{,}3 \cdot 10^{-35}$ Js	$s_n = 5{,}3 \cdot 10^{-35}$ Js	$s_e = 5{,}3 \cdot 10^{-35}$ Js
magn. Moment	$\mu_p = 1{,}4 \cdot 10^{-26}$ Am^2	$\mu_n = -1{,}0 \cdot 10^{-26}$ Am^2	$\mu_e = -9{,}3 \cdot 10^{-24}$ Am^2

Tabelle 1.1 Elementarteilchen

Ein Atom setzt sich aus dem positiv geladenen Kern und der Elektronenhülle zusammen. Der Kern besteht aus Protonen und Neutronen; die Zahl der Elektronen in der Hülle ist (beim neutralen Atom) gleich der Zahl der Protonen. Die Ordnungszahl Z gibt die Anzahl der Protonen bzw. Elektronen pro Atom an. Die Zahl der Nukleonen (Massenzahl) A ergibt sich aus der Protonenzahl Z und der Neutronenzahl N zu $A = Z + N$. Durch Angabe der Ordnungszahl und der Massenzahl ist das Atom eindeutig bestimmt, z. B. $_3^7\text{Li}$ oder (vereinfacht) ^7Li. Atome identischer Protonenzahl haben gleiches chemisches Verhalten; bei unterschiedlicher Massenzahl (Isotope) können sich Unterschiede im physikalischen Verhalten ergeben (z. B. Radioaktivität, Kernzerfall). Die meisten chemischen Elemente bestehen aus einer Mischung von mehreren Isotopen. In der Regel zeichnet sich jeweils ein Isotop durch besondere Häufigkeit (> 90 %) aus. Die Stabilität der Kerne wird durch Kernkräfte kurzer Reichweite, die zwischen den Nukleonen wirken, vermittelt. Die Coulombschen Abstoßungskräfte zwischen den Protonen wirken destabilisierend. Atomkerne sind daher nur stabil, wenn die Zahl der Neutronen größer oder gleich der Zahl der Protonen ist (Ausnahmen ^1H und ^3He). Da die abstoßenden Coulomb-Kräfte eine – im Vergleich zu den Kernkräften – große Reichweite besitzen, ist für stabile Kerne hoher Ordnungszahl eine besonders große Neutronenzahl erforderlich. Als atomare Masseneinheit u verwendet man (seit 1960) den zwölften Teil der Masse des Kohlenstoffisotops ^{12}C, d. h. $u = 1{,}66 \cdot 10^{-27}$ kg. Das Atomgewicht des Isotops ^{12}C ist somit definitionsgemäß 12,00 u.

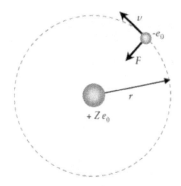

Bild 1.1 Bohrsches Atommodell: ein aus Protonen und Neutronen bestehender, positiv geladener Atomkern ($+Z \cdot e_0$) wird von Z negativ geladenen Elektronen ($-e_0$) umkreist. Der Durchmesser des Atomkerns ($d_\text{Kern} \approx 10^{-15}$ m) ist wesentlich kleiner als der des Atoms ($d_\text{Atom} \approx 0{,}8 \ldots 3 \cdot 10^{-10}$ m). [Tipler1994]

Die Energie W und der Abstand r der Elektronen zum Atomkern lassen sich mit Hilfe des Bohrschen Atommodells (1913) berechnen. Dazu nimmt man vereinfachend an, dass sich die Elektronen mit der Ladung $-e_0$ unter dem Einfluss der Coulombschen Anziehungskraft des Kerns mit der Ladung $+Z \cdot e_0$ auf Kreisbahnen um den Kern bewegen. Es gilt dann die Gleichgewichtsbedingung, d. h. die Zentrifugalkraft ist betragsmäßig gleich der Coulomb-Kraft.

$$F = \frac{1}{4\pi\varepsilon_0} \frac{Ze_0^2}{r^2} = \frac{m_e v^2}{r} \tag{1.1}$$

Dieses Atommodell, das auf den Gesetzen der klassischen Physik beruht, weist verschiedene Widersprüche auf. Ein um einen Kern kreisendes Elektron strahlt Energie in Form elektromagnetischer Wellen ab. Die Energie des Elektrons sollte dementsprechend kontinuierlich absinken, das Elektron würde „in den Kern stürzen". Des Weiteren sollte das Elektron beliebige Energiewerte annehmen können, d. h. es sollte auf Bahnen mit beliebigem Radius um den Kern kreisen können. Die Strahlungsspektren der einzelnen Elemente zeigen aber, dass jedes Element nur Strahlung bestimmter Wellenlängen (Spektrallinien) absorbieren oder emittieren kann, d. h. dass die Elektronen nur diskrete Energiewerte annehmen können. Um diese Widersprüche zu umgehen, stellte Bohr drei Postulate auf, mit denen eine Beschreibung der Atome nach den Vorstellungen der klassischen Physik möglich wird:

- In einem Atom bewegen sich die Elektronen nach den Gesetzen der klassischen Mechanik auf diskreten Kreisbahnen mit den Energien W_n (n = 1, 2, 3, ...)

- Die Bewegung des Elektrons erfolgt strahlungslos, nur bei einem Übergang in einen Zustand niedrigerer (höherer) Energie wird ein Photon der Energie $W_{Ph} = h \cdot f = (W_n - W_m)$ emittiert (absorbiert).

- Der Bahndrehimpuls eines Elektrons in einem stationären Zustand nimmt nur diskrete Werte an:

$$m_e v r = \frac{nh}{2\pi} = n\hbar, \quad n = 1, 2, 3, ... \tag{1.2}$$

Der 1. Bohrsche Bahnradius r_1 und das zugehörige Energieniveau E_1 ergeben sich im Wasserstoffatom (Z = 1) zu:

$$r_1 = \frac{\varepsilon_0 h^2}{\pi m_e e_0^2} \approx 0{,}0529 \text{ nm} \qquad (1 \text{ nm} = 10^{-9} \text{m}) \tag{1.3}$$

$$W_1 = \frac{m_e e_0^4}{8 \varepsilon_0^2 h^2} = 13{,}6 \text{ eV} \qquad (1 \text{ eV} = e_0 \cdot 1\text{V} = 1{,}062 \cdot 10^{-19} \text{ Ws}) \tag{1.4}$$

Unter Berücksichtigung der potentiellen und kinetischen Energie der im Potentialfeld des Kerns umlaufenden Elektronen ergeben sich die weiteren Radien und Energiewerte für das Wasserstoffatom:

$$r_n = n^2 \frac{\varepsilon_0 h^2}{\pi m_e e_0^2} \tag{1.5}$$

$$W_n = -\frac{m_e e_0^4}{8 \varepsilon_0^2 h^2} \cdot \frac{1}{n^2} = -W_1 \frac{1}{n^2} \tag{1.6}$$

Der Nullpunkt der Energieskala wurde so festgelegt, dass die Energie des freien, unbewegten Elektrons ($r_n = \infty$) gleich null ist. An den Kern gebundene Elektronen sind somit durch einen negativen Energiewert, freie Elektronen durch einen positiven Energiewert gekennzeichnet.

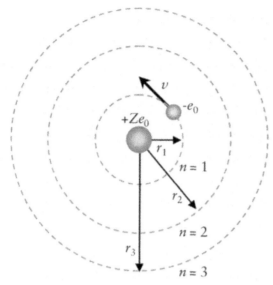

Bild 1.2 Bohrsches Atommodell für das Wasserstoffatom. Das Elektron kann den Atomkern nur auf diskreten Kreisbahnen n mit den Radien r_n umkreisen. [Tipler1994]

Das Bohrsche Atommodell liefert korrekte Energiewerte für ein einzelnes Elektron (Wasserstoffatom), jedoch keine Aussage über die räumliche Elektronenverteilung (nur den mittleren Abstand r_n vom Kern). Bei Atomen mit mehreren Elektronen sind Korrekturen infolge der Wechselwirkung der Elektronen untereinander erforderlich. Damit ergeben sich veränderte Energiewerte, die generelle Tendenz (d. h. mit steigendem Abstand vom Kern zunehmende Energie der Elektronen) bleibt jedoch erhalten.

1.1.2 Quantenmechanik und Konfiguration der Elektronenhülle

Die von Schrödinger 1926 aufgestellte Wellengleichung zur Beschreibung massebehafteter Teilchen mit der Gesamtenergie W und der potentiellen Energie V führte zum quantenmechanischen Atommodell. Die stationäre Schrödingergleichung lautet (∇^2: Laplace-Operator):

$$-\frac{\hbar^2}{2m}\nabla^2\Psi + V\Psi = W\Psi \quad \text{mit} \quad \nabla^2 = \frac{\partial^2}{\partial x^2} + \frac{\partial^2}{\partial y^2} + \frac{\partial^2}{\partial z^2} \tag{1.7}$$

Die Elektronen besitzen sowohl Eigenschaften klassischer Teilchen als auch Eigenschaften klassischer Wellen wie Interferenz und Beugung.

Klassisches Teilchen	Klassische Welle
• kleine massive Kugel • Aufenthaltsort immer lokalisierbar • Energie und Impuls bestimmt • keine Interferenz- und Beugungseffekte	• Energie und Impuls kontinuierlich im Raum verteilt • interferenz- und beugungsfähig

Tabelle 1.2 Welle-Teilchen-Dualismus [Tipler1994]

In Bild 1.3 ist die Lösung der (eindimensionalen) Schrödinger-Gleichung für ein Teilchen innerhalb eines unendlich hohen Kastenpotentials dargestellt. Mit $V = 0$ für $0 < x < L$ gilt innerhalb des „Kastens":

$$-\frac{\hbar^2}{2m}\frac{\partial^2 \Psi}{\partial x^2} = W\Psi \qquad (1.8)$$

Mit der Randbedingung $V(x) = \infty$ (d. h. $\Psi(x) = 0$) für $x \leq 0$ oder $x \geq L$ ergibt sich die Wellenfunktion $\Psi_n(x)$ als Lösung:

$$\Psi_n = \sqrt{\frac{2}{L}}\sin\left(\frac{n\pi x}{L}\right) \qquad (1.9)$$

$|\Psi_n(x)|^2$ entspricht der Wahrscheinlichkeitsdichte für den Aufenthalt des Teilchens am Ort x. Damit lassen sich die erlaubten Energiezustände W_n des Teilchens angeben:

$$W_n = \frac{n^2 h^2}{8mL^2} \qquad (1.10)$$

Die Lösung der dreidimensionalen Schrödinger-Gleichung führt auf Kugelfunktionen (Wellenfunktionen auf einer Kugeloberfläche) mit den Nebenquantenzahlen $l = 0, 1, 2, ..., n-1$ (Bahndrehimpulsquantenzahl) und $m_l = 0, \pm1, \pm2, ..., \pm l$ (magnetische Quantenzahl).

$$Y_{l,m_l} = N\Theta_{l,|m_l|}\Phi_{m_l} \qquad (1.11)$$

Bild 1.4 gibt die Wahrscheinlichkeitsdichte $|\Psi|^2$ eines Teilchens auf einer Kugelfläche in Abhängigkeit von den Nebenquantenzahlen l und m_l wieder.

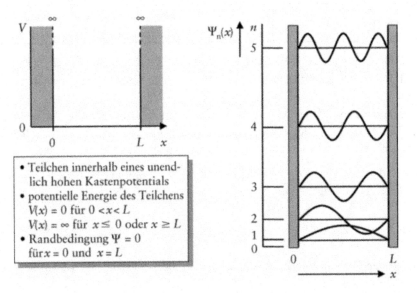

Bild 1.3 Bewegung eines Teilchens der Masse m in einer Dimension (Kastenmodell) [Atkins1987]

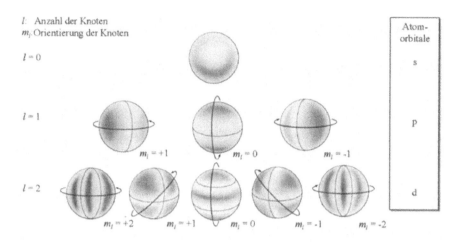

l: Anzahl der Knoten
m_l: Orientierung der Knoten

Bild 1.4 Wahrscheinlichkeitsdichte $|\Psi|^2$ eines Teilchens auf einer Kugelfläche [Atkins1987]

Die vollständige Charakterisierung der Elektronenzustände eines Atoms erfolgt durch vier Quantenzahlen: die Hauptquantenzahl n und die Nebenquantenzahlen l, m_l und m_s. Nach dem Pauli-Prinzip dürfen die Elektronenzustände in einem Atom nicht in allen vier Quantenzahlen übereinstimmen, d. h. in einem Atom können zwei Elektronen niemals gleichzeitig denselben Quantenzustand einnehmen.

Quantenzahl	Werte	Bezeichnung	Bedeutung
n	1, 2, 3, ...	K, L, M, ...	Hauptquantenzahl
l	0, 1, 2, ..., n-1	s, p, d, f, ...	Bahndrehimpuls-Quantenzahl
m_l	0, ±1, ±2, ..., ±l	-	Orientierungs-Quantenzahl
m_s	± ½	-	Eigendrehimpuls-Quantenzahl, „Elektronenspin"

Tabelle 1.3 Quantenzahlen und Wellenfunktionen. Eine Quantenzahl ist in der Regel eine ganze Zahl. Bei Systemen mit Spin treten jedoch auch halbzahlige Quantenzahlen auf.

Die chemischen Eigenschaften des Atoms werden durch die Konfiguration der Elektronenhülle bestimmt. Der Aufbau der Elektronenhülle erfolgt in Form von Schalen. Jede Schale ist durch die Hauptquantenzahl n bzw. durch ein Buchstabensymbol (K, L, M, N, ...) gekennzeichnet.

Die Anzahl der besetzbaren Elektronenzustände, d. h. die maximale Elektronenzahl pro Hauptschale ergibt sich zu:

$$\sum_{l=0}^{n-1} m_l \cdot m_s = \sum_{l=0}^{n-1} (2l+1) \cdot 2 = 2n^2 \tag{1.12}$$

Mit ansteigender Hauptquantenzahl nehmen der mittlere Abstand der Elektronen vom Kern und die Energie der Elektronen zu. Innerhalb der Schalen besteht eine Einteilung der Elektronen nach der Neben- (Bahndrehimpuls-) Quantenzahl l, wobei l = 0, 1, 2, 3, ..., n-1. Die entsprechenden Unterschalen (Orbitale) werden – in Kombination mit den Hauptquantenzahlen – mit den Buchstabensymbolen s, p, d, f gekennzeichnet. Jede Unterschale kann maximal $(2l + 1) \cdot 2$ Elektronen aufnehmen, siehe dazu Tabelle 1.4.

Hauptschale	n	1	2	3	4
	Symbol	K	L	M	N
Unterschale (Orbital)	s	2	2	2	2
Unterschale	p	-	6	6	6
Unterschale	d	-	-	10	10
Unterschale	f	-	-	-	14
Gesamt		2	8	18	32

Tabelle 1.4 Höchstbesetzung der Haupt- und Nebenschalen 1 bis 4 mit Elektronen

Im einfachsten Falle, beim Wasserstoffatom (ein Elektron im Grundzustand), liegt eine kugelsymmetrische Elektronenverteilung mit einer exponentiell abnehmenden Wellenfunktion Ψ_1 vor. Diese Elektronenkonfiguration wird mit 1s bezeichnet (Lösung der Schrödinger-Gleichung mit niedrigster Energie). Die Aufenthaltswahrscheinlichkeit des Elektrons in einem bestimmten Volumenelement dV ist $|\Psi_1|^2 dV$. Berechnet man den in einer Kugelschale mit dem Radius r und der Dicke dr befindlichen Elektronenanteil, so ergibt sich die in Bild 1.5 eingetragene Verteilung $4\pi r^2 |\Psi_1|^2$ mit einem Maximum bei $r = r_1$.

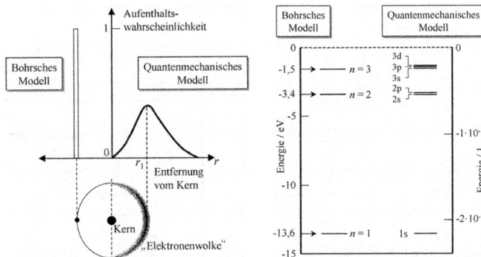

Bild 1.5 Aufenthaltswahrscheinlichkeit des Elektrons [Callister2000]

Bild 1.6 Energiezustände des Elektrons [Callister2000]

In einem Atom können maximal zwei Elektronen in der 1s-Konfiguration existieren ($n = 1$, $l = 0$, $m_l = 0$, $m_s = \pm\frac{1}{2}$, d. h. zwei Orientierungsmöglichkeiten des Elektronenspins), die K-Schale ist mit zwei Elektronen abgeschlossen. Im Gegensatz dazu befände sich das Elektron nach dem Bohrschen Atommodell mit der Wahrscheinlichkeit 1 bei $r = r_1$. Bild 1.6 stellt die im Bohrschen und Quantenmechanischen Atommodell möglichen Energieniveaus gegenüber. In der nächsthöheren Energiestufe existieren Elektronen in zwei verschiedenen Konfigurationen (2s und 2p). Das 2s-Orbital ($l = 0$, $m_l = 0$, $m_s = \pm\frac{1}{2}$) ist ebenfalls kugelsymmetrisch, während das 2p-Orbital ($l = 1$; $m_l = +1$, 0, -1; $m_s = \pm\frac{1}{2}$) eine Symmetrieachse bzw. Symmetrieebene besitzt und damit insgesamt 6 Elektronen aufnehmen kann. Diese sind in Bild 1.7 dargestellt. Die Superposition dreier aufeinander senkrecht stehender 2p-Orbitale ergibt eine kugelsymmetrische Verteilung. Die vollständige L-Schale umfasst acht Elektronen. Bei weiterer Steigerung der Energie werden die Zustände 3s, 3p und 3d bzw. 4s, 4p, 4d und 4f angeregt. Diese unterscheiden sich von den vorher genannten u. a. durch eine höhere Anzahl von Knotenebenen (Nullstellen der Wellenfunktion).

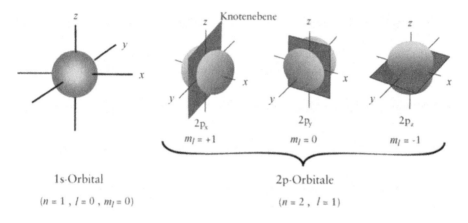

Bild 1.7 Dreidimensionale Darstellung von Atomorbitalen (Aufenthaltswahrscheinlichkeitsfunktion $|\Psi|^2$) [Mortimer1973]

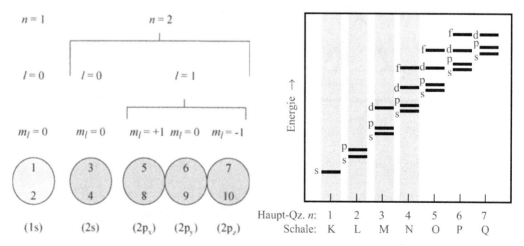

Bild 1.8 Regel zur Besetzung der Energieniveaus im Atom [Mortimer1973]

Bild 1.9 Energieniveaus der Zustände (Termschema) [Callister2000]

Beim Aufbau der Elektronenhülle entsprechend der Kernladungszahl Z werden stets die energetisch am tiefsten liegenden Schalen (niedrigste Hauptquantenzahl) besetzt; die Besetzung der Atomorbitale erfolgt zuerst mit ungepaarten Elektronen (Hundsche Regel der größten Multiplizität), erst danach werden die Atomorbitale paarweise durch Elektronen mit entgegengesetztem Spin ausgefüllt (siehe Bild 1.8); nach Erreichen der maximalen Elektronenzahl der betreffenden Schale wird die Besetzung der nächsten Schale begonnen. Dabei ist jedoch zu beachten, dass energetisch günstiger liegende Orbitale der nächsthöheren Schale wiederum bevorzugt besetzt werden, z. B. das 4s-Orbital vor dem 3d-Orbital oder das 5s-Orbital vor dem 4d-Orbital (Bild 1.9).

1.1.3 Das Periodensystem der Elemente

Die gesamte Elektronenkonfiguration eines Elements wird durch die Angabe der Schalenbesetzung gekennzeichnet, wobei eine Hochzahl die Anzahl der Elektronen im betreffenden Orbital wiedergibt, beispielsweise bei Natrium (11 Elektronen): $1s^2\ 2s^2\ 2p^6\ 3s^1$. Tabelle 1.5 gibt die Besetzung der Zustände für die Elemente mit den Ordnungszahlen 1 bis 37 wieder. Das $3s^1$-Elektron in der unvollständig gefüllten M-Schale ist verantwortlich für die 1^+-Wertigkeit des Natriums in chemischen Verbindungen (z. B. Na^+Cl^-) und für seine hohe elektrische Leitfähigkeit. Beim Element Kalium ($Z = 19$) tritt der Fall ein, dass die 4s-Zustände energetisch niedriger liegen (und daher früher besetzt werden) als die 3d-Zustände. Erst nach Auffüllung der 4s-Unterschale (beim Calcium) wird die M-Schale schrittweise vervollständigt. Die Elemente Scandium bis Zink werden daher als 3d-Übergangselemente bezeichnet, ihr chemisches und elektrisches Verhalten wird im Wesentlichen von den 4s-Elektronen in der N-Schale bestimmt. Der schalenartige Aufbau der Elektronenhülle hat eine periodische Abhängigkeit verschiedener atomarer Eigenschaften von der Ordnungszahl zur Folge. Daraus ergibt sich das Periodensystem der Elemente (Bild 1.10).

	1	2	3	4	5	6	7	8	9	10	11	12	13	14	15	16	17	18
1	1 1.008 H Wasserstoff																	2 4.003 He Helium
2	3 6.941 Li Lithium	4 9.012 Be Beryllium			Ordnungszahl →	29 63.55 Cu Kupfer	← molare Masse / (g/mol) ← Elementsymbol ← Element						5 10.81 B Bor	6 12.01 C Kohlenstoff	7 14.01 N Stickstoff	8 16.00 O Sauerstoff	9 19.00 F Fluor	10 20.18 Ne Neon
3	11 22.99 Na Natrium	12 24.31 Mg Magnesium											13 26.98 Al Aluminium	14 28.09 Si Silizium	15 30.97 P Phosphor	16 32.06 S Schwefel	17 35.45 Cl Chlor	18 39.95 Ar Argon
4	19 39.10 K Kalium	20 40.08 Ca Calcium	21 44.96 Sc Scandium	22 47.87 Ti Titan	23 50.94 V Vanadium	24 52.00 Cr Chrom	25 54.94 Mn Mangan	26 55.85 Fe Eisen	27 58.93 Co Cobalt	28 58.69 Ni Nickel	29 63.55 Cu Kupfer	30 65.41 Zn Zink	31 69.72 Ga Gallium	32 72.64 Ge Germanium	33 74.92 As Arsen	34 78.96 Se Selen	35 79.90 Br Brom	36 83.80 Kr Krypton
5	37 85.47 Rb Rubidium	38 87.62 Sr Strontium	39 88.91 Y Yttrium	40 91.22 Zr Zirkonium	41 92.91 Nb Niob	42 95.94 Mo Molybdän	43 (98) Tc Technetium	44 101.1 Ru Ruthenium	45 102.9 Rh Rhodium	46 106.4 Pd Palladium	47 107.9 Ag Silber	48 112.4 Cd Cadmium	49 114.8 In Indium	50 118.7 Sn Zinn	51 121.8 Sb Antimon	52 127.6 Te Tellur	53 126.9 I Jod	54 131.3 Xe Xenon
6	55 132.9 Cs Cäsium	56 137.3 Ba Barium	57 138.9 La Lanthan	72 178.5 Hf Hafnium	73 180.9 Ta Tantal	74 183.8 W Wolfram	75 186.2 Re Rhenium	76 190.2 Os Osmium	77 192.2 Ir Iridium	78 195.1 Pt Platin	79 197.0 Au Gold	80 200.6 Hg Quecksilber	81 204.4 Tl Thallium	82 207.2 Pb Blei	83 209.0 Bi Bismut	84 (209) Po Polonium	85 (210) At Astat	86 (222) Rn Radon
7	87 (223) Fr Francium	88 (226) Ra Radium	89 (227) Ac Actinium	104 (261) Rf Rutherfordium	105 (262) Db Dubnium	106 (266) Sg Seaborgium	107 (264) Bh Bohrium	108 (277) Hs Hassium	109 (268) Mt Meitnerium	110 (271) Ds Darmstadtium	111 (272) Rg Roentgenium							

Lanthanoide	58 140.1 Ce Cer	59 140.9 Pr Praseodym	60 144.2 Nd Neodym	61 (145) Pm Promethium	62 150.4 Sm Samarium	63 152.0 Eu Europium	64 157.3 Gd Gadolinium	65 158.9 Tb Terbium	66 162.5 Dy Dysprosium	67 164.9 Ho Holmium	68 167.3 Er Erbium	69 168.9 Tm Thulium	70 173.0 Yb Ytterbium	71 175.0 Lu Lutetium
Actinoide	90 232.0 Th Thorium	91 231.0 Pa Protactinium	92 238.0 U Uran	93 (237) Np Neptunium	94 (244) Pu Plutonium	95 (243) Am Americium	96 (247) Cm Curium	97 (247) Bk Berkelium	98 (251) Cf Californium	99 (252) Es Einsteinium	100 (257) Fm Fermium	101 (258) Md Mendelevium	102 (259) No Nobelium	103 (262) Lr Lawrencium

Bild 1.10 Periodensystem der Elemente

Bild 1.11 zeigt die Ionisierungsenergie, d. h. den Energiebetrag, der aufgewendet werden muss, um ein Elektron vom Atomrumpf abzulösen, und die Elektronenaffinität, d. h. die Energie, die bei Aufnahme eines Elektrons freigesetzt wird, als Funktion der Ordnungszahl der Elemente. Wie daraus hervorgeht, weisen die Edelgase (Spalte 18 in Bild 1.10, He...Xe) eine besonders stabile (vollbesetzte) Elektronenhülle auf. Die Hauptminima der Ionisierungsenergie sind bei den Alkalimetallen (Spalte 1, Li...Cs) zu finden, d. h. das äußerste, in einer neuen Schale angelagerte s-Elektron ist relativ leicht vom Atom zu trennen.

Z	Element	K-Schale	L-Schale		M-Schale			N-Schale		O-Schale
		1s	2s	2p	3s	3p	3d	4s	4p	5s
1	H	1								
2	He	2	← K-Schale gefüllt							
3	Li	2	1							
4	Be	2	2							
5	B	2	2	1						
6	C	2	2	2						
7	N	2	2	3						
8	O	2	2	4						
9	F	2	2	5						
10	Ne	2	2	6	← L-Schale gefüllt					
11	Na	2	2	6	1					
12	Mg	2	2	6	2					
13	Al	2	2	6	2	1				
14	Si	2	2	6	2	2				
15	P	2	2	6	2	3				
16	S	2	2	6	2	4				
17	Cl	2	2	6	2	5				
18	Ar	2	2	6	2	6				
19	K	2	2	6	2	6		1		
20	Ca	2	2	6	2	6		2		
21	Sc	2	2	6	2	6	1	2		
22	Ti	2	2	6	2	6	2	2		
23	V	2	2	6	2	6	3	2		
24	Cr	2	2	6	2	6	5	1		3d-
25	Mn	2	2	6	2	6	5	2		Übergangsmetalle
26	Fe	2	2	6	2	6	6	2		
27	Co	2	2	6	2	6	7	2		
28	Ni	2	2	6	2	6	8	2		
29	Cu	2	2	6	2	6	10	1		←M-Schale gefüllt
30	Zn	2	2	6	2	6	10	2		
31	Ga	2	2	6	2	6	10	2	1	
32	Ge	2	2	6	2	6	10	2	2	
33	As	2	2	6	2	6	10	2	3	
34	Se	2	2	6	2	6	10	2	4	
35	Br	2	2	6	2	6	10	2	5	
36	Kr	2	2	6	2	6	10	2	6	
37	Rb	2	2	6	2	6	10	2	6	1

Tabelle 1.5 Elektronenkonfiguration der Elemente (Ordnungszahlen 1 bis 37)

Auch bei der Elektronenaffinität zeigt sich, dass bei den Edelgasen keine Energie durch die Anlagerung eines Elektrons gewonnen, hingegen bei den Elementen der 17. Spalte (F...I) relativ viel Energie freigesetzt wird. Daraus folgt ganz allgemein für das chemische Verhalten der Elemente:

- Die Edelgaskonfiguration mit abgeschlossenen Schalen ist ein energetisch günstiger Zustand.
- Das chemische Verhalten der Elemente wird maßgeblich von der Konfiguration der äußeren Schale beeinflusst.

Gehen Elemente chemische Bindungen ein, sind sie bestrebt, durch Elektronenaufnahme oder -abgabe die Elektronenkonfiguration des nächstliegenden Edelgases anzunehmen bzw. eine energetisch möglichst günstige Elektronenkonfiguration zu erreichen.

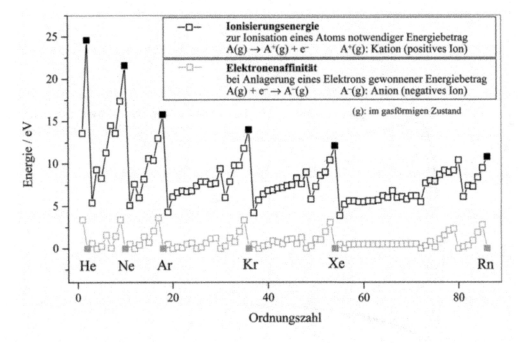

Bild 1.11 Ionisierungsenergie und Elektronenaffinität als Funktion der Ordnungszahl

1.2 Chemische Bindungen

Die chemische Bindung der Atome untereinander wird durch Wechselwirkung zwischen den Elektronen in den äußeren Atomorbitalen hervorgerufen. Diese Wechselwirkungen können von unterschiedlicher Art sein, man unterscheidet zwischen verschiedenen Bindungsarten.

- ionische Bindung: Ionisierung, Aufnahme bzw. Abgabe von Elektronen
- kovalente Bindung: Überlappung von Elektronenwolken, Bildung von Hybridorbitalen
- metallische Bindung: delokalisierte Bindungselektronen, Elektronengas

Diese Bindungstypen beschreiben Grenzfälle, in der Realität enthält die Bindung zwischen verschiedenen Elementen sowohl einen ionischen als auch einen kovalenten Anteil. Der Gleichgewichtsabstand r_0 zwischen den Atomen ergibt sich aus dem Kräftegleichgewicht zwischen anziehenden Kräften F_{an} (z. B. zwischen positiven und negativen Ionen) und abstoßenden Kräften F_{ab} (z. B. zwischen den inneren, vollständig gefüllten Elektronenschalen).

$$F_{eff}(r_0) = F_{an} + F_{ab} = \frac{K_{an}}{r^2} + \frac{K_{ab}}{r^{9...12}} = 0 \qquad (1.13)$$

Die resultierende Bindungsenergie E_0 ist die Energie, die beim Zusammenführen der Bindungspartner aus dem Unendlichen freigesetzt wird.

$$E_0 = \int_{\infty}^{r_0} F_{eff}(r)\,dr \qquad (1.14)$$

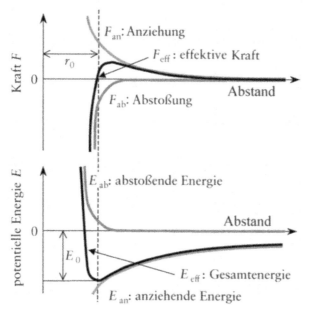

Bild 1.12 Wechselwirkung zwischen Atomen als Funktion des Abstandes [Callister2000]

1.2.1 Ionenbindung

Bei der Ionenbindung erfolgt ein Elektronenaustausch zwischen verschiedenartigen Atomen derart, dass beide Atome (chemisch) gesättigte Außenschalen erhalten. Beispiel NaCl: Durch Abgabe eines Elektrons entsteht ein Na^+-Ion (neonähnliche Elektronenkonfiguration), durch Aufnahme dieses Elektrons ein Cl^--Ion unter Vervollständigung der M-Schale. Die Bindung wird dann durch elektrostatische Anziehung zwischen Na^+- und Cl^--Ionen bewirkt.

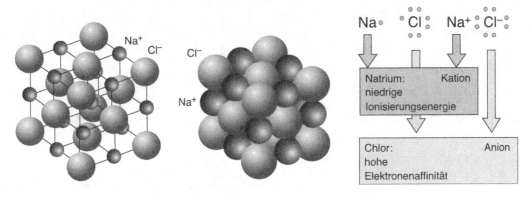

Bild 1.13 Ionische Bindung (Heteropolare Bindung) [Tipler1994]

Für diese Reaktion ergibt sich folgende Energiebilanz:

- Elektronenabgabe verbraucht Energie (Ionisierungsenergie des Natriumatoms)
  $8,21 \cdot 10^{-19}$ J/Atom $+ Na(g) \rightarrow Na^+(g) + e^-(g)$
- Elektronenaufnahme setzt Energie frei (Elektronenaffinität des Chloratoms)
  $e^-(g) + Cl(g) \rightarrow Cl^-(g) + 6,11 \cdot 10^{-19}$ J/Atom
- Kondensation gasförmiger Ionen in ein Kristallgitter setzt Energie frei
  $Na^+(g) + Cl^-(g) \rightarrow NaCl(Kristall) + 1,27 \cdot 10^{-18}$ J/Molekül

Damit beträgt der effektive Energiegewinn der Reaktion $1,06 \cdot 10^{-18}$ J/Molekül. Der größte Anteil wird durch die Kondensation, hier den Aufbau eines Kristallgitters, gewonnen.

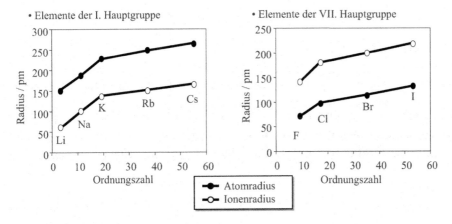

Bild 1.14 Atom- und Ionenradien, Elemente der I. Hauptgruppe geben ein Elektron ab $(Li^+, Na^+, K^+...)$, die der VII. Hauptgruppe nehmen ein Elektron auf $(F^-, Cl^-, Br^-...)$. [Mortimer1973]

In Bild 1.14 sind die Atom- und Ionenradien verschiedener Elemente aus der I. und VII. Hauptgruppe (1. und 17. Spalte) aufgetragen. Die Elemente der I. Hauptgruppe geben als Ion jeweils ein Elektron an den Bindungspartner ab, die Ionen sind daher kleiner als die neutralen Atome. Bei den Elementen der VII. Hauptgruppe ist der Ionenradius größer als der Atomradius, da diese Elemente in einer Ionenbindung ein Elektron aufnehmen. Die geometrische Anordnung der Anionen und Kationen in Ionenkristallen wird maßgeblich vom Radienverhältnis der beiden Spezies bestimmt. In Bild 1.15 sind die möglichen Koordinationszahlen und Geometrien dargestellt.

Koordinationszahl   Geometrie   Koordinationszahl
(Radienverhältnis   (Radienverhältnis
Kation-Anion r_K/r_A)   Kation-Anion r_K/r_A)

2, (< 0,155)   6, (0,414 ... 0,732)

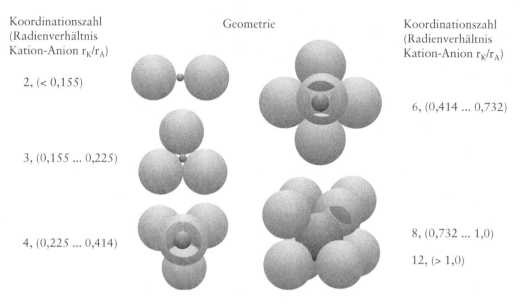

3, (0,155 ... 0,225)

4, (0,225 ... 0,414)   8, (0,732 ... 1,0)

                                                                         12, (> 1,0)

Bild 1.15 Koordinationszahlen und Geometrien [Callister2000]

1.2.2 Kovalente Bindung

Bei der kovalenten (auch: homöopolaren) Bindung werden von jeweils benachbarten Atomen Elektronen zur Verfügung gestellt, die paarweise den Raum zwischen den Atomrümpfen im Molekül oder im Festkörper erfüllen (Elektronenbrücken bzw. Hybridorbitale). Die Elektronenbrücken können durch Zufuhr thermischer Energie teilweise aufgebrochen werden, so dass im Festkörper einzelne Elektronen für die elektrische Leitung zur Verfügung stehen (siehe auch Kap. 3 Halbleiter).

Das Auftreten der kovalenten Bindung ist an bestimmte räumliche Konfigurationen gebunden. Das Si-Atom ($1s^2 \; 2s^2 \; 2p^6 \; 3s^2 \; 3p^2$) besitzt z. B. 4 Valenzelektronen aus der unvollständig besetzten M-Schale.

Es benötigt daher vier nächste Nachbaratome (Bild 1.18). Aus den Atomorbitalen entstehen dann bei Überlappung der Orbitale durch die räumlich gerichteten Elektronenbrücken die für kovalente Bindungen typischen Hybridisierungsstrukturen (Bild 1.16). Die Richtungen, in der die kovalenten Bindungen wirken, liegen genau fest. Hierauf beruht auch die große Härte vieler nichtmetallischer Werkstoffe (z. B. Diamant, SiC: Siliziumkarbid, Si_3N_4: Siliziumnitrid und viele Metalloxid-Verbindungen).

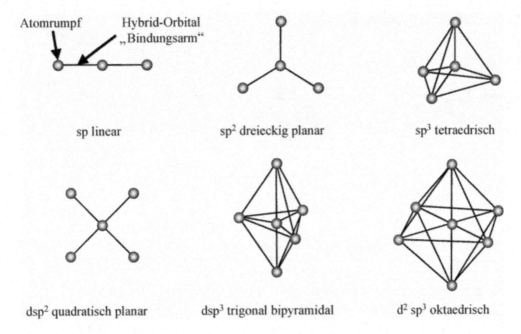

Bild 1.16 Typische Hybridisierungsstrukturen [Mortimer1973]

- Überlappung von (teilbesetzten) Elektronenschalen bzw. Atomorbitalen
- Partnerelektron hilft bei der Erreichung einer komplett besetzten Schale
- Elektronendichte zwischen den (positiven) Atomkernen erhöht

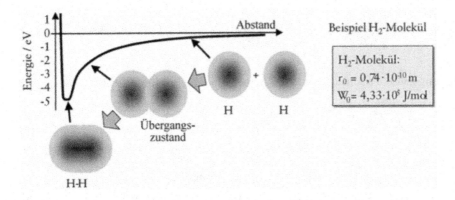

Bild 1.17 Kovalente Bindung (Homöopolare Bindung)

Diamantstruktur (isomorph: Si, Ge)

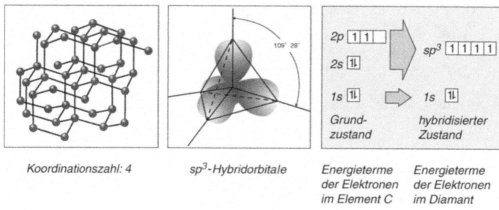

Koordinationszahl: 4   sp³-Hybridorbitale   Energieterme   Energieterme
                                                         der Elektronen   der Elektronen
                                                         im Element C   im Diamant

Bild 1.18 Kohlenstoff (C) in Diamantstruktur [Tipler1994, Mortimer1973]

1.2.3 Übergang zwischen ionischer und kovalenter Bindung

Die ionische und die kovalente Bindung treten selten in reiner Form auf. Bei ungleichen
Nachbaratomen existiert eine Elektronenbrücke, deren Schwerpunkt mehr oder weniger stark
zu demjenigen Atom verschoben ist, das die größere Elektronegativität besitzt (Bild 1.19).
Derartige Bindungen lassen sich durch Kombination eines ionischen und eines kovalenten
Bindungsanteils beschreiben.

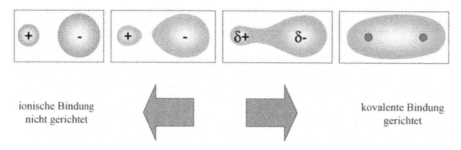

ionische Bindung   kovalente Bindung
nicht gerichtet   gerichtet

Bild 1.19 Übergang zwischen ionischer und kovalenter Bindung [Mortimer1973]

In Tabelle 1.6 ist der ionische Anteil verschiedener Verbindungen angegeben. Überwiegend
ionische Bindungen treten zwischen Elementen der I. und VII. bzw. II. und VI. Hauptgruppe
auf, da die Elemente der I. und II. Hauptgruppe bestrebt sind, ein bzw. zwei Elektronen
abzugeben, während die der VI. und VII. zwei bzw. ein Elektron zum Erreichen einer
edelgasähnlichen Konfiguration benötigen. Die Elementhalbleiter (Si, Ge) gehen in reiner
Form hingegen kovalente Bindungen ein, da es zwischen gleichen Atomen keinen bevorzugten
Aufenthaltsort für die Bindungselektronen gibt. Dementsprechend weisen Verbindungshalbleiter aus III-V-Elementen wie z. B. GaAs oder GaSb bereits einen ionischen Bindungsanteil von
ca. 30 % und solche aus II-VI-Elementen wie z. B. CdS oder CdSe einen ionischen
Bindungsanteil von ca. 70 % auf.

Kristall	Grad des ionischen Charakters	Kristall	Grad des ionischen Charakters	Kristall	Grad des ionischen Charakters
Si, Ge	0	ZnO	0,62	CuCl	0,75
SiC	0,18	ZnS	0,62	CuBr	0,74
Si_3N_4	0,3	ZnSe	0,63		
SiO_2	0,51	ZnTe	0,61	AgCl	0,86
				AgBr	0,85
GaSb	0,26	CdO	0,79	AgI	0,77
GaAs	0,31	CdS	0,69		
		CdSe	0,7	LiF	0,92
InSb	0,32	CdTe	0,67	NaCl	0,94
InAs	0,36			RbF	0,96
InP	0,42	MgO	0,84		
		MgS	0,79		
		MgSe	0,79		

Tabelle 1.6 Ionischer Bindungsanteil bei verschiedenen binären Verbindungen [Schaumburg1990]

1.2.4 Metallische Bindung

Bei der metallischen Bindung geben die Atome Elektronen aus den äußeren bzw. nicht vollständig gefüllten Schalen ab und werden zu positiven Ionen. Die quasifreien (nicht lokalisierten) Elektronen umgeben die Ionen in Form eines Elektronengases, welches die Ionen zusammenhält. Das Auftreten metallischer Bindung ist stets verknüpft mit hoher elektrischer und thermischer Leitfähigkeit. Die metallische Bindung ist in der Regel schwächer als die ionische und die kovalente Bindung. Bild 1.20 und Tabelle 1.7 zeigen die Zusammenhänge zwischen Bindungstyp, Elektronenverteilung und elektrischen Eigenschaften.

Bindungstyp	Teilchen	Elektronen-verteilung	elektrische Eigenschaften	Beispiele
ionisch	positive und negative Ionen	kugelförmig am Ion lokalisiert	Ionenleiter	NaCl
kovalent	Atome	zwischen zwei Atomen lokalisiert	Isolator	C (Diamant) SiC, AlN
metallisch	positive Ionen bewegliche Elektronen	völlig delokalisiert	sehr guter elektrischer Leiter	Cu, Ag, Pt, Fe

Tabelle 1.7 Typen kristalliner Feststoffe

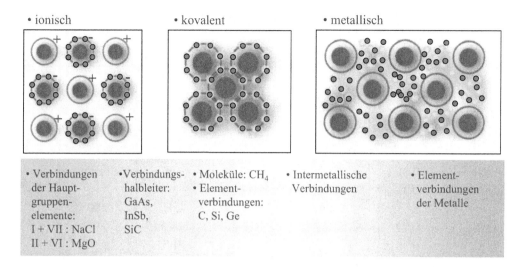

• ionisch	• kovalent	• metallisch
• Verbindungen der Hauptgruppenelemente: I + VII : NaCl II + VI : MgO	•Verbindungshalbleiter: GaAs, InSb, SiC	• Moleküle: CH$_4$ • Elementverbindungen: C, Si, Ge	• Intermetallische Verbindungen	• Elementverbindungen der Metalle

Bild 1.20 Vergleich: Ionischer - kovalenter - metallischer Bindungstyp

Vergleichbar zu einem Mischtyp aus kovalenter und ionischer Bindung z. B. bei den Verbindungshalbleitern, gibt es bei den intermetallischen Verbindungen einen Übergang von rein metallischer zu einem Mischtyp aus metallischer und kovalenter Bindung.

1.2.5 Van der Waalssche Kräfte, Wasserstoffbrücken-Bindung

Unter der Bezeichnung van der Waalssche Kräfte werden schwache Wechselwirkungen zwischen den (elektrisch neutralen) Atomen bzw. Molekülen zusammengefasst. Bei Molekülen mit permanentem Dipolmoment, d. h. getrennten Schwerpunkten von positiver und negativer Ladung (z. B. HCl, H$_2$O, NH$_3$), überwiegt bei geeigneter Lage der Dipole infolge der mit $1/r^2$ abfallenden Coulomb-Kräfte die anziehende Wirkung der Ladungsbereiche entgegengesetzten Vorzeichens, so dass eine Bindung entsteht.

• Van der Waals   • Wasserstoffbrücke

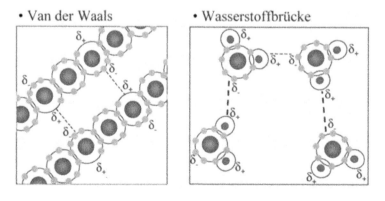

Bild 1.21 Van-der-Waals- und Wasserstoffbrückenbindung

Auch Moleküle oder Atome ohne permanentes Dipolmoment erfahren eine sehr schwache Anziehung, da infolge statistischer Fluktuationen in der Elektronenhülle zeitweise einzelne Dipolmomente auftreten, die ihrerseits eine Polarisation benachbarter Moleküle bzw. Atome hervorrufen. Hierauf ist z. B. die Kondensation der Edelgasatome bei tiefen Temperaturen zurückzuführen. Ein besonderer Fall der Bindung mit vorwiegendem Dipoleffekt ist die Bildung einer Wasserstoffbrücke. Der sehr kleine Wasserstoffkern (Proton) wird nicht nur vom negativen Ion (z. B. O^{2-}) des eigenen Moleküls, sondern auch von der Elektronenhülle eines benachbarten Moleküls angezogen. Auf der Wasserstoffbrückenbindung (auch Wasserstoffbindung genannt) basiert die Assoziation der H_2O-Moleküle im Wasser und damit der im Vergleich zu Schwefelwasserstoff (H_2S) verhältnismäßig hohe Siedepunkt des Wassers.

1.3 Die Aggregatzustände der Materie

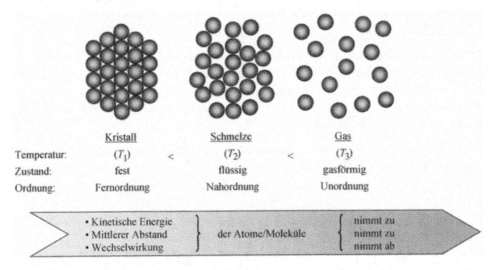

Bild 1.22 Aggregatzustände der Materie

1.3.1 Gase und Flüssigkeiten

Das Verhalten von Gasen und Flüssigkeiten ist durch folgende physikalische Grundtatsachen bedingt:

- Gase erfüllen unter üblichen Bedingungen (z. B. Druck $p = 1$ bar) ein Gesamtvolumen, das wesentlich größer als die Summe der Einzelvolumina der Gasmoleküle ist. Die freie Weglänge zwischen den Zusammenstößen zweier Moleküle ist sehr groß im Vergleich zu den Abmessungen der Moleküle selbst.
- Die anziehende Wechselwirkung der Moleküle untereinander ist beim idealen Gas vernachlässigbar.
- Gas- und Flüssigkeitsmoleküle befinden sich in ungeordneter (thermischer) Bewegung.

- Bei der Betrachtung von Flüssigkeiten kann der freie Raum zwischen den Molekülen vernachlässigt werden.
- Zwischen den Flüssigkeitsmolekülen sind van der Waalssche Kräfte wirksam.

1.3.2 Kristallstrukturen (ideale Kristalle)

1.3.2.1 Kristallgitter

Die meisten der im Maschinenbau und in der Elektrotechnik verwendeten Stoffe liegen in kristalliner Form vor (ein- oder polykristallin). Die physikalischen Eigenschaften dieser Stoffe werden durch die Elektronenkonfiguration und die Anordnung der Bausteine (Atome, Ionen) im Kristallgitter bestimmt. Das gleiche Element kann in verschiedenen Gittertypen mit unterschiedlichen mechanischen und elektrischen Eigenschaften vorkommen, beispielsweise der Kohlenstoff als Diamant (große Härte und geringe elektrische Leitfähigkeit) und als Graphit (geringe Härte und hohe elektrische Leitfähigkeit).

Kristalle sind regelmäßige, sich räumlich wiederholende Anordnungen von Atomen in einem festen Verband, d. h. in einem Kristall wiederholen sich in allen drei Dimensionen bestimmte Einheitsmuster (Elementarzellen) der Atomanordnungen. Für eine anschauliche Darstellung der wichtigsten Kristallgittertypen kann die Vorstellung kugelförmiger Atome bzw. Ionen mit unterschiedlicher Packung benutzt werden.

Bei der allgemeinen Behandlung der Kristallsysteme werden Einkristalle betrachtet, deren Elementarzellen sich in regelmäßiger Anordnung wiederholen. Zur Beschreibung der Systeme dienen Koordinatenachsen, deren Richtungen denen der einzelnen Kanten der Elementarzellen entsprechen (Bild 1.23).

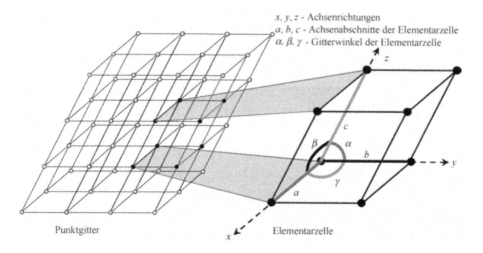

Bild 1.23 Punktgitter und Elementarzelle

Die einzelnen Kristallsysteme unterscheiden sich in den Achsenlängen und den Winkeln zwischen den Achsen (Bild 1.24). Aus den sieben Kristallgittern können insgesamt 14 verschiedene Zellen (Bravais-Zellen) aufgebaut werden, wenn zusätzlich zu den primitiven Strukturen in Bild 1.14 noch raumzentrierte (Gitterpunkte in der Raummitte), flächenzentrierte (Gitterpunkte in der Flächenmitte) und basiszentrierte (Gitterpunkte in der Mitte der Basisflächen) Strukturen berücksichtigt werden.

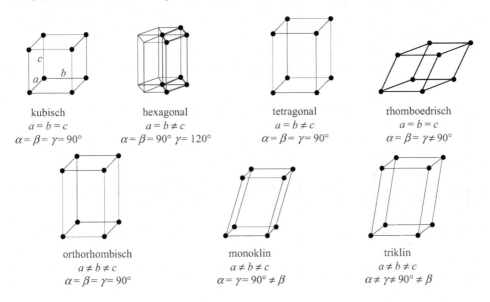

Bild 1.24 Elementarzellen der verschiedenen Kristallgittertypen

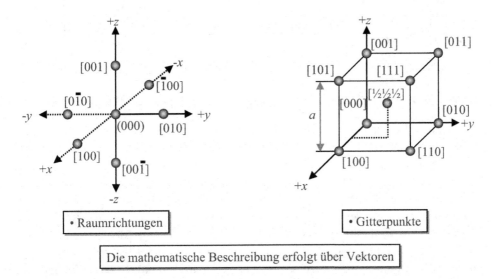

Bild 1.25 Kennzeichnung von Gitterpunkten und Raumrichtungen am Beispiel des kubischen Gitters

Die Koordinaten eines Gitterpunktes werden mittels der durch die Elementarzelle festgelegten Koordinatenachsen bestimmt, wobei die Abstände in Einheiten der entsprechenden Gitterkonstanten gerechnet werden. Der Koordinatennullpunkt wird mit (0 0 0) bezeichnet (Bild 1.25).

Bei der Indizierung von Ebenen interessiert nicht deren absolute Lage, sondern nur die Richtung (Orientierung) in Bezug auf das Koordinatensystem. Man bestimmt die Achsenabschnitte (in Einheiten der jeweiligen Gitterkonstanten), bildet die Kehrwerte und erweitert mit einem geeigneten Faktor, so dass ganze (teilerfremde) Zahlen entstehen. Diese Millerschen Indizes werden bei Ebenen in runde Klammern gesetzt (h k l), negative Achsenabschnitte werden durch einen Strich über der entsprechenden Zahl gekennzeichnet, z. B. (h $\bar{k}$ l). Beim kubischen System sind folgende niedrig indizierte Ebenen besonders ausgezeichnet:

- Würfelflächen: (1 0 0), (0 1 0), (0 0 1)
- Raumdiagonalflächen: (1 1 1), ($\bar{1}$ 1 1), (1 $\bar{1}$ 1), (1 1 $\bar{1}$)
- Diagonalflächen: (1 1 0), (1 $\bar{1}$ 0), (0 1 1),
                        (0 1 $\bar{1}$), (1 0 1), (1 0 $\bar{1}$)

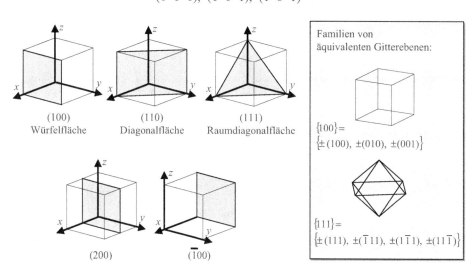

(100)   (110)   (111)
Würfelfläche Diagonalfläche   Raumdiagonalfläche

(200)   ($\bar{1}$00)

Familien von
äquivalenten Gitterebenen:

$\{100\}=$
$\left\{\pm(100),\ \pm(010),\ \pm(001)\right\}$

$\{111\}=$
$\left\{\pm(111),\ \pm(\bar{1}11),\ \pm(1\bar{1}1),\ \pm(11\bar{1})\right\}$

Bild 1.26 Verschiedene Gitterebenen eines kubischen Kristalls und deren Millersche Indizes

Soll die Gesamtheit der Ebenen eines bestimmten Typs gekennzeichnet werden, so verwendet man geschweifte Klammern (Bild 1.26). Mit $\{1\ 1\ 1\}$ bezeichnet man beispielsweise die Gesamtheit der Raumdiagonalflächen, d. h. $\pm(1\ 1\ 1), \pm(\bar{1}\ 1\ 1), \pm(1\ \bar{1}\ 1), \pm(1\ 1\ \bar{1})$. Die auf den Flächen senkrecht stehenden Richtungen haben gleiche Indizes wie die zugehörigen Flächen. Zur Kennzeichnung dienen eckige Klammern: [h k l]. Hierbei kann auch das Richtungsvorzeichen wichtig sein (z. B. bei Dipolschichten). Die Gesamtheit der Richtungen eines bestimmten Typs wird mit spitzen Klammern gekennzeichnet, z. B. der Typ „Flächendiagonale" mit <110>. Beim hexagonalen System existieren drei gleichberechtigte Achsen (x_1, x_2, x_3) in einer Ebene, sowie eine bevorzugte Achse (z-Achse) senkrecht dazu. Infolge der Gleichwertigkeit der drei x-Achsen werden häufig vier Indizes angegeben, wobei der inverse z-Abschnitt an letzter Stelle steht (Miller-Bravais-Indizes).

1.3.2.2 Metalle

Viele Metalle kristallisieren in einer dichtesten Kugelpackung. Hierbei ist in der Ebene jede Kugel (Atom) von sechs weiteren umgeben. Für die räumliche Anordnung („Stapelfolge") existieren zwei Möglichkeiten:

- Schichtenfolge mit zwei verschiedenen Positionen (A-B-A-B usw.)
- Schichtenfolge mit drei verschiedenen Positionen (A-B-C-A-B-C usw.)

Im ersten Fall entsteht ein Kristall mit ausgeprägter Vorzugsrichtung (hexagonal dichteste Kugelpackung, Bild 1.28), im zweiten Fall ein Kristall mit kubisch flächenzentrierter Elementarzelle (kubisch dichteste Kugelpackung, Bild 1.27). Die Koordinationszahl, d. h. die Anzahl der nächsten Nachbarn eines Atoms, ist in beiden Fällen 12, die Raumerfüllung beträgt 74 %.

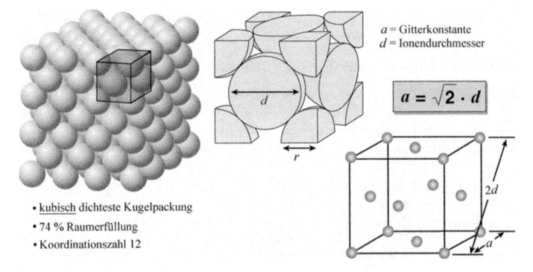

a = Gitterkonstante
d = Ionendurchmesser

$$a = \sqrt{2} \cdot d$$

- kubisch dichteste Kugelpackung
- 74 % Raumerfüllung
- Koordinationszahl 12

Bild 1.27 Kubisch dichteste Kugelpackung: Kubisch flächenzentriertes Gitter (kfz) [Callister2000]

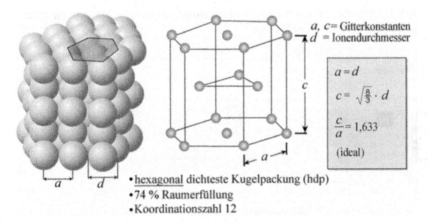

a, c = Gitterkonstanten
d = Ionendurchmesser

$$a = d$$
$$c = \sqrt{\tfrac{8}{3}} \cdot d$$
$$\frac{c}{a} = 1{,}633$$
(ideal)

- hexagonal dichteste Kugelpackung (hdp)
- 74 % Raumerfüllung
- Koordinationszahl 12

Bild 1.28 Hexagonal dichteste Kugelpackung: Hexagonales Gitter (hdp) [Callister2000]

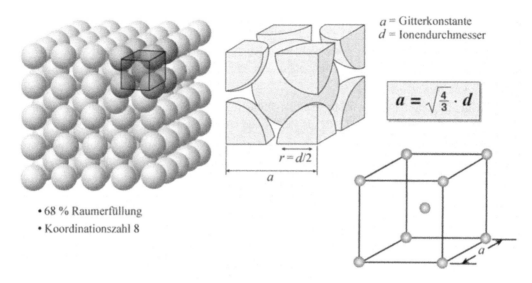

a = Gitterkonstante
d = Ionendurchmesser

$$a = \sqrt{\tfrac{4}{3}} \cdot d$$

$r = d/2$
a

• 68 % Raumerfüllung
• Koordinationszahl 8

Bild 1.29 Kubisch raumzentriertes Gitter (krz) [Callister2000]

Die Elementarzelle der hexagonal dichtesten Kugelpackung hat zwei Gitterkonstanten: $a = d$ (Abstand nächster Nachbaratome) und $c = 1{,}633\ a$. Die Gitterkonstante der kubisch dichtesten Packung (kubisch flächenzentrierte Elementarzelle) ist $a = 1{,}414\ d$, wobei d der Abstand nächster Nachbaratome ist. Neben den beiden dichtesten Kugelpackungen existieren noch folgende sehr einfache Kristallgitter:

• Kubisch raumzentriertes Gitter mit der Gitterkonstanten $a = 1{,}155\ d$, der Koordinationszahl 8 und der Packungsdichte 68 % (Bild 1.29).

• einfach kubisches Gitter mit der Gitterkonstanten $a = d$, der Koordinationszahl 6 und der Packungsdichte 52 % (Bild 1.29 ohne Zentralatom). Unter den Metallen kristallisiert nur das Polonium in dieser Struktur.

Die Metalle kristallisieren – von wenigen Ausnahmen abgesehen – in einer der Kristallstrukturen mit hoher Koordinationszahl, d. h. in der hexagonal dichtesten Packung (hdp), im kubisch flächenzentrierten Gitter (kfz) oder im kubisch raumzentrierten Gitter (krz). Die Kristallstrukturen der Metalle sind in Bild 1.30 wiedergegeben.

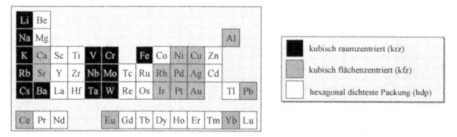

Bild 1.30 Kristallstrukturen der Metalle [Mortimer1973]

1.3.2.3 Kovalente Kristalle

Die Koordinationszahl 4 kann – wie bereits in Bild 1.18 gezeigt – auch durch ausschließlich kovalente Bindungsanteile erzwungen werden, wenn die Wertigkeit der Atome (bzw. die mittlere Wertigkeit zweier Nachbaratome) vier beträgt. Kohlenstoff (als Diamant), Silizium, Germanium und Zinn kristallisieren im Diamantgitter. Das Diamantgitter kann als Kombination zweier kubisch flächenzentrierter Teilgitter beschrieben werden, wobei die Anfangspunkte der beiden Teilgitter in Richtung der Raumdiagonalen um den Abstand d gegeneinander verschoben sind. Die Packungsdichte beträgt bei diesem Gittertyp nur 35 %. Die Bindungen (Hybridorbitale) verlaufen in Richtung der Raumdiagonalen; der Bindungswinkel beträgt 109,5°.

Enthalten die beiden Teilgitter im Diamant-Typ unterschiedliche Atomarten, so spricht man von einem Zinkblendegitter (α-ZnS). Die meisten III-V-Verbindungen kristallisieren im Zinkblendegitter. Durch eine analoge Überlagerung zweier hexagonaler Teilgitter mit unterschiedlichen Atomen entsteht das Wurtzitgitter (β-ZnS). In diesem Kristalltyp kristallisieren die meisten II-VI-Verbindungen. In diesen Verbindungshalbleitern gibt es wiederum ionische Bindungsanteile, wie bereits in Tabelle 1.6 und Kapitel 1.2.3 ausgeführt.

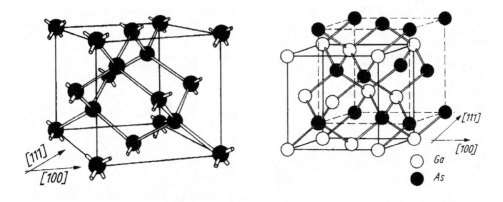

Bild 1.31 Kristallstrukturen: Diamantgitter (links) und Zinkblendegitter (rechts) [Hahn 1983]

1.3.2.4 Ionenkristalle

Bei den Ionenkristallen ist u. a. das Verhältnis der Ionenradien für den Kristallgittertyp maßgebend (Bild 1.15). Bei einem Verhältnis der Ionenradien nahe 1 ($0,7 < r_A/r_B < 1$) entsteht in der Regel das CsCl-Gitter mit der Koordinationszahl 8. Stärker unterschiedliche Ionenradien führen meist zur Ausbildung des NaCl-Gitters mit der Koordinationszahl sechs, entsprechend Bild 1.13. Handelt es sich um Ionen mit extrem unterschiedlichen Radien (z. B. Silizium mit $r_{Si^{4+}} = 0,041$ nm und Sauerstoff), so ist die Koordinationszahl vier bevorzugt, d. h. das kleine Zentralion (Si^{4+}) ist tetraedrisch von den großen Sauerstoffionen umgeben (vgl. Bild 1.45, rechts). Im Falle von SiO_2 (Quarz) handelt es sich um einen Mischtyp, der bereits 50 % kovalenten Bindungsanteil aufweist (Tabelle 1.6).

Weitere Kristallstrukturen und komplex zusammengesetzte Metalloxide mit unterschiedlich großen Kationen (A-Platz, B-Platz) sind in Bild 1.32 und Bild 1.33 dargestellt. In der Elektrotechnik bieten insbesondere die Perowskit- und die Spinellstruktur vielfältige Möglichkeiten zur Herstellung von Bauelementen mit ferroelektrischen bzw. ferrimagnetischen Eigenschaften. Diese werden ausführlich in den entsprechenden Kapiteln behandelt.

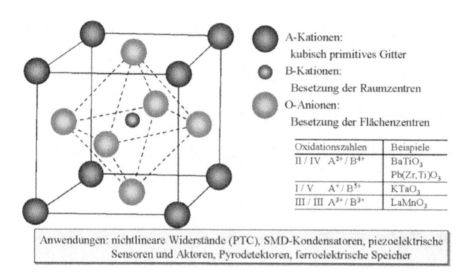

A-Kationen:
  kubisch primitives Gitter
B-Kationen:
  Besetzung der Raumzentren
O-Anionen:
  Besetzung der Flächenzentren

Oxidationszahlen	Beispiele
II / IV A^{2+} / B^{4+}	$BaTiO_3$
	$Pb(Zr,Ti)O_3$
I / V A^+ / B^{5+}	$KTaO_3$
III / III A^{3+} / B^{3+}	$LaMnO_3$

Anwendungen: nichtlineare Widerstände (PTC), SMD-Kondensatoren, piezoelektrische Sensoren und Aktoren, Pyrodetektoren, ferroelektrische Speicher

Bild 1.32 Kristallstrukturen: Perowskit ABO_3

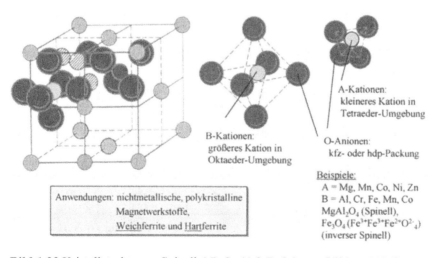

B-Kationen:
  größeres Kation in
  Oktaeder-Umgebung

A-Kationen:
  kleineres Kation in
  Tetraeder-Umgebung

O-Anionen:
  kfz- oder hdp-Packung

Beispiele:
A = Mg, Mn, Co, Ni, Zn
B = Al, Cr, Fe, Mn, Co
$MgAl_2O_4$ (Spinell),
Fe_3O_4 ($Fe^{3+}Fe^{3+}Fe^{2+}O^{2-}_4$)
(inverser Spinell)

Anwendungen: nichtmetallische, polykristalline Magnetwerkstoffe, Weichferrite und Hartferrite

Bild 1.33 Kristallstrukturen: Spinell AB_2O_4 ($AO \cdot B_2O_3$), aus [Chiang1997]

1.3.3 Kristallbaufehler, reale Kristalle

1.3.3.1 Ideal- und Realkristall

Ein Kristallgitter mit mathematisch exakt periodischer, zeitlich unveränderlicher Anordnung von identischen Baueinheiten mit unendlicher Ausdehnung bezeichnet man als Idealkristall.

In der Realität kommen Kristallgitter weder fehlerfrei vor noch besitzen sie eine unendliche Ausdehnung. Gitterfehler wie Leerstellen, Fremdatome, Versetzungen, Korngrenzen, Fremdphasen sowie Grenz- und Oberflächen beeinflussen die mechanischen, elektrischen und magnetischen Eigenschaften des Werkstoffs. Bei den Gitterbaufehlern unterscheidet man zwischen 0-, 1-, 2- und 3-dimensionalen Fehlern.

Dimension	Typ	Bildung / Ursache
0-dimensional (in drei Dimensionen atomarer Ausdehnung)	Eigenfehlordnung (Schottky, Frenkel)	thermodynamisch bedingt, d. h. temperaturabhängig
	Fremdstörstelle (Verunreinigung, Dotierung)	unreines Ausgangsmaterial oder gezielte Beigabe
1-dimensional (in zwei Dimensionen atomarer Ausdehnung)	Stufenversetzung Schraubenversetzung	herstellungsbedingt Wachstumsprozesse (intern) und/oder mechanische Beanspruchung (extern)
2-dimensional (in einer Dimension atomarer Ausdehnung)	Korngrenze Zwillingsebene Stapelfehler	

Tabelle 1.8 Übersicht über 0-, 1- und 2-dimensionale Kristallfehler

1.3.3.2 Punktdefekte

Die wichtigsten nulldimensionalen Gitterbaufehler sind in Bild 1.34 dargestellt. Gitterleerstellen (v: vacancy) in Form von Frenkel- oder Schottky-Defekten sind – thermodynamisch bedingt – grundsätzlich nicht zu vermeiden. Ihre Konzentrationen n_{Fr} bzw. n_S steigen exponentiell mit der Temperatur an. Mit der Gesamtzahl der Gitterplätze pro Volumeneinheit N_0 und der Fehlordnungsenergie W_{Fr} bzw. W_S ergeben sich:

- für Frenkel-Defekte (n_I: Anzahl der Atome/Ionen auf Zwischengitterplätzen; I: interstitial)

$$n_{Fr} = n_I = N_0 \cdot e^{\frac{-W_{Fr}}{kT}} \tag{1.15}$$

- für Schottky-Defekte in kovalenten Kristallen

$$n_S = N_0 \cdot e^{\frac{-W_S}{kT}} \tag{1.16}$$

- für Schottky-Defekte in Ionenkristallen

$$n_S^+ = n_S^- = N_0 \cdot e^{\frac{-W_S}{2kT}} \tag{1.17}$$

Die zur Erzeugung einer Leerstelle aufzuwendende Fehlordnungsenergie beträgt 0,8 bis 2 eV. Mit einer Fehlordnungsenergie von 1 eV ergibt sich beispielsweise bei $T = 1200$ K (ca. 900 °C) ein Leerstellenanteil von ca. 0,01 %. Eine durch hohe Temperaturen hervorgerufene Konzentration an Leerstellen kann durch Abschrecken „eingefroren" werden. Ferner können Gitterleerstellen durch Kaltverformung (z. B. Walzen) erzeugt werden. Atome auf Zwischengitterplätzen sind verhältnismäßig selten. Sie können nur auftreten, wenn zwischen den auf Gitterplätzen sitzenden Atomen genügend Platz vorhanden ist. Als Frenkel-Defekt bezeichnet man die Kombination von Leerstellen im Kationenteilgitter und Kationen auf Zwischengitterplätzen (Anti-Frenkel-Fehlordnung: Leerstellen im Anionenteilgitter und Anionen auf Zwischengitterplätzen).

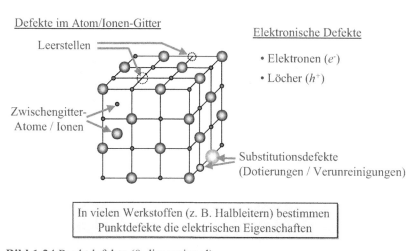

Bild 1.34 Punktdefekte (0-dimensional)

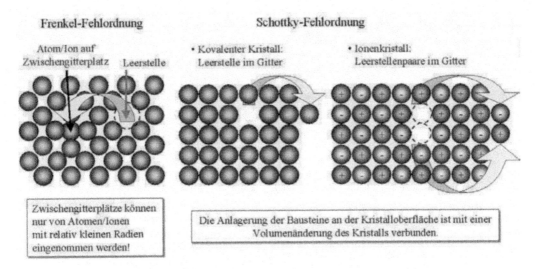

Bild 1.35 Punktdefekte, Frenkel- und Schottky-Fehlordnung

Bei der Schottky-Fehlordnung hinterlassen Atome bzw. Anionen/Kationen-Paare Leerstellen bzw. Leerstellenpaare im Gitter und lagern sich nach Diffusion durch das Kristallgitter an der Oberfläche des Festkörpers an. Dieser Vorgang ist mit einer Volumenänderung verbunden. Hohe Leerstellenkonzentrationen sind makroskopisch nachweisbar, z. B. durch Präzisionsmessung der Gitterkonstanten.

Der Einbau von Fremdatomen (Verunreinigungen) kann durch Substitution von Atomen des Wirtsgitters oder durch Einlagerung auf Zwischengitterplätzen erfolgen. Substitutioneller Einbau (Bild 1.36) tritt besonders dann auf, wenn die Radien der Atome von Wirtsgitter und Verunreinigung von gleicher oder ähnlicher Größe sind. Ein Einbau auf Zwischengitterplätzen ist dagegen nur möglich, wenn der Radius der eingelagerten Atome bedeutend kleiner als derjenige der Atome des Wirtsgitters ist. Der Einbau von Fremdatomen kann ungeordnet (statistisch verteilt) oder geordnet erfolgen. Eine wichtige Bedingung beim Einbau von Fremdatomen in ein Kristallgitter ist die Erhaltung der elektrischen Neutralität des Kristalls. Wird beispielsweise Calcium (Ca) in das Kaliumchlorid-(KCl-)Gitter eingebaut, so liegt das Calcium als Ca^{2+} auf dem ansonsten von einem K^+ besetzten Gitterplatz vor. Das von dem Ca^{2+}-Ion im Vergleich zu einem K^+-Ion zusätzlich abgegebene Elektron hat nun theoretisch folgende Möglichkeiten:

- Es bleibt bei dem Ca^{2+}, d. h. das Calcium liegt als Ca^+ vor.
- Es ist im Kristallgitter frei beweglich, in diesem Zustand würde das Elektron als beweglicher Ladungsträger die elektrische Leitfähigkeit des Werkstoffs erhöhen.
- Zur Kompensation wird ein weiterer K-Platz nicht besetzt, es entsteht eine Leerstelle.

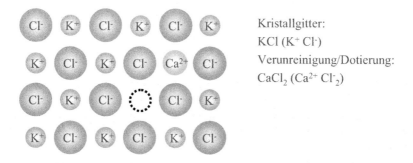

Kristallgitter:
KCl (K$^+$ Cl$^-$)
Verunreinigung/Dotierung:
CaCl$_2$ (Ca^{2+} Cl$^-_2$)

Einbaugleichung: $KCl + CaCl_2 \rightarrow K_K + Ca_K^{\bullet} + 3Cl_{Cl} + V'_K$

Randbedingung: Erhaltung der elektrischen Neutralität im Kristall erfolgt durch
die Bildung von Leerstellen (Ladungskompensation).

Bild 1.36 Punktdefekte: Erhaltung der elektrischen Neutralität im Gitter

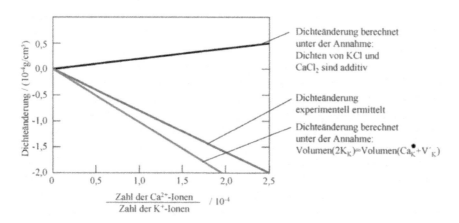

Bild 1.37 Punktdefekte: Dichteänderung von KCl durch Einbau von CaCl$_2$ ins Kristallgitter
[Kittel1969]

In Bild 1.37 ist die Dichteänderung von KCl als Funktion des im Gitter eingebauten Ca-Anteils
aufgetragen. Die Abnahme der Dichte mit steigendem Ca-Anteil zeigt, dass in diesem Fall zur
Kompensation Leerstellen gebildet werden. Welcher der Kompensationsmechanismen zur
Erhaltung der elektrischen Neutralität des Kristalls zum Einsatz kommt, hängt stark von dem
betrachteten Materialsystem und den Herstellungsbedingungen ab.

1.3.3.3 Versetzungen

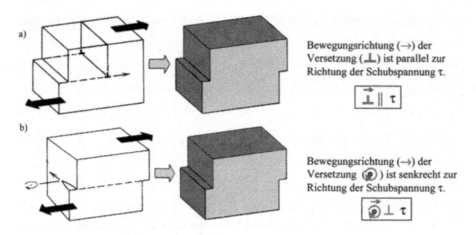

Bild 1.38 Eindimensionale Kristallfehler: (a) Stufen- und (b) Schraubenversetzungen [Callister2000]

Eindimensionale Fehler sind linienhafte Versetzungen innerhalb des Kristalls, z. B. die in Bild 1.38 dargestellte Stufenversetzung, die man sich durch Einschieben einer Gitterhalbebene entstanden denken kann. Bei der Schraubenversetzung ist die senkrecht zur Versetzungslinie stehende Ebenenschar zu einer kontinuierlichen Schraubenfläche verbogen. Zur (quantitativen) Kennzeichnung einer Versetzung bedient man sich des Burgers-Vektors. Man erhält ihn als Wegdifferenz, indem man die Versetzung mit jeweils gleichen Schritten (Atomabstand) in x- und y-Richtung umschreitet. Bei der Stufenversetzung ist der Burgers-Vektor senkrecht zur Versetzung, bei der Schraubenversetzung parallel zu dieser gerichtet. Versetzungen können nur an der Oberfläche oder an anderen Defekten im Kristall enden; sie können allerdings auch geschlossene Ringe bilden. Die Durchstoßpunkte von Versetzungen an der Oberfläche lassen sich mittels chemischer Ätzung sichtbar machen.

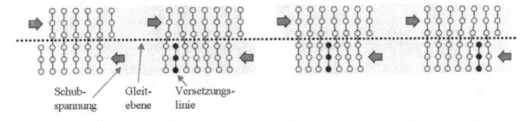

Bild 1.39 Eindimensionale Kristallfehler: Bewegung einer Stufenversetzung [Callister2000]

1.3.3.4 Korngrenzen

Zweidimensionale Gitterfehler treten in Form von Korngrenzen (Bild 1.40) oder Stapelfehlern (Bild 1.41) auf. Kleinwinkelkorngrenzen können als Anhäufung (lineare Folge) von Linienversetzungen gedeutet werden. Bei Großwinkelkorngrenzen unterscheidet man zwischen kohärenten (Übereinstimmung der Gitterpositionen) und inkohärenten Grenzflächen. Korngrenzen können an der Oberfläche durch chemisches oder thermisches Anätzen sichtbar gemacht werden.

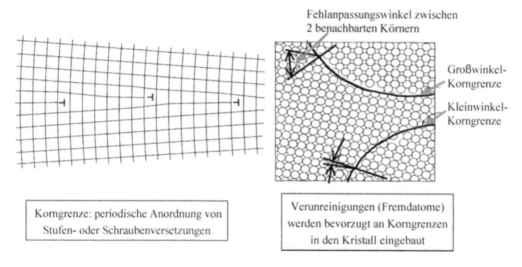

Bild 1.40 Zweidimensionale Kristallfehler: Korngrenzen [Callister2000]

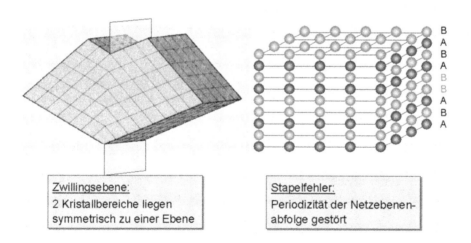

Bild 1.41 Zweidimensionale Kristallfehler: Zwillinge und Stapelfehler [Hänsel1977]

1.3.3.5 Polykristalline Werkstoffe

Einkristalline Werkstoffe werden nur in seltenen Fällen (z. B. zur Herstellung von Halbleiterbauelementen) eingesetzt. Die meisten Werkstoffe bestehen aus einer Ansammlung von Kristalliten („Körnern") mit statistisch verteilter Orientierung der Kristallebenen (polykristalline Werkstoffe). Makroskopische Poren, Ausscheidungen und Zweitphasen werden als dreidimensionale Gitterfehler bezeichnet.

Die Korngröße kann kleiner als 1 µm sein und bis zu einigen mm betragen. Die Korngrenzen sind in der Regel inkohärent, d. h. in der Umgebung der Korngrenzen ist der Gitteraufbau sehr stark gestört. Im Korngrenzbereich findet man daher häufig Werkstoffeigenschaften, die von denen des Korninnern abweichen, beispielsweise hinsichtlich der Löslichkeit und Diffusion von Fremdatomen. Die elektrischen Eigenschaften polykristalliner Werkstoffe können von den Korngrenzen entscheidend beeinflusst werden. Korngrenzeffekte werden bei vielen elektrotechnischen Bauelementen wie Sperrschichtkondensatoren (Kap. 4.3.2), Varistoren (spannungsabhängige Widerstände: Kap. 5.3) oder PTCs (Widerstände mit nichtlinearem Temperaturgang und positivem Temperaturkoeffizienten: Kap. 5.2) ausgenutzt.

Korn- oder Phasengrenzen können in Abhängigkeit von der Zusammensetzung der Phasen, den vorliegenden Kristallstrukturen und der Ausrichtung der aneinanderstoßenden Kristallite unterschiedlich aufgebaut sein. Man unterscheidet zwischen kohärenten, teil- und inkohärenten Grenzflächen (Bild 1.42).

1.3.3.6 Volumen-, Grenz- und Oberflächeneigenschaften

Die mechanischen, optischen und elektrischen Eigenschaften von Werkstoffen werden oftmals entscheidend von den Eigenschaften der Phasengrenzen und Oberflächen beeinflusst. Derartige Effekte können einerseits störend wirken, z. B. durch die Herabsetzung der mechanischen Festigkeit oder die Entstehung einer elektrischen Oberflächenleitfähigkeit. Andererseits können durch geschickte Ausnutzung dieser Effekte viele Bauteile überhaupt erst realisiert werden.

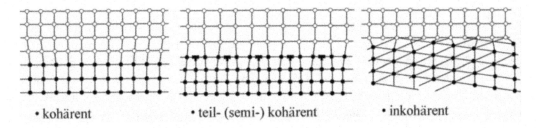

• kohärent   • teil- (semi-) kohärent   • inkohärent

Bild 1.42 Dreidimensionale Kristallfehler: Aufbau von Grenzflächen zwischen zwei Phasen [Schaumburg1993]

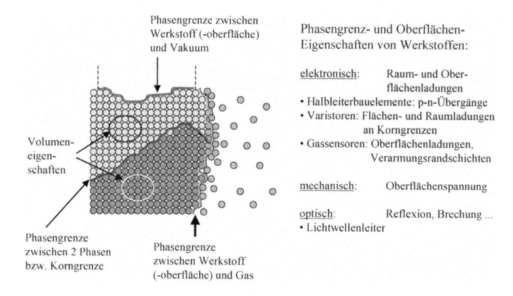

Bild 1.43 Einteilung in Volumen-, Grenz- und Oberflächeneigenschaften eines Werkstoffs

1.3.4 Amorphe Festkörper

Gläser und Kunststoffe sind Festkörper, die in der Regel durch Valenzbindungen zusammengehalten werden (Ausnahme: metallische Gläser). Bei den Kunststoffen bilden sich je nach Anzahl der Valenzen, die die Grundeinheit (Monomer, siehe Kap. 1.3.4.2) zur Verfügung stellt, lineare, flächenhafte oder dreidimensional vernetzte Strukturen (Polymere) aus. Diese können sowohl amorph, teilkristallin als auch vollkristallin sein.

Als Gläser bezeichnet man dagegen Festkörper (anorganisch-metallisch und nichtmetallisch), deren Bausteine einen unregelmäßigen (amorphen) Aufbau zeigen. Eine Glaskeramik zeigt einen in Teilgebieten geordneten (partiell kristallinen) Aufbau, der aus einem amorphen Festkörper durch eine gezielte Temperaturbehandlung durch Keimbildung und Kristallisation hergestellt wird. Insbesondere bei rascher Abkühlung bildet sich in Festkörpern ein regelloses Netzwerk von Atomen bzw. Bausteinen aus, oder es werden amorphe Bereiche z. B. an den Korngrenzen ausgebildet.

1.3.4.1 Gläser

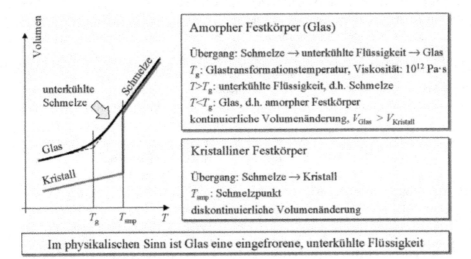

Amorpher Festkörper (Glas)

Übergang: Schmelze → unterkühlte Flüssigkeit → Glas

T_g: Glastransformationstemperatur, Viskosität: 10^{12} Pa·s

$T>T_g$: unterkühlte Flüssigkeit, d.h. Schmelze

$T<T_g$: Glas, d.h. amorpher Festkörper

kontinuierliche Volumenänderung, $V_{Glas} > V_{Kristall}$

Kristalliner Festkörper

Übergang: Schmelze → Kristall

T_{smp}: Schmelzpunkt

diskontinuierliche Volumenänderung

Im physikalischen Sinn ist Glas eine eingefrorene, unterkühlte Flüssigkeit

Bild 1.44 Abkühlkurve: amorpher und kristalliner Festkörper [Scholze1988]

Werkstoffe, die bei der Abkühlung aus der Schmelze ohne Kristallisation in den festen Zustand übergehen, bezeichnet man als Gläser. Im physikalischen Sinn ist Glas eine eingefrorene, unterkühlte Flüssigkeit. Technisch wichtig sind vor allem die oxidischen Gläser; sie bestehen aus einem aus Polyedern regellos aufgebauten Netzwerk. Als Bildner von Polyedern (Netzwerkbildner) wirken vor allem die kleinen, hochgeladenen B^{3+}, Si^{4+}, Ge^{4+}, As^{5+} und P^{5+}-Ionen, die eine ihrer Wertigkeit entsprechende Anzahl von Sauerstoffionen binden (Borat-, Silikat-, Phosphatgläser). Das vierwertige Silizium hat die Koordinationszahl 4; die aus Silizium und Sauerstoff aufgebauten Polyeder weisen die Form von Tetraedern (Bild 1.45, rechts) auf.

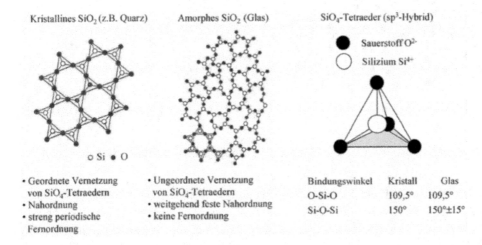

Bild 1.45 Netzwerkhypothese [Kingery1976]

In der Schmelze sind die Tetraeder in einem völlig ungeordneten Zustand. Bei sehr langsamer Abkühlung können die Tetraeder ein Gitter bilden (kristallines SiO_2: Bild 1.45, links). Die SiO_4-Tetraeder im Kristall sind dreidimensional geordnet vernetzt, sie besitzen sowohl eine Nah- als auch eine streng periodische Fernordnung. Erfolgt die Abkühlung genügend rasch, so erstarrt die Schmelze in ihrem ungeordneten Zustand, und es bildet sich ein regelloses Netzwerk (amorphes SiO_2, technische Bezeichnung: Quarzglas Bild 1.45, Mitte). Die SiO_4-Tetraeder im Glas weisen zwar noch eine weitgehend feste Nahordnung auf, sind aber dreidimensional ungeordnet vernetzt und verfügen daher über keine Fernordnung mehr. Sowohl im Kristall wie auch in Glas gehört jedes Sauerstoffion zwei Tetraedern an („Brücken-Sauerstoffionen"). Reines Quarzglas ist ein ausgezeichneter Isolator mit geringer Dielektrizitätszahl und niedrigem Verlustfaktor. Der thermische Ausdehnungskoeffizient ist extrem niedrig (hohe Temperaturwechselbeständigkeit). Die Verarbeitung muss bei Temperaturen oberhalb 1500 °C erfolgen. Die technischen Gläser enthalten zur Herabsetzung der Erweichungstemperatur (T_g, Glastransformationstemperatur, Viskosität $\geq 10^{12}$ Pa·s, siehe Bild 1.44), zur Einschränkung der Kristallisationsneigung, zur Erzielung bestimmter thermischer Ausdehnungskoeffizienten und optischer Brechungszahlen (und aus anderen Gründen) Metallionen, die in die Maschen des Netzwerkes eingebaut sind (Bild 1.46). Man nennt solche Ionen „netzwerkändernde Ionen" (Netzwerkwandler). Zur valenzmäßigen Absättigung dieser Ionen muss eine entsprechende Anzahl von Sauerstoffionen zur Verfügung stehen, die dann nur noch einem Tetraeder angehören, also keine „Brücken-Sauerstoffionen" mehr sind.

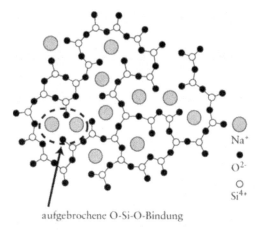

aufgebrochene O-Si-O-Bindung

Netzwerkbildner (Glasbildner)
Ionensorte:
Si^{4+} Ge^{4+} P^{5+} As^{5+} B^{3+}
Ionenradius / nm:
0,039 0,044 0,034 0,046 0,025
Tetraedrische Koordination mit O
(Ausnahme: B)

Netzwerkwandler

Na^+ K^+ Ca^{2+} Ba^{2+} Pb^{2+} Al^{3+} ...
Vernetzungsgrad der SiO_4-Tetraeder
wird abgesenkt

Farb-„Körper" (spektrale Absorption)
Ti^{3+} $V^{3+,5+}$ $Cr^{3+,6+}$ $Mn^{2+,3+}$ $Fe^{2+,3+}$ $Co^{2+,3+}$
Ni^{2+} $Cu^{+,2+}$

Na^+
O^{2-}
O
Si^{4+}

Bild 1.46 Modifikation des SiO_4-Netzwerkes durch Einbau anderer Kationen [Kingery1976]

Für Anwendungen in der Elektrotechnik wurde ein besonders alkaliarmes Glas entwickelt („E-Glas") welches – neben SiO_2 – die Oxide B_2O_3, Al_2O_3 und CaO enthält. Dieses Glas besitzt einen hohen spezifischen Widerstand und zeichnet sich durch niedrige dielektrische Verluste aus. Glasfasern aus E-Glas werden insbesondere zur Verstärkung von Kunststoffen (z. B. Leiterplatten) verwendet.

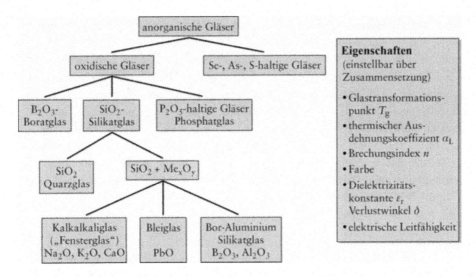

Bild 1.47 Anorganische Gläser: Glassorten mit einstellbaren Eigenschaften

Aus technologischen und elektrischen Gründen kommt den kleinen Alkaliionen, vor allem den Na-Ionen, eine besondere Bedeutung zu. Sie können sich leicht im Netzwerk bewegen und bewirken dadurch nicht nur eine höhere ionische Leitfähigkeit, sondern auch größere dielektrische Verluste. Aus technologischen Gründen kann man häufig auf den Zusatz von Alkaliionen nicht verzichten. Ihre Beweglichkeit lässt sich jedoch durch den gleichzeitigen Einbau größerer Ionen, z. B. der Erdalkaliionen, einschränken.

Eigenschaft	Größe	Einheit	Quarzglas	Kalk-Alkaliglas	Bleiglas	Bor- (Al-)Silikatglas
Dichte	d	g/cm³	2,2	2,3...2,8	2,8...3,6	2,2...2,8
Ausdehnungs-koeffizient	α_L	$10^{-6}\,K^{-1}$	0,5	8...9	9	3...4
el. Leitfähigkeit	σ	S/cm	10^{-16}	$10^{-10}...10^{-16}$	$10^{-10}...10^{-16}$	$10^{-10}...10^{-16}$
Dielektrizitäts-zahl	ε_r		4,2	6...8	6...8	4...6
Verlustfaktor	tan δ	10^{-4}	2	50...100	10...50	10...50

Tabelle 1.9 Eigenschaften anorganischer Gläser

Zur Verbindung von Glasteilen miteinander bedient man sich eines Glaslotes, das SiO_2, B_2O_3 und PbO enthält. Ist eine anschließende Kristallisation des Lotes erwünscht, so wird Zinkoxid hinzugefügt. Hauptanwendungsgebiete für Glas in der Elektrotechnik sind die Röhrentechnik und die Lichttechnik (Glühlampen und Gasentladungslampen). Auf dem Gebiet der Hoch- und Niederspannungsisolatoren konkurrieren Glas und Elektroporzellan miteinander. In der Nachrichtentechnik werden Massivglas und Glasfasern für Ultraschall-Verzögerungsleitungen eingesetzt. Zur Nachrichtenübertragung auf optischem Wege verwendet man Lichtleitfasern aus dämpfungsarmen Glassorten. Derartige Glasfasern bestehen aus einem Kern mit hohem Brechungsindex und einem Mantel mit niedrigem Brechungsindex. Die Variation der Brechzahl kann stufenförmig oder mit einem definierten Brechzahlverlauf („Gradientenfaser") erfolgen. Dünne Glasschichten – insbesondere aus Quarzglas – dienen zur Passivierung von Halbleiterbauelementen. Auf der Basis des Dreikomponentensystems Li_2O / Al_2O_3 / SiO_2 wurden Werkstoffe entwickelt, die einen extrem kleinen – oder sogar negativen – Ausdehnungskoeffizienten besitzen (z. B. „Hoch-Eukryptit": $\alpha_L = -9 \cdot 10^{-6}$ K^{-1}). Diese Werkstoffe werden – wie Glas – aus einem Schmelzfluss hergestellt. Es entsteht zunächst ein amorphes Material, das bei geeigneter Temperaturbehandlung teilweise (d. h. zu 50 bis 90 %) in den kristallinen Zustand übergeht. Derartige „Glaskeramik" findet u. a. beim Bau von Elektrowärmegeräten (Ceran-Kochfeld), aber auch bei hochpräzisen, temperaturunabhängigen Spiegelteleskopen für die Astronomie Verwendung.

1.3.4.2 Kunststoffe

In der Elektrotechnik werden Kunststoffe vornehmlich als Isolierstoffe eingesetzt, es können durch entsprechende Zusätze und Herstellungsverfahren aber auch leitfähige Kunststoffe hergestellt werden. Die elektrischen und mechanischen Eigenschaften der Kunststoffe können in einem weiten Feld an spezielle Anforderungen und Einsatzbedingungen angepasst werden.

Als Polymer oder Makromolekül bezeichnet man Molekülketten, die aus 10^3 bis 10^5 Grundeinheiten (Monomeren) aufgebaut sind und dementsprechend hohe Molekulargewichte aufweisen.

Die Monomere sind Verbindungen des Kohlenstoffs mit wenigen anderen Elementen (H, O, N, S, P und Halogene), die synthetischen Kohlenstoffverbindungen bezeichnet man als Kunststoffe. Polymere können sowohl Molekülketten unterschiedlicher Länge enthalten als auch aus verschiedenen Monomeren aufgebaut sein. Nach dem strukturellen Aufbau unterscheidet man Thermoplaste, Duroplaste und Elastomere (Bild 1.48). Bei den Thermoplasten liegen unvernetzte, lineare Molekülketten vor, die im Schmelzzustand gut verformbar sind und bei mechanischer Beanspruchung ein ähnliches Verhalten wie Metalle zeigen. Die Moleküle der Elastomere sind schwach vernetzt, bei mechanischer Beanspruchung sind sie weichelastisch

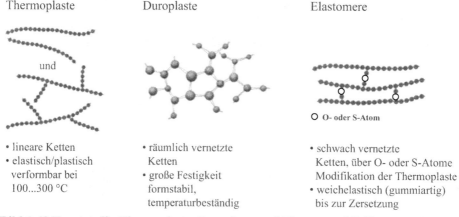

Thermoplaste

• lineare Ketten
• elastisch/plastisch verformbar bei 100...300 °C

Duroplaste

• räumlich vernetzte Ketten
• große Festigkeit formstabil, temperaturbeständig

Elastomere

O O- oder S-Atom

• schwach vernetzte Ketten, über O- oder S-Atome Modifikation der Thermoplaste
• weichelastisch (gummiartig) bis zur Zersetzung

Bild 1.48 Kunststoffe: Thermoplaste, Duroplaste und Elastomere [Callister2000]

(gummiartig). Die Duromere sind aus räumlich vernetzten Molekülketten aufgebaut, sie zeichnen sich durch hohe Formstabilität aus und zeigen bei mechanischer Beanspruchung ein sprödes Verhalten, ähnlich den keramischen Werkstoffen.

Das mechanische Verhalten der Thermoplaste, Duroplaste und Elastomere ist in Bild 1.49 gegenübergestellt. Die Art der Vernetzung der Molekülketten bestimmt weitgehend die mechanischen Eigenschaften des Kunststoffs.

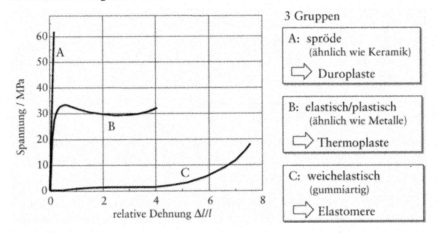

Bild 1.49 Mechanisches Verhalten von Kunststoffen: Spannungs-Dehnungs-Diagramm von Polymeren [Callister2000]

Zur Herstellung von Kunststoffen werden folgende chemische Reaktionsmechanismen eingesetzt: Polymerisation, Polykondensation und Polyaddition.

Bei der **Polymerisation** werden „Monomere" (niedermolekulare Verbindungen) veranlasst, mit gleichartigen Molekülen zu reagieren und Makromoleküle aufzubauen. Die Monomere enthalten Doppelbindungen, die durch Anregung (Katalysatoren) aktiviert und damit reaktionsfähig werden.

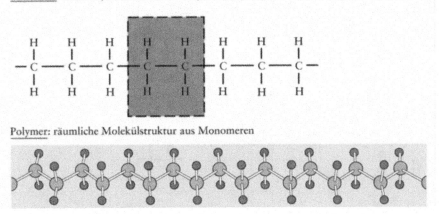

Bild 1.50 Polyethylen (PE) [Callister2000]

Es bestehen starke Bindungen innerhalb der Kette (Hauptvalenzen) durch Elektronenbrücken, jedoch nur schwache Bindungen von Kette zu Kette (Nebenvalenzen) durch van der Waalssche Kräfte, Dipolbindungen oder Wasserstoffbrücken. Die Polymerisation von Gemischen zweier Monomere ergibt häufig Polymere, deren Makromoleküle aus Einheiten beider Monomere zusammengesetzt sind („Copolymerisation"). Je nach der Anordnung der Bausteine in der Kette unterscheidet man zwischen statistischen und Block-Copolymeren.

Beim Polyethylen (PE) unterscheidet man zwischen Hochdruck-PE (HPE, hergestellt bei ca. 200 °C, Druck bis 1500 bar) und Niederdruck-PE (NPE, unter Verwendung von Ziegler-Katalysatoren bei 50 -70 °C hergestellt). HPE ist stärker verzweigt und weist eine niedrigere Dichte auf als NPE. Die Härte der meisten PE-Sorten liegt zwischen 200 und 600 HB (Brinellhärte), ihre Dichte schwankt zwischen 0,92 und 0,96, Gebrauchstemperatur 70 - 80 °C.

Polypropylen (PP) weist gegenüber Polyethylen eine größere Härte (350 - 400 HB) bei geringerer Dichte (0,9) auf.

Polystyrol (PS) zeichnet sich durch besonders gute elektrische Eigenschaften aus: hoher Isolationswiderstand ($\rho = 10^{18}$ Ωcm), sehr geringe dielektrische Verluste (tan $\delta < 10^{-4}$). Die maximale Gebrauchstemperatur beträgt jedoch nur ca. 70 °C.

Beim Polyvinylchlorid (PVC) bewirken Dipolkräfte eine gegenüber reinen Kohlen-wasserstoffen stärkere Bindung von Kette zu Kette. Die Dielektrizitätszahl ist frequenzabhän-gig ($\varepsilon_r = 4$ bei 50 Hz, $\varepsilon_r = 3$ bei 1 MHz); der Verlustfaktor beträgt in diesem Frequenzbereich ca. $2 \cdot 10^{-2}$. PVC wird meist unter Zusatz von Weichmachern verwendet, welche die mechani-schen und elektrischen Eigenschaften mehr oder weniger stark beeinflussen.

Polytetrafluorethylen (PTFE) ist wesentlich temperaturbeständiger als die Kohlenwasserstoff-Polymerisate (Anwendungsbereich bis ca. 300 °C, spezifischer Widerstand bis 10^{24} Ωcm). Es werden auch verzweigte Fluor-Kohlenstoff-Polymerisate (z. B. Hexafluorpropylen) und Chlor-Fluor-Kohlenstoffverbindungen (z. B. Polychlortrifluorethylen, PCTFE) verwendet.

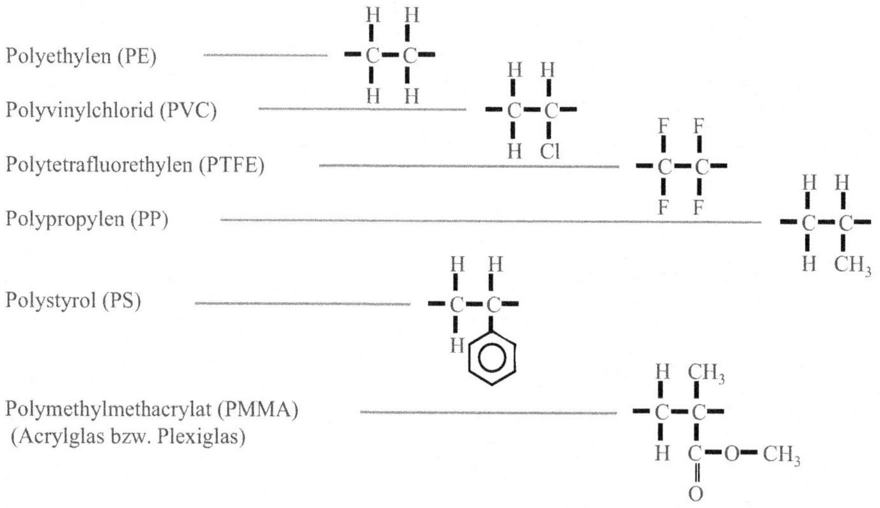

Bild 1.51 Monomere (Grundeinheiten) verschiedener Kunststoffe [Callister2000]

Bei der **Polykondensation** erfolgt eine chemische Reaktion zwischen zwei – meist unterschiedlichen – Monomeren, die besonders reaktionsfähige Endgruppen enthalten. Dabei tritt eine Abspaltung von Reaktionsnebenprodukten (z. B. H_2O, HCl) ein, diese Nebenprodukte müssen durch Verdampfung aus dem Reaktionsgemisch entfernt oder durch besondere Zuschlagstoffe abgebunden werden. Als reaktionsfähige Endgruppen organischer Verbindungen dienen u. a. Wasserstoffatome, Aldehydgruppen, Aminogruppen, Carboxylgruppen und Hydroxylgruppen. Phenolharze entstehen durch dreidimensionale Vernetzung von Phenol (C_6H_5OH) mittels Formaldehyd (H_2CO) unter Druck- und Temperatureinwirkung (ca. 150 bar, 150 °C). Nach der Vernetzung ist keine plastische Formgebung mehr möglich (Kennzeichen der Duromere). In analoger Weise werden Aminoharze durch Vernetzung von Stoffen, die Aminogruppen enthalten, mittels Formaldehyd hergestellt (Beispiel: Melaminharz).

Je nach Art der Polykondensation (Vernetzungsgrad, Zahl der reaktionsfähigen OH-Gruppen) entstehen Silikonöle, -fette, -kautschuk oder -harze. Kennzeichen der Silikonöle: weitgehend temperaturunabhängige Viskosität (-50 bis 150 °C). Die zulässige Dauertemperatur von Silikonharzen beträgt ca. 170 °C. Die Silikone sind wasserabstoßend.

Die **Polyaddition** ist gekennzeichnet durch eine chemische Reaktion unter Umlagerung von H-Atomen ohne Abspaltung von Reaktionsprodukten. Die Polyadditionsreaktionen können – ggf. unter Zusatz eines Katalysators – bei Zimmertemperatur ablaufen („Kalthärtung").

Durch Variation der typischen Merkmale der Molekülketten kann man ihre Mikrostruktur von amorph über teilkristallin bis kristallin verändern, das ist auch bei der Verarbeitung noch möglich. Durch die Herstellung von Gemischen verschiedener Polymere (Blends) können Eigenschaften wie Formstabilität, Wärmebeständigkeit und Lösungsmittelbeständigkeit gezielt verbessert werden.

	Typ	Dichte	Zugfestigkeit	Durchschlagsfestigkeit	max. Temperatur ohne Belastung
		g/cm³	MPa	V/mm	°C
Thermoplast	Polyethylen (PE)	0,95...0,96	2,9...5,4	480	80...120
Thermoplast	PVC	1,49...1,58	7,5...9	o.A.	110
Thermoplast	Polypropylen (PP)	0,9...0,91	4,8...5,5	650	107...150
Duroplast	Epoxidharz	1,06...1,40	4...13	400...650	120...260
Duroplast	Polyester (glasfaserverstärkt)	1,7...2,1	8...20	320...400	150...177
Elastomer	Neopren (Polychloropren)	1,25	3,0...4,0	Einsatztemperatur: Verlängerung:	-40...+115 °C 800...900 %
Elastomer	Silikon (Polysiloxan)	1,1...1,6	0,6...1,3	Einsatztemperatur: Verlängerung:	-115...+315 °C 100...500 %

Tabelle 1.10 Eigenschaften von Kunststoffen [Schaumburg1990]

Polymer mit kristallinen und amorphen   Polymer mit plattenförmiger
Gebieten (statistisch verteilt)   kristalliner Struktur

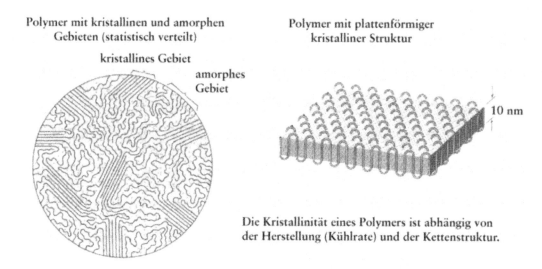

kristallines Gebiet

amorphes
Gebiet

10 nm

**Die Kristallinität eines Polymers ist abhängig von
der Herstellung (Kühlrate) und der Kettenstruktur.**

Bild 1.52 Kristalline und amorphe Polymere [Callister2000]

Die neueste Entwicklung bei der Polymerforschung sind Makromoleküle, deren elektrische Eigenschaften genutzt werden können. Üblicherweise zeigen Polymere isolierende Eigenschaften, in Forschungslabors werden mittlerweile jedoch Kunststoffe hergestellt, deren auf die Masse bezogene elektrische Leitfähigkeit doppelt so hoch wie die von Kupfer ist. Als Prototyp leitfähiger Kunststoffe gilt Polyacethylen, das durch Dosierung z. B. mit Arsenpentafluorid seine Leitfähigkeit um zehn Größenordnungen steigert.

Gewöhnliche Polymere haben eine Bandstruktur wie Halbleiter oder Isolatoren mit einer erheblichen Energielücke zwischen Valenz- und Leitungsband. Durch Dotierung erzielt man im Polymer eine Verschiebung der Atome in der Molekülkette gegeneinander, so dass es bei ausreichend hoher Dotierungsdichte im Umkreis der Fremdionen zur Ausbildung von Ladungsinseln kommt. Bei einem Verhältnis von ca. 15 Kohlenstoff-Atomen auf 1 Dotierungs-Ion beginnen sich die Ladungsinseln zu überschneiden, es werden dadurch neue Energiebänder ausgebildet, die zwischen Valenz- und Leitungsband liegen. In diesen neuen Bändern können sich die Elektronen frei bewegen. Die Fremdmoleküle dienen dabei nur als Partner, die den Energiebändern des Makromoleküls Elektronen spenden oder entziehen, die Elektronen sind dadurch stärker delokalisiert oder über mehrere Kohlenstoffatome „verschmiert".

Der Elektronentransport innerhalb der Polymerkette bzw. das Übertreten von Elektronen von einer zur anderen Kette ist noch nicht in allen Einzelheiten geklärt. In dotiertem Polyacetylen kann durch die Anisotropie des Kettenmoleküls die Leitfähigkeit in Kettenrichtung bis zu tausendmal höher sein als senkrecht dazu. Ein Maximum der Leitfähigkeit wird bei hoher Reinheit und möglichst perfekt paralleler Ausrichtung der Nebenmoleküle erreicht. Vielversprechend könnte der Einsatz von (leichten) Polymer-Elektroden in Batterien, als Leiterbahnmaterial in neuartigen gedruckten Schaltungen oder als künstliche Nerven sein. Der Entwicklungsstand lässt allerdings noch keinen technischen Einsatz zu, leitfähige Polymere befinden sich noch im Bereich der Grundlagenforschung.

1.4 Werkstoffeigenschaften

1.4.1 Phänomenologische Beschreibung

Die für den Einsatz von Werkstoffen wichtigen Stoffeigenschaften stellen meist Proportionalitätskonstanten zwischen zwei Feldgrößen dar. So sind beispielsweise Stromdichte j und elektrische Feldstärke E in einem Werkstoff über dessen elektrische Leitfähigkeit σ (oder deren Kehrwert, den spezifischen Widerstand ρ) miteinander verknüpft.

Die Verknüpfungen zwischen den Feldgrößen sind fast immer nur in einem beschränkten Bereich linear. Wenn sich der praktische Einsatzbereich des Werkstoffes auf diesen Bereich beschränkt, kann man von einer linearen Werkstoffeigenschaft sprechen und den Zusammenhang zwischen den Feldgrößen linearisieren. Bei vielen Werkstoffen wird aber auch das nichtlineare Verhalten genutzt. Eine Linearisierung ist nur bei reversiblen Werkstoffeigenschaften zulässig. Nicht reversibles Werkstoffverhalten (z. B. Hysterese) kann nicht mehr durch einen analytischen Ausdruck dargestellt werden.

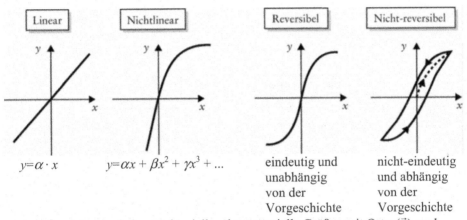

$x, y, \alpha, \beta \dots$: können skalare, vektorielle oder tensorielle Größen mit Orts- ($\vec{r}$) und Zeitabhängigkeit (t) sein, d.h.: $y = y(\vec{r}, t)$ oder $\vec{y}(\vec{r}, t)$

Bild 1.53 Lineare und nichtlineare, reversible und nichtreversible Werkstoffeigenschaften

Werkstoffspezifische Proportionalitätskonstanten können Skalare, Vektoren oder Tensoren sein. Speziell bei kristallinen Werkstoffen sind die Eigenschaften oftmals richtungsabhängig (anisotrope Werkstoffe); die Proportionalitätskonstante zwischen zwei Feldgrößen ist dann ein Tensor, die zwischen einer skalaren Größe (z. B. elektrisches Potential oder Temperatur) und einer Feldgröße ein Vektor.

Zusammenhang zwischen Feldgrößen im Werkstoff: $\boxed{y = \alpha \cdot x}$, Werkstoffkonstante α

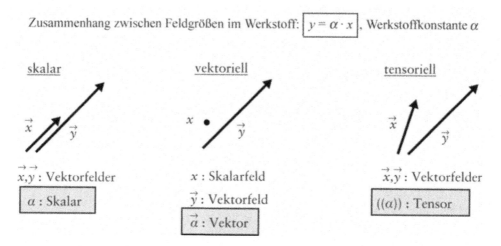

Bild 1.54 Skalare, vektorielle, tensorielle Werkstoffeigenschaften

skalar   vektoriell   tensoriell

$\boxed{\vec{y} = \alpha \cdot \vec{x}}$ $\boxed{\vec{y} = \vec{a} \cdot x}$ $\boxed{\vec{y} = ((\alpha)) \cdot \vec{x}}$

$y_1 = \alpha \cdot x_1$ $y_1 = \alpha_1 \cdot x$ $y_1 = \alpha_{11} \cdot x_1 + \alpha_{12} \cdot x_2 + \alpha_{13} \cdot x_3$

$y_2 = \alpha \cdot x_2$ $y_2 = \alpha_2 \cdot x$ $y_2 = \alpha_{21} \cdot x_1 + \alpha_{22} \cdot x_2 + \alpha_{33} \cdot x_3$

$y_3 = \alpha \cdot x_3$ $y_3 = \alpha_3 \cdot x$ $y_3 = \alpha_{31} \cdot x_1 + \alpha_{32} \cdot x_2 + \alpha_{33} \cdot x_3$

$\boxed{\begin{array}{c}\text{isotroper} \\ \text{Werkstoff}\end{array}}$ $\boxed{\begin{array}{c}\text{nicht-isotroper} \\ \text{Werkstoff}\end{array}}$ $\boxed{\begin{array}{c}\text{nicht-isotroper} \\ \text{Werkstoff}\end{array}}$

z.B.: elektrische   z.B.: Pyrokoeffizient π_P z.B.: piezoelektrische
Leitfähigkeit σ Konstante d_P

$\vec{j} = \sigma \cdot \vec{E}$ $\mathrm{d}\vec{P}_R = \vec{\pi}_P \cdot \mathrm{d}T$ $\vec{\varepsilon}_M = ((d_P)) \cdot \vec{E}$

                              Temperatur: skalar

Bild 1.55 Skalare, vektorielle, tensorielle Werkstoffeigenschaften

Nur in isotropen Werkstoffen, d. h. in solchen ohne Vorzugsrichtungen, sind die Feldgrößen über Skalare verknüpft. Isotrope Werkstoffe sind Gase, Flüssigkeiten und amorphe Festkörper, aber auch viele kristalline Werkstoffe, in deren Kristallgitter keine Vorzugsrichtung besteht (z. B. alle kubischen Kristalle) oder die aus einer Vielzahl unterschiedlich ausgerichteter Körner bestehen, so dass sich die Anisotropie über den gesamten Festkörper herausmittelt.

Betrachtet man den Zusammenhang zwischen zwei Feldgrößen für den eingeschwungenen Zustand, d. h. zu Zeitpunkten, zu denen keine Feldänderung mehr stattfindet, so liegt häufig ein linearer oder zumindest linearisierbarer Zusammenhang zwischen den Feldgrößen vor, der die statischen Eigenschaften des Werkstoffs wiedergibt.

$$y = a \cdot x + b \cdot x^2 + c \cdot x^3 + \ldots \tag{1.18}$$

Zeitabhängige Werkstoffeigenschaften zeigen eine Abhängigkeit von der Feldänderungs-geschwindigkeit. Unterscheiden sich die Feldgrößen nur um eine Ableitung nach der Zeit dx/dt, so handelt es sich um einen Relaxationsvorgang (Dämpfung); kommt noch die zweite Ableitung nach der Zeit d^2x/dt^2 hinzu, können zusätzlich Resonanzen auftreten.

$$y = \alpha \cdot x + \beta \cdot \frac{dx}{dt} + \gamma \cdot \frac{d^2 x}{dt^2} \qquad (1.19)$$

Bei einem sinusförmigen Verlauf der Feldgrößen können die Zusammenhänge oftmals durch komplexe Stoffkonstanten $\underline{\alpha}(\omega) = \alpha'(\omega) - j\alpha''(\omega)$ beschrieben werden.

$$x(t) = x = x_0 \cdot e^{j\omega t} \rightarrow \dot{x} = j\omega x \qquad (1.20)$$

$$y(\omega) = \underline{\alpha}(\omega) \cdot x(\omega) = \left(\alpha'(\omega) - j\alpha''(\omega)\right) \cdot x(\omega) \qquad (1.21)$$

1.4.2 Thermische Eigenschaften

Jeder Festkörper versucht einen thermischen Gleichgewichtszustand mit seiner Umgebung einzustellen, d. h. er nimmt solange Wärme aus seiner Umgebung auf bzw. gibt Wärme an sie ab, bis er sich auf derselben Temperatur befindet. Wärmeenergie kann in einem Festkörper auf verschiedene Arten „gespeichert" werden.

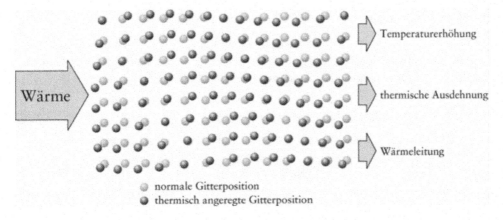

Bild 1.56 Thermische Eigenschaften der Festkörper: Wärmezufuhr im Festkörper [Callister2000]

1.4.2.1 Wärmekapazität

Die Atome des Festkörpers führen bei $T > 0$ thermisch angeregte Schwingungen aus. Die innere Energie U setzt sich aus der potentiellen Energie (Auslenkung aus der Ruhelage) und der kinetischen Energie (Geschwindigkeit) der atomaren Bausteine zusammen.

Schwingen alle Atome unabhängig voneinander, trägt jeder Freiheitsgrad der Bewegung $1/2\ kT$ zur inneren Energie bei. Schwingen die Atome unabhängig voneinander in alle 3 Raumrichtungen, ergibt sich:

$$U(T) \;=\; \underbrace{3/2\ N_A \cdot kT}_{\text{kin. Energie}} \;+\; \underbrace{3/2\ N_A \cdot kT}_{\text{pot. Energie}} \;=\; 3\ N_A \cdot kT \qquad (1.22)$$

mit k = Boltzmann-Konstante, T = Temperatur in K,
$N_A = 6{,}022 \cdot 10^{23}$ mol^{-1} (Avogadro-Konstante)

Die molare Wärmekapazität ergibt sich durch Ableitung der inneren Energie nach der Temperatur:

$$C_{W,m} = \frac{\partial U}{\partial T} \qquad (1.23)$$

Zum Vergleich der kalorischen Eigenschaften verschiedener Stoffe bezieht man die Wärmekapazität auf die Masse eines Mols. Die molare Wärmekapazität eines Festkörpers ist damit

$$C_{W,m} = 3\,N_A k \approx 25\,\frac{J}{mol \cdot K} \qquad \text{(Dulong-Petit-Gesetz)} \qquad (1.24)$$

Dieser Wert ist für viele Festkörper richtig, bei einigen fest gebundenen Kristallen mit niedriger Atommasse, insbesondere Diamant, werden bei Zimmertemperatur allerdings viel kleinere molare Wärmekapazitäten gemessen. Mit sinkender Temperatur weist der Temperaturverlauf der spezifischen Wärmekapazität einen allmählichen Abfall auf null auf, d. h. das Dulong-Petitsche Gesetz gilt nur für den Grenzfall hoher Temperaturen.

Eine genauere Beschreibung des Verhaltens der spezifischen Wärmekapazität von Festkörpern liefert die Berechnung der inneren Energie auf der Grundlage von quantisierten Gitterschwingungen (Phononen). Die Energie eines Phonons ist

$$E = \hbar\omega \quad \text{mit}\ \hbar = \frac{h}{2\pi};\ \omega = 2\pi f \qquad (1.25)$$

f: Frequenz der Gitterschwingung, h: Plancksches Wirkungsquantum,

$h = 6{,}626 \cdot 10^{-34}$ Js

Wegen der großen Zahl von Schwingungszuständen muss mit statistischen Methoden gerechnet werden. Phononen gehören zur Teilchenart der Bosonen, da ihr Spin null ist. Sie können denselben Zustand mehrfach besetzen. Bosonen gehorchen der Bose-Einstein-Statistik, die die Verteilung der Phononen bei gegebener Temperatur auf die Schwingungszustände beschreibt.

$$f_{BE}(E) = \frac{1}{e^{\frac{E}{kT}} - 1} \qquad (1.26)$$

Einstein konnte 1907 als erster zeigen, dass die Quantisierung der Gitterschwingungen dazu führt, dass die Wärmekapazität wie gefordert für $T \to 0$ K gegen null geht. Dazu werden die

Frequenzen aller 3 N_A Schwingungszustände mit dem gleichen mittleren Wert ω_E angesetzt. Es ergibt sich für die molare Wärmekapazität der Phononen:

$$C_{W,m} = 3N_A k \left(\frac{\hbar\omega_E}{kT}\right)^2 \frac{e^{\frac{\hbar\omega_E}{kT}}}{(e^{\frac{\hbar\omega_E}{kT}}-1)^2} \qquad (1.27)$$

Diese Formel enthält die beiden Grenzfälle

$$kT \gg \hbar\omega_E : C_{W,m} = 3N_A k \qquad \text{(hohe Temperaturen)}$$

$$kT \ll \hbar\omega_E : C_{W,m} \sim \frac{1}{T^2} e^{-\frac{\hbar\omega_E}{kT}} \xrightarrow[T \to 0]{} 0 \quad \text{(tiefe Temperaturen)}$$

In Anbetracht der grob vereinfachenden Annahme gleicher Frequenzen ist es nicht verwunderlich, dass der exponentielle Abfall nicht mit der bei Festkörpern beobachteten T^3-Abhängigkeit übereinstimmt. Debye entwickelte ab 1910 eine Theorie der spezifischen Wärmekapazität von Festkörpern, die ein Spektrum von Gitterschwingungen verschiedener Frequenzen berücksichtigt. Das Spektrum wird bei einer charakteristischen Frequenz abgeschnitten. Es ergibt sich die Debyetemperatur

$$\Theta_D = \frac{\hbar\omega_D}{k} \qquad (1.28)$$

Aus diesen Annahmen folgt das Debyesche T^3-Gesetz für die spezifische Wärmekapazität von Festkörpern bei tiefen Temperaturen:

$$C_{W,m} \approx 234 N_A k \left(\frac{T}{\Theta_D}\right)^3 \qquad (1.29)$$

Für hohe Temperaturen erhält man wieder den klassischen Grenzfall von Dulong-Petit.

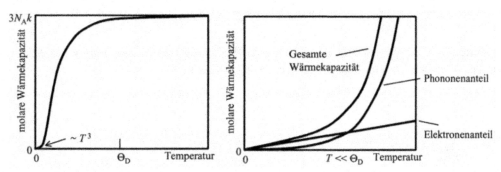

Bild 1.57 Verlauf der molaren Wärmekapazität über der Temperatur (links) und für kleine Temperaturen (rechts)

Frei bewegliche Elektronen können ebenfalls thermische Energie aufnehmen. Elektronen gehorchen als Fermionen der Fermi-Dirac-Statistik. Da in Metallen alle Zustände bis zur Fermi-Energie besetzt sind, können nur Elektronen in der Nähe der Fermi-Energie angeregt werden. Deshalb ist der Beitrag der Elektronen zur Wärmekapazität vernachlässigbar gering. Erst bei tiefen Temperaturen wird die Wärmekapazität der Elektronen vergleichbar groß mit der Wärmekapazität der Phononen (Bild 1.57 rechts).

1.4.2.2 Thermische Ausdehnung

Bild 1.58 zeigt den Zusammenhang zwischen der thermischen Energie (Schwingungsenergie) und der Gitterkonstanten.

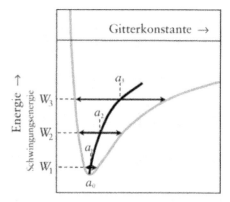

Bild 1.58 Thermische Ausdehnung: der Abstand zwischen den einzelnen Atomen steigt mit der Temperatur [Callister2000]

Bei $T = 0\,\mathrm{K}$ stellt sich aufgrund des Kräftegleichgewichts zwischen anziehenden und abstoßenden Kräften ein fester Gleichgewichtsabstand a_0 zwischen den Atomen ein, die Atome sind unbeweglich. Steigt die Energie der Atome mit der Temperatur an, so schwingen sie mit der Auslenkung Δa_i um den mittleren Abstand a_i. Die Gesamtenergie (Summe aus anziehender und abstoßender Energie) verläuft als Funktion vom Atomabstand unsymmetrisch zu a_0 (Bild 1.58), da die anziehenden Kräfte mit $F_{an} \propto 1/r^2$ und die abstoßenden Kräfte mit $F_{ab} \propto 1/r^{9...12}$ verlaufen. Aus diesem Grund steigt der mittlere Abstand a_i mit der thermischen Energie W_i an, d. h. der Abstand zwischen den einzelnen Atomen steigt mit der Temperatur und der Festkörper dehnt sich aus.

Die Zufuhr von Wärme hat eine Ausdehnung des Festkörpers zur Folge. Man unterscheidet zwischen Volumen- (α_V) und Längenausdehnungskoeffizient (α_L):

$$\frac{\Delta V}{V_0} = \alpha_V \cdot \Delta T \tag{1.30}$$

$$\frac{\Delta l}{l_0} = \alpha_L \cdot \Delta T \tag{1.31}$$

Die Zufuhr von thermischer Energie kann aber auch Phasenumwandlungen, beispielsweise eine Veränderung der Kristallstruktur oder den Übergang von der festen in eine flüssige oder gasförmige Phase, zur Folge haben. Im Bereich der Phasenumwandlung kann dem Festkörper thermische Energie zugeführt (oder entnommen) werden, ohne dass sich die Temperatur merklich verändert, d. h. die Wärmekapazität ist in diesem Punkt sehr groß.

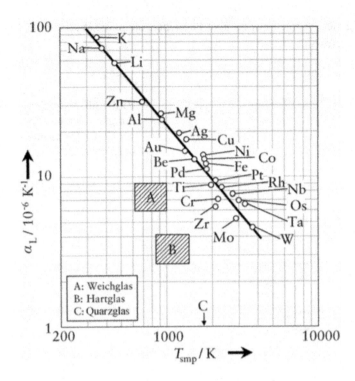

Bild 1.59 Thermische Ausdehnungskoeffizienten von Werkstoffen als Funktion des Schmelzpunkts

Bild 1.59 zeigt den Zusammenhang zwischen thermischen Ausdehnungskoeffizienten und Schmelzpunkt (T_{smp}) für Metalle. Der lineare thermische Ausdehnungskoeffizient α_L ist näherungsweise umgekehrt proportional zur (absoluten) Schmelztemperatur des betreffenden Metalls (Grüneisensche Regel: $\alpha_L \propto 1/T_{smp}$). Zum Vergleich sind auch die Bereiche der Ausdehnungskoeffizienten verschiedener Glassorten eingetragen.

Im Bimetallstreifen, der aus zwei Metallen (oder Legierungen, siehe Kapitel 2.2) mit unterschiedlichen Ausdehnungskoeffizienten zusammengesetzt ist, wird die Wärmeausdehnung für die Auslösung von Schalt- und Regelsignalen genutzt.

1.4.2.3 Wärmeleitung

Der Transport von thermischer Energie durch einen Festkörper unter dem Einfluss eines Temperaturgradienten wird als Wärmeleitung bezeichnet. Wärme kann in Festkörpern durch Gitterschwingungen (Phononen) oder frei bewegliche Elektronen transportiert werden. Die Wärmestromdichte j_W ist als die über eine zum Temperaturgradienten dT/dx senkrecht stehende Fläche transportierte Wärmeleistung (Wärme/Zeit) definiert.

$$j_W = -\lambda_W \cdot \frac{dT}{dx} \quad \left[\frac{W}{m^2} \right] \tag{1.32}$$

In Bild 1.60 ist die Wärmeleitfähigkeit λ_W verschiedener Metalle, Halbleiter, Isolatoren und Gase aufgetragen. Metalle, die sich durch eine hohe Zahl freier Elektronen auszeichnen, weisen immer eine hohe Wärmeleitfähigkeit auf. Der Wärmetransport erfolgt hier vornehmlich über die freien Elektronen. Erfolgt der Wärmetransport über Phononen, steigt die Wärmeleitfähigkeit mit der Dichte des Werkstoffes an.

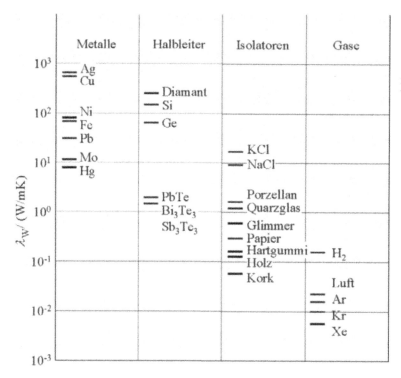

Bild 1.60 Wärmeleitfähigkeit verschiedener Stoffe [Schaumburg1993]

1.4.2.4 Diffusion

Bei der Diffusion werden Teilchen aufgrund eines Konzentrationsgefälles zu Platzwechselvorgängen angeregt. In Gasen und Flüssigkeiten ist die Diffusion bedingt durch die geringeren Wechselwirkungen stärker ausgeprägt, aber auch in Festkörpern ist sie möglich. Die grundlegenden Diffusionsprozesse in einem Kristallgitter sind

- Platzwechselvorgang zwischen einer Leerstelle und einem benachbarten Atom
- Wanderung eines Gitteratoms über Zwischengitterplätze (Frenkel-Defekte) und Einbau an einer anderen Stelle
- Platzwechselvorgang zwischen 2, 3 oder 4 Atomen (Ringaustauschdiffusion)

Das Erste Ficksche Gesetz besagt, dass die Zahl der pro Zeiteinheit diffundierenden Atome dN/dt je Fläche A dem Konzentrationsgefälle $\mathrm{grad}\,c$ (bzw. dc/dx im eindimensionalen Fall) proportional ist.

$$\frac{1}{A}\cdot\frac{dN}{dt}=-D\,\mathrm{grad}\,c \qquad \left(\frac{1}{A}\cdot\frac{dN}{dt}=-D\frac{dc}{dx}\right) \qquad (1.33)$$

$$\vec{J}_n=-D\cdot\mathrm{grad}\,c \qquad \left(J_n=-D\cdot\frac{dc}{dx}\right) \qquad (1.34)$$

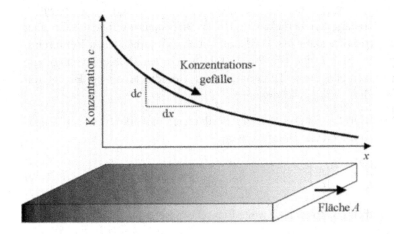

Bild 1.61 Diffusion, ein thermisch aktivierter Vorgang [Fasching1994]

Der Proportionalitätsfaktor D ist der werkstoffspezifische Diffusionskoeffizient, die Partikelstromdichte J_n [cm^{-2}·s^{-1}] ist proportional zum Konzentrationsgradienten grad c.

Die verschiedenen Platzwechselvorgänge, die zur Diffusion führen, erfordern eine Mindestenergie ΔW zur Überwindung der Potentialbarrieren im Festkörper (Bild 1.62). Diese Energie kann thermisch geliefert werden, der Diffusionskoeffizient zeigt daher meist eine starke Temperaturabhängigkeit der Form:

$$D = D_0 \cdot e^{-\frac{\Delta W}{kT}} \tag{1.35}$$

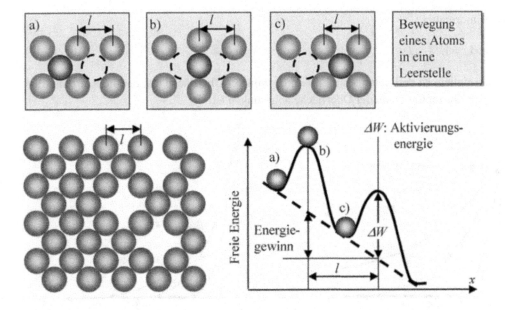

Bild 1.62 Diffusion in einem Konzentrationsgradienten

D_0 ist ein Faktor, der unter anderem die Schwingungsfrequenz des thermisch bewegten, diffundierenden Atoms im Kristallgitter berücksichtigt. Der Diffusionskoeffizient kann aber auch von der vorliegenden Kristallstruktur des Werkstoffs oder von vorhandenen Verunreinigungen/Dotierungen abhängen. Eine Reihe von Prozessschritten in der Halbleitertechnologie verwenden gezielt Diffusionsvorgänge zur Dotierung eines Grundmaterials (z. B. Si) mit Fremdstoffen oder zur Herstellung von p-n-Übergängen.

Zur Berechnung des Diffusionsprofils $c(x,t)$ einfacher Anordnungen muss die Kontinuitätsgleichung (ohne Quellen und Senken) berücksichtigt werden:

$$\frac{\partial c}{\partial t} = - \operatorname{div}(\vec{J}_n) \quad \left(\frac{\partial c}{\partial t} = -\frac{\partial J_n}{\partial x} \right) \tag{1.36}$$

Durch Elimination der Stromdichte J_n folgt das Zweite Ficksche Gesetz:

$$\operatorname{div} \operatorname{grad} c = \Delta c = \frac{1}{D}\frac{\partial c}{\partial t} \quad \left(\frac{\partial^2 c}{\partial x^2} = \frac{1}{D}\frac{\partial c}{\partial t} \right) \tag{1.37}$$

In Abhängigkeit von der Art der Quelle ergeben sich unterschiedliche Lösungen. Für die eindimensionale Diffusion aus einer konstanten (unbegrenzten) Quelle ergibt sich mit der Anfangsbedingung $c(x,0) = 0$ für $x > 0$ und der Randbedingung $c(0,t) = N_0$, d. h. die Konzentration der eindiffundierenden Teilchen an der Oberfläche N_0 bleibt konstant:

$$c(x,t) = N_0 \cdot \left(1 - \frac{2}{\sqrt{\pi}} \cdot \int_0^a e^{-u^2} du \right) \quad \text{mit } a = \frac{x}{2\sqrt{D \cdot t}} \tag{1.38}$$

mit der Eindringtiefe

$$x_0 = 1{,}28 \cdot \sqrt{Dt} \tag{1.39}$$

Die Eindringtiefe ist definiert als die Entfernung von der Oberfläche, bei der die Konzentration auf 1/e der Konzentration an der Oberfläche abgesunken ist.

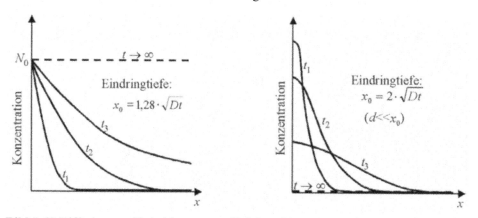

Bild 1.63 Diffusionsprofile bei konstanter (links) und begrenzter Quelle (rechts)

Für eine begrenzte Quelle ergibt sich mit der Anfangsbedingung $c(x,0) = 0$ für $x > 0$ und der Randbedingung $c(0,0) = n_0$, dies entspricht einer Flächenbelegung $N_F = n_0 \cdot d \cdot \delta(x)$ (d: Schichtdicke) zum Zeitpunkt $t = 0$:

$$c(x,t) = \frac{n_0 \cdot d}{\sqrt{\pi D t}} \cdot e^{-\frac{x^2}{4Dt}} \qquad (1.40)$$

mit der Eindringtiefe

$$x_0 = 2 \cdot \sqrt{Dt} \quad \text{für } d \ll x_0 \qquad (1.41)$$

1.4.3 Mechanische Eigenschaften

Für die Brauchbarkeit von Werkstoffen für konstruktive Anwendungen sind in erster Linie die mechanischen Eigenschaften maßgebend. Durch weitgehend genormte Prüfverfahren erhält man Zahlenwerte für die Festigkeit eines Werkstoffes bei unterschiedlichen Belastungsarten sowie qualitative Angaben über verschiedene technologisch wichtige Eigenschaften (z. B. Schweißbarkeit). Man unterscheidet zwischen zerstörenden, bedingt zerstörungsfreien und zerstörungsfreien Prüfverfahren.

Beim Zugversuch wird der in Form einer stabförmigen Normprobe vorliegende Werkstoff einer stetig anwachsenden Zugbeanspruchung unterworfen, die bis zum Zerreißen des Stabes gesteigert wird. Gemessen werden die Zugkraft F und die Verlängerung ΔL des Stabes. Um Messungen bei verschiedenen Probengeometrien vergleichbar zu machen, wird die Längenänderung stets auf die Ausgangslänge L_0 bezogen (Dehnung $\varepsilon_M = \Delta L/L_0$). Ferner nimmt man vereinfachend für den ganzen Versuch einen einachsigen Spannungszustand an und bezieht die Zugkraft auf den Ausgangsquerschnitt A_0 (scheinbare Spannung $\sigma_M = F/A_0$); es wird also eine während des Versuches auftretende Querschnittsverminderung nicht berücksichtigt.

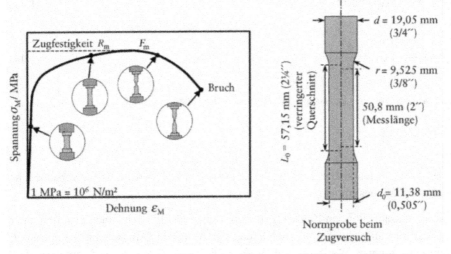

Bild 1.64 Spannungs-Dehnungs-Diagramm (Zugversuch) [Callister2000]

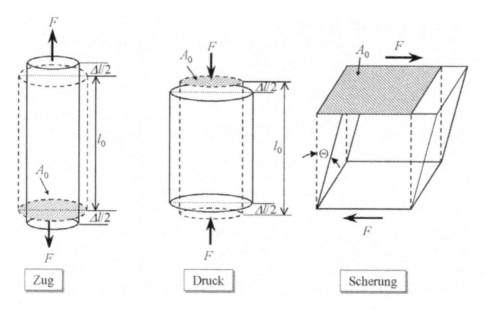

Bild 1.65 Arten mechanischer Spannungsbeanspruchung [Callister2000]

Im Bereich geringer Verformung ($\varepsilon_M < 0{,}01$ %) gilt das Hookesche Gesetz, d. h. die mechanische Spannung σ_M (bzw. Scherspannung τ_M) ist proportional zur Dehnung ε_M (bzw. Scherung γ_M). Hieraus folgt die Definition des Elastizitätsmoduls E_M (bzw. Schubmoduls G_M) als Proportionalitätskonstante:

$$\sigma_M = \frac{F}{A_0} \quad \left(\tau_M = \frac{F}{A_0} \right) \tag{1.42}$$

$$\varepsilon_M = \frac{\Delta l}{l_0} \quad (\gamma_M = \tan\Theta) \tag{1.43}$$

$$E_M = \frac{\sigma_M}{\varepsilon_M} \quad \left(G_M = \frac{\tau_M}{\gamma_M} \right) \tag{1.44}$$

Die Querkontraktionszahl ν_M (Poisson-Zahl, $0 < \nu_M < 0{,}5$) ergibt sich zu:

$$\nu_M = -\frac{\Delta A / A_0}{2 \cdot \Delta l / l_0} \tag{1.45}$$

Bei anisotropen Werkstoffen sind die elastischen Konstanten gegebenenfalls für verschiedene Richtungen gesondert zu bestimmen.

Die Querkontraktionszahl (Poisson-Zahl) ν_M ist stets kleiner als 0,5, d. h. eine Dilatation unter Zugspannung wird nur teilweise durch Annäherung der Atome in Querrichtung kompensiert, daher tritt im beanspruchten Werkstoff auf jeden Fall eine Volumenvergrößerung ein. Der Elastizitäts- und der Schubmodul nehmen mit steigender Temperatur ab.

Metall	E-Modul E_M / 10^4 MPa	Schubmodul G_M / 10^4 MPa	Poisson-Zahl ν_M
Magnesium	4,5	1,7	0,29
Aluminium	6,9	2,6	0,33
Titan	10,7	4,5	0,36
Kupfer	11,0	4,6	0,35
Nickel	20,7	7,6	0,31
Stahl	20,7	8,3	0,27
Wolfram	40,7	16,0	0,28

Tabelle 1.11 Elastizitätsmodul, Schubmodul, Poisson-Zahl metallischer Werkstoffe [Callister2000]

Bei den verschiedenen Werkstoffen treten im Wesentlichen die in Bild 1.66 zusammengestellten Typen von Spannungs-Dehnungs-Diagrammen auf.

- Normaltyp: Anfangs Proportionalität zwischen Last und Dehnung, dann Abnahme der Steigung, Durchlaufen eines Maximums (F_m), weitere Dehnung bei abnehmender Kraft, schließlich Bruch der Probe.
- Duktile Werkstoffe (z. B. weiches Cu): Bereits bei geringer Kraft eintretende plastische Verformung.
- Spröde Werkstoffe (z. B. Gusseisen, viele Metalloxide und Ionenkristalle): Nur geringe Dehnung möglich; keine horizontale Tangente im Spannungs-Dehnungs-Diagramm.

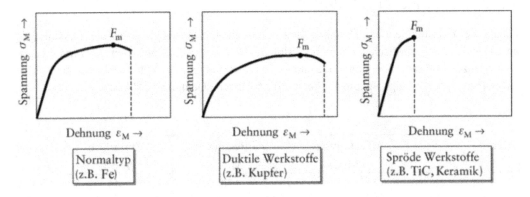

Bild 1.66 Verschiedene Typen von Spannungs-Dehnungs-Diagrammen

Die typisch metallische Verformbarkeit unter hoher Druck- oder Zugbelastung (Schmieden, Walzen ...) beruht auf dem Abgleiten von bestimmten Gitterebenen (Gleitebenen). Ein solches Gleiten ist bei den meisten Metallen möglich, da die Bindungskräfte zwischen den einzelnen Atomen auf den Gitterplätzen nicht räumlich gerichtet sind (vgl. metallische Bindung Kap. 1.2). Unterschiede in der Verformbarkeit von Metallen ergeben sich durch die jeweils vorliegende Kristallstruktur (kfz, hdp, krz, siehe Kap. 1.2) und die Anzahl der vorhandenen Gleitebenen (dichtest besetzte Gitterebenen).

Aus den Spannungs-Dehnungs-Diagrammen können neben dem E-Modul u. a. die folgenden Materialkennwerte entnommen werden (Bild 1.67). Wird ein Zugstab deutlich über die Elastizitätsgrenze hinweg verformt, so verkürzt er sich zwar nach Entlastung, jedoch nicht auf die Ursprungslänge L_0.

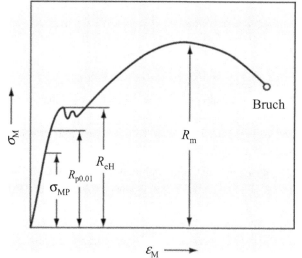

σ_{MP}:   Proportionalitätsgrenze*
          (oberer Wert für $\varepsilon_M \propto \sigma_M$)

$R_{p0.01}$: Wert mit remanenter Dehnung
          $\varepsilon_M = 0{,}01\ \%$
          (technische Elastizitätsgrenze)

R_{eH}:   obere Streckgrenze
          (für $\sigma_M = R_{eH}$: $\dfrac{d\sigma_M}{d\varepsilon_M} = 0$)

R_m: Zugfestigkeit
          $$R_m = \frac{F_m}{A_0}$$

* nicht nach Norm definiert

Bild 1.67 Materialkennwerte im Spannungs-Dehnungs-Diagramm am Beispiel von weichem Stahl (Zugversuch nach DIN EN 10002-1)

Die bei der Belastung erzielte Dehnung lässt sich in einen elastischen (reversiblen) Dehnungsanteil und einen plastischen (nichtreversiblen) Dehnungsanteil aufteilen. Als praktische Dehngrenze wird bei Spannungs-Dehnungs-Diagrammen gemäß Bild 1.67 die Zahl $R_{p0.2}$ angegeben, d. h. diejenige Spannung, bei der die bleibende Dehnung 0,2 % ist.

Metall	Streckgrenze MPa	Zugfestigkeit MPa	Duktilität ε in %
Gold	0	130	45
Aluminium	28	69	45
Kupfer	69	200	45
Eisen	130	262	45
Nickel	138	480	40
Titan	240	330	30
Molybdän	565	655	35

Tabelle 1.12 Streckgrenze, Zugfestigkeit und Duktilität metallischer Werkstoffe [Callister2000]

1.4.4 Elektrische Eigenschaften

Der Bereich des spezifischen Widerstandes von Festkörpern umfasst bei normaler Raumtemperatur ca. 30 Zehnerpotenzen (Bild 1.68). Zur Definition des spezifischen Widerstandes ρ dient die Gleichung:

$$R = \rho \cdot \frac{l}{A} = \frac{1}{\sigma} \cdot \frac{l}{A} = \frac{1}{G} \qquad (1.46)$$

Die Einheit des spezifischen Widerstandes richtet sich nach den gewählten Längen- und Flächeneinheiten, z. B. mit l in cm, A in cm² folgt ρ in Ωcm. Der Kehrwert des spezifischen Widerstandes ist die Leitfähigkeit σ (z. B. angegeben in S/cm).

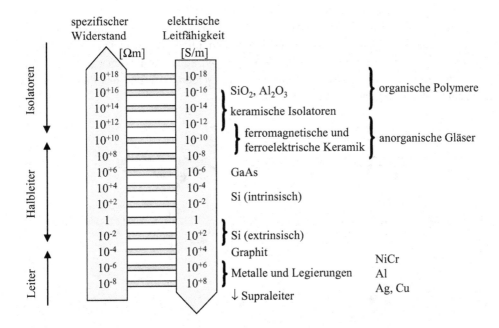

Bild 1.68 Spezifischer Widerstand / Leitfähigkeit

Der Bereich des spezifischen Widerstandes reiner Metalle liegt zwischen $1{,}6 \cdot 10^{-6}$ Ωcm (Ag) und $2 \cdot 10^{-5}$ Ωcm (Pb). Legierungen erreichen einen spezifischen Widerstand bis etwa $2 \cdot 10^{-4}$ Ωcm. Daran schließt sich der Bereich der Halbleiter an (z. B. Graphit mit 10^{-3} Ωcm, Germanium mit 50 Ωcm, Silizium mit $2 \cdot 10^{5}$ Ωcm). Diese Angaben gelten für reine Substanzen bei Raumtemperatur. Verunreinigte (dotierte) Halbleiter können nahezu metallische Leitfähigkeit erreichen. Eine einwandfreie Unterscheidung von Metallen und Halbleitern ist (bei hinreichend reinen Stoffen) möglich, wenn der spezifische Widerstand bei sehr tiefen Temperaturen gemessen wird: Metalle werden bei $T \to 0$ sehr gut leitend ($\rho \to 0$), Halbleiter werden zu Isolatoren ($\rho \to \infty$).

Die Unterscheidung zwischen Halbleitern und Isolatoren ist dagegen mehr oder weniger willkürlich. Eine technisch zweckmäßige Grenze ist z. B. bei $\rho = 10^{10}$ Ωcm zu setzen. Im physikalischen Sinne werden auch alle die Stoffe zu den Halbleitern gerechnet, welche durch Störung des idealen Gitteraufbaues (z. B. Einbau von Fremdatomen) eine Leitfähigkeit erhalten oder bei denen durch äußere Einwirkung (insbesondere durch Licht) eine Leitfähigkeit erzwungen werden kann. In diesem Sinne ist z. B. der Diamant zu den Halbleitern zu rechnen (es kommen in der Natur elektrisch leitende Diamanten vor).

Nach Kapitel 1.1 und 1.2 bestehen Zusammenhänge zwischen der räumlichen Verteilung der Elektronen, der Energie der Elektronen und der elektrischen Leitfähigkeit. In Kernnähe befindliche Elektronen sind fest gebunden und tragen nicht zur elektrischen Leitfähigkeit bei. Weiter entfernte Elektronen können bereits bei geringer Energiezufuhr elektrische Leitfähigkeit verursachen.

Wegen des Dualismus Welle-Teilchen in der Atomphysik ist es bei Festkörpern notwendig, den energetischen Zustand der Elektronen für die Betrachtung der Leitungseigenschaften zugrunde zu legen. Beim Einzelatom können die Elektronen nur bestimmte diskrete Energiewerte einnehmen (Bild 1.69 links). Treten die Elektronenhüllen zweier gleichartiger Atome infolge räumlicher Nachbarschaft miteinander in Wechselwirkung, so müssen Elektronen, die in den isolierten Einzelatomen dasselbe Energieniveau besetzen, aufgrund des Pauli-Prinzips zwei unterschiedliche Energieniveaus einnehmen.

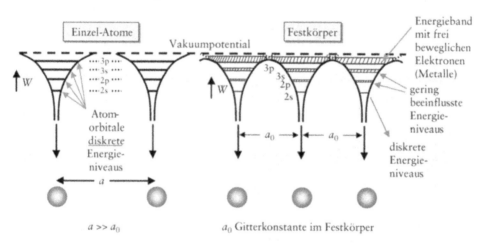

Bild 1.69 Übergang: Energieniveau → Energieband [Wijn1967]

Für diese Erscheinung gibt es ein Analogon in der Elektrotechnik: Werden zwei Schwingkreise gleicher Frequenz miteinander gekoppelt (Gegeninduktivität M), so besitzt das gekoppelte System zwei Eigenfrequenzen.

Im Festkörper existieren, aufgrund der großen Anzahl miteinander wechselwirkender Elektronen, bestimmte Energiebereiche („Bänder"), die kontinuierlich mit Elektronen besetzt sein können. Die Bänder werden, bei der niedrigsten Energie beginnend, entsprechend der Zahl der zur Verfügung stehenden Elektronen aufgefüllt. Für die elektronischen Eigenschaften sind jeweils nur zwei Energiebänder maßgebend: das höchstgelegene voll besetzte Band (Valenzband) und das darauf folgende nicht oder teilweise besetzte Band (Leitungsband).

Metallische Leitfähigkeit tritt dann auf, wenn das Leitungsband nur teilweise mit Elektronen besetzt ist oder wenn ein leeres Leitungsband mit dem Valenzband überlappt. In diesem Fall können die energetisch höchstgelegenen Elektronen weitere Energie aus dem elektrischen Feld aufnehmen und damit zur elektrischen Leitfähigkeit beitragen.

Beim idealen Isolator ist das Valenzband gefüllt, das Leitungsband leer. Den im Valenzband befindlichen Elektronen kann keine Energie zugeführt werden, die Leitfähigkeit ist null.

Halbleiter sind dadurch gekennzeichnet, dass bei tiefen Temperaturen das Leitungsband leer ist, jedoch die thermische Energie bei Zimmertemperatur ausreicht, um einige Elektronen aus dem Valenzband in das Leitungsband zu überführen. Diese Situation ist dann gegeben, wenn der Bandabstand W_G nicht mehr als etwa das hundertfache der mittleren thermischen Energie der Elektronen bei Zimmertemperatur ($kT = 0{,}025$ eV) beträgt; Werkstoffe mit einem Bandabstand von mehr als 3 eV sind in der Regel den Isolatoren zuzurechnen.

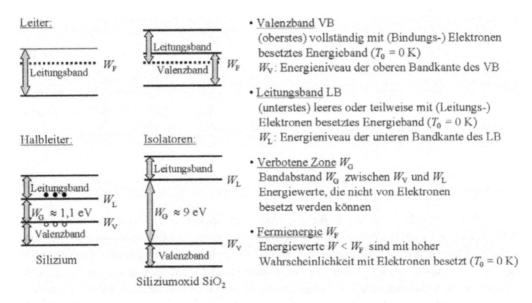

Bild 1.70 Leiter, Halbleiter, Isolator [Schaumburg1993]

Zur Berechnung der elektronischen Eigenschaften eines Festkörpers ist es notwendig, das Energiespektrum der Elektronen zu kennen. Das Energiespektrum erhält man aus einer Formel für die Dichte der mit Elektronen besetzbaren Energiezustände (Zustandsdichte) des betreffenden Festkörpers und einer Funktion, welche die Wahrscheinlichkeit für die Besetzung eines bestimmten Zustandes angibt (Fermi-Verteilungsfunktion).

Die Dichte der zu besetzenden Energiezustände kann in der Nähe der Unterkante des Leitungsbandes dadurch abgeschätzt werden, dass man die Leitungselektronen als frei betrachtet und die Einwirkung des Gitters lediglich durch Einsetzen einer effektiven Masse m_n anstelle der Ruhemasse m_e berücksichtigt. In Analogie zur Heisenbergschen Unschärferelation $\Delta p \cdot \Delta x = h$ (Δp = Impulsunschärfe, Δx = Unschärfe der Ortskoordinate) gilt für die dreidimensionale Bewegung eines Elektrons: $4\pi \cdot p^2 \cdot \Delta p \cdot \Delta V = h^3$ wenn $4\pi \cdot p^2 \cdot \Delta p$ das Element des „Impulsraumes" und ΔV das betrachtete Volumen ist. Alle Teilchen, bei denen die Endpunkte der Impulsvektoren auf der Kugelschale mit dem Radius p liegen, besitzen gleiche Energie. Aus der Unschärferelation kann die Dichte der Terme auf der Impulsskala berechnet werden. Zur Umrechnung in die Dichte auf der Energieskala dient die Beziehung zwischen kinetischer Energie und Impuls freier Teilchen

$$p = \sqrt{2m_n \cdot (W - W_L)} \tag{1.47}$$

woraus unmittelbar $2p \cdot \Delta p = 2m_n \cdot \Delta W$ und

$$4\pi p^2 \Delta p = 2\pi (2m_n)^{\frac{3}{2}} \sqrt{W - W_L} \cdot \Delta W \tag{1.48}$$

folgt. Einsetzen in $4\pi p^2 \cdot \Delta p \cdot \Delta V = h^3$ ergibt die Zustandsdichte der Elektronen im Leitungsband pro Volumeneinheit:

$$z_L(W) = \frac{2}{\Delta W \cdot \Delta V} = \frac{4\pi \cdot (2m_n)^{\frac{3}{2}}}{h^3} \sqrt{W - W_L} \tag{1.49}$$

Dabei wurde durch einen Faktor 2 berücksichtigt, dass jeder Energiezustand mit zwei Elektronen unterschiedlichen Spins besetzt werden kann. Entsprechend gilt für die Oberkante des Valenzbandes mit einer effektiven Masse m_p, die meist etwas größer ist als m_n:

$$z_V(W) = \frac{4\pi \cdot (2m_p)^{\frac{3}{2}}}{h^3} \sqrt{W_V - W} \tag{1.50}$$

Die Wahrscheinlichkeit für die Besetzung von Energiezuständen (Verteilungsfunktion) in einem Festkörper kann in allgemeiner Form durch Betrachtung der Energieerhaltung berechnet werden. Beim elastischen Zusammenstoß zweier Elektronen ändert sich die Gesamtenergie nicht, d. h. $W_1 + W_2 = W_1' + W_2'$ wobei sich die ungestrichenen Energiewerte auf die Energieverteilung vor dem Zusammenstoß, die gestrichenen Werte auf die Energieverteilung nach dem Zusammenstoß beziehen. Die Gesamtzahl der Stöße, die von der Energieverteilung W_1, W_2 zur Energieverteilung W_1', W_2' führen, muss proportional sein zu den Wahrscheinlichkeiten $f(W_1)$ und $f(W_2)$ dafür, dass die beiden Ausgangszustände W_1 und W_2 mit Elektronen besetzt sind, und proportional zu den Wahrscheinlichkeiten $1 - f(W_1')$ und $1 - f(W_2')$ dafür, dass die Endzustände W_1' und W_2' nicht mit Elektronen besetzt sind. Entsprechendes gilt für den umgekehrten Fall eines Überganges von der Verteilung W_1', W_2' zu der Verteilung W_1, W_2. Es existiert also die Gleichgewichtsbedingung:

$f(W_1) \cdot f(W_2) \cdot [1 - f(W_1')] \cdot [1 - f(W_2')] = f(W_1') \cdot f(W_2') \cdot [1 - f(W_1)] \cdot [1 - f(W_2)]$ oder

$$\left[\frac{1}{f(W_1)} - 1 \right] \cdot \left[\frac{1}{f(W_2)} - 1 \right] = \left[\frac{1}{f(W_1')} - 1 \right] \cdot \left[\frac{1}{f(W_2')} - 1 \right] \tag{1.51}$$

Die Gleichung muss für alle Wertekombinationen der Energien W_1, W_2, ... gelten, die mit dem

Energieerhaltungssatz $W_1 + W_2 = W_1' + W_2'$ verträglich sind. Das ist nur möglich, wenn die in den eckigen Klammern stehenden Ausdrücke der Funktionalgleichung $F(W_1) \cdot F(W_2) = F(W_1 + W_2)$ genügen, d. h. wenn die eckigen Klammern Exponentialfunktionen der Energie sind:

$$F(W) = \left[\frac{1}{f(W)} - 1\right] = e^{\beta(W - W_F)} \tag{1.52}$$

Die Konstante β muss die Dimension Energie^{-1} besitzen und muss so gewählt werden, dass sich für $W \to \infty$ die *Boltzmann*-Verteilung: $f(W) = A \cdot e^{-W/kT}$ ergibt. Somit ist $\beta = 1/kT$ zu setzen, und es folgt für die Fermi-Verteilungsfunktion:

$$f(W) = \frac{1}{1 + e^{\frac{W - W_F}{kT}}} \tag{1.53}$$

wobei die Fermi-Energie W_F ein für das betreffende System (z. B. Silizium, Germanium mit und ohne Dotierung) charakteristischer Energiewert ist.

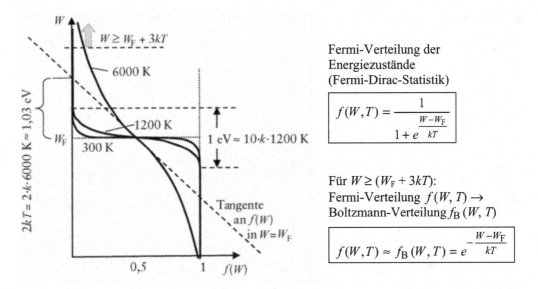

Bild 1.71 Besetzungswahrscheinlichkeit → Fermi-Verteilung [Heime]

Bei geringer Energie ist $f(W) = 1$, d. h. alle möglichen Energiezustände sind besetzt. Bei $W = W_F$ sind die Energiezustände gerade zur Hälfte besetzt, und für $W > W_F$ nimmt die Besetzungsdichte zunächst linear, dann exponentiell ab. Im Grenzfall $T \to 0$ geht die Kurve in eine Sprungfunktion über mit $f(W) = 1$ für $W < W_F$ und $f(W) = 0$ für $W > W_F$, d. h. alle Energiezustände unterhalb der Fermi-Energie sind in diesem Fall vollständig besetzt, alle übrigen unbesetzt.

Die Konzentration der Elektronen einer bestimmten Energie findet man durch Multiplikation der Zustandsdichte $z(W)$ mit der Besetzungswahrscheinlichkeit $f(W)$ des betreffenden Systems. Bild 1.72 zeigt die Fermi-Funktion $f(W)$, die Zustandsdichte $z(W)$ und die effektive Besetzung $f(W) \cdot z(W)$ für Isolatoren, Halbleiter und Metalle. In Tabelle 1.13 sind Ladungsträgerkonzentration und Ladungsträgerbeweglichkeit und ihre Temperaturabhängigkeit für Isolatoren, Halbleiter und Metalle zusammengestellt. Die Beweglichkeit der Ladungsträger nimmt generell mit zunehmender Temperatur ab, da die Zufuhr von thermischer Energie die Gitterbausteine zum Schwingen anregt. Die Konzentration der elektronischen Ladungsträger steigt bei Halbleitern und Isolatoren exponentiell mit der Temperatur an.

Werkstoffe	Ladungsträgerkonzentration	Ladungsträgerbeweglichkeit
Metalle	$n = \text{const.}$	$\mu_{n} \propto T^{-a}$
Halbleiter	$n \propto e^{-\frac{W_{G}}{2kT}}$	$\mu_{n} \propto T^{-a}$
Isolatoren	$n \propto e^{-\frac{W_{G}}{2kT}}$; $N_{ion} = \text{const.}$	$\mu_{n} \propto T^{-a}$ oder $\mu_{n} \propto e^{-\frac{A}{T}}$ $\mu_{ion} \propto e^{-\frac{B}{T}}$

Tabelle 1.13 Ladungsträgerkonzentration und -beweglichkeit als Funktion der Temperatur

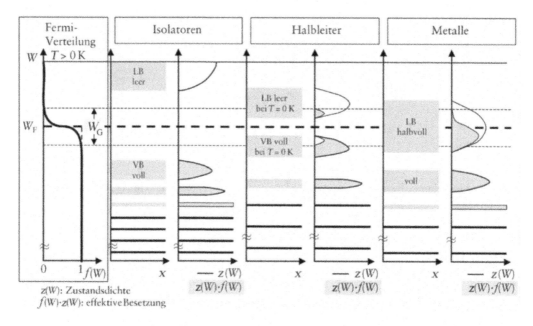

Bild 1.72 Fermi-Verteilung $f(W)$, Zustandsdichte $z(W)$, effektive Besetzung von Elektronen $f(W) \cdot z(W)$ in Isolator, Halbleiter und Leiter bei $T > 0$

1.5 Zusammenfassung

1. Die Materie besteht aus Atomen, die aus den positiv geladenen Protonen und den Neutronen im Kern und der negativ geladenen Elektronenhülle zusammengesetzt sind. Das Bohrsche Atommodell postuliert diskrete Energiezustände der Elektronen in der Hülle, darauf aufbauend erklärt die Quantenmechanik die Elektronenkonfiguration der Elemente – die Atomorbitale – und das Periodensystem der Elemente. Das Paulische Ausschließungsprinzip fordert, dass jeder Energiezustand nur von einem Elektron besetzt werden kann. Die einzelnen Energiezustände sind eindeutig durch die vier Quantenzahlen charakterisiert.

2. Man unterscheidet zwischen der ionischen, kovalenten, metallischen und Van-der-Waals-Bindung. Bei der ionischen Bindung entstehen durch Elektronenaustausch positive und negative Ionen, die sich gegenseitig anziehen. Bei der kovalenten Bindung gehören die äußeren Elektronen (Valenzelektronen) gleichzeitig zu allen an der Bindung beteiligten benachbarten Atomen, es entstehen gemeinsame Molekülorbitale. Bei der metallischen Bindung sind die äußeren Elektronen (Valenzelektronen) nicht mehr an den Atomen lokalisiert, es entsteht ein „Elektronengas", das die positiven Atomrümpfe zusammenhält. Elektrische Kräfte zwischen Dipolen der Moleküle erzeugen die relativ schwache Van-der-Waals-Bindung und die Wasserstoffbrückenbindung.

3. Die Atome von Gasen sind ungeordnet, zwischen Flüssigkeitsmolekülen bildet sich aufgrund von Van-der-Waals-Kräften eine Nahordnung aus. Nur im Festkörper kann eine Fernordnung, d. h. eine sich räumlich wiederholende Anordnung der Atome in einem festen Verbund (Kristallgitter) existieren. Kristallstrukturen werden aufgrund der Beschaffenheit ihrer Elementarzellen klassifiziert, die sich in den Achsenlängen und Winkeln unterscheiden. Die Gitterebenen der Elementarzellen werden durch Millersche Indizes beschrieben.

4. Metalle kristallisieren mit hoher Koordinationszahl, typischerweise in einer dichtesten Kugelpackung. Bei Ionenkristallen hängt der Kristallgittertyp stark vom Verhältnis der Ionenradien ab. Kovalente Kristalle haben häufig eine niedrige Packungsdichte. Viele Verbindungen kristallisieren in einem Mischtyp aus kovalenter und ionischer Bindung (Verbindungshalbleiter) bzw. in einem Mischtyp aus metallischer und kovalenter Bindung (intermetallische Verbindungen).

5. In realen Kristallen beobachtet man eine Reihe von Gitterbaufehlern. Zu den Punktdefekten zählen die Fremdatome sowie Frenkel- und Schottky-Defekte, wobei Schottky-Defekte zu einer Volumenänderung führen. Polykristalline Werkstoffe sind aus einzelnen Körnern aufgebaut. Während im Korninnern die Kristallstruktur regelmäßig ist, ist im Übergangsbereich – den Korngrenzen, flächenhaften Kristalldefekten – der Kristallaufbau stark gestört. Kristalldefekte beeinflussen maßgeblich die Eigenschaften des Werkstoffs, durch geschickte Ausnutzung dieser Effekte lassen sich viele Bauelemente überhaupt erst realisieren.

6. Phänomenologisch werden Werkstoffe häufig durch Proportionalitätskonstanten zwischen Feldgrößen beschrieben, z. B. ist die elektrische Leitfähigkeit das Verhältnis von Stromdichte zu Feldstärke im Werkstoff. Die lineare Abhängigkeit gilt oft nur in einem kleinen Bereich. Bei nichtreversiblen Eigenschaften lässt sich das Verhalten nicht mehr analytisch beschreiben (Hysterese).

7. Die Wärmekapazität ist ein Maß für die Fähigkeit eines Festkörpers, Wärme zu speichern. Sie kann mikroskopisch erklärt werden durch thermisch angeregte Schwingungen (Phononen) der Atome um ihre Gitterplätze. Der mittlere Abstand der Atome im Gitter steigt mit der thermischen Energie an, daher dehnen sich die Festkörper in der Regel bei Wärmezufuhr aus, es kann aber auch eine Änderung der Kristallstruktur, d. h. eine Phasenumwandlung, eintreten. Die thermische Ausdehnung wird mit dem Volumen- und dem Längenausdehnungskoeffizienten beschrieben.

8. Die Wärmeleitung im Festkörper erfolgt zum einen durch freie Elektronen, zum anderen durch Phononen. Die thermische Energie ermöglicht die Überwindung der Bindungskräfte im Gitter und damit den Platzwechsel von Leerstellen, Fremdatomen und Elektronen; netto resultiert ein Teilchenstrom in Richtung niedrigerer Konzentration, die Diffusion.

9. Die mechanischen Eigenschaften sind für konstruktive Anwendungen maßgebend. Im Bereich geringer Verformung gilt das Hookesche Gesetz, die mechanische Spannung im Werkstoff (Kraft pro Fläche) ist dann proportional der Dehnung mit dem Elastizitätsmodul als Proportionalitätskonstante.

10. Die elektrische Leitfähigkeit ist die wichtigste elektrische Eigenschaft eines Werkstoffs, nach ihr werden die Werkstoffe in Isolatoren, Halbleiter und Leiter eingeteilt. Quantenmechanisch erklärbar ist diese Klassifizierung aus dem Bändermodell der Festkörper. Eine wichtige Größe ist in diesem Zusammenhang die Fermi-Verteilung, die angibt, bis zu welcher Energie die Bänder mit Elektronen besetzt sind. Ob das Fermi-Niveau in einem Band oder in einer Bandlücke liegt und die Höhe der Bandlücke entscheiden über die elektrische Leitfähigkeit des Materials.

2 Metallische Werkstoffe

Mehr als drei Viertel aller Elemente liegen bei Raumtemperatur im metallischen Zustand vor. Metalle und metallische Legierungen zeichnen sich durch eine Reihe von günstigen Eigenschaften aus, die die unerschöpfliche Vielfalt von Anwendungen als Widerstand, Leiter und Supraleiter und als Konstruktionswerkstoff ausmachen. Hervorzuheben ist vor allem die hohe Konzentration beweglicher Elektronen, mit der die hohe elektrische Leitfähigkeit, die hohe Wärmeleitfähigkeit, der metallische Glanz und die plastische Verformbarkeit verbunden sind. Allgemein kann Folgendes zum Verhalten von Metallen festgehalten werden: Metalle besitzen spezifische Widerstände zwischen 10^{-6} Ωcm und 10^{-4} Ωcm, der Widerstand nimmt mit der Temperatur zu; es gilt das Ohmsche Gesetz, d. h. der Strom wächst linear mit der Spannung, bei tiefen Temperaturen besitzen Metalle nach der Matthiessenschen Regel einen endlichen Restwiderstand; nahe dem absoluten Nullpunkt werden viele Metalle und Legierungen supraleitend.

Im vorliegenden Kapitel werden diese Eigenschaften sowie wichtige Anwendungen detailliert besprochen, Kapitel 2.4 bringt einen knappen Überblick über das Phänomen der Supraleitung in Metallen und Metalloxiden.

2.1 Elektrische Eigenschaften

2.1.1 Feldgleichungen

Nach Kap. 1.4.4 sind Metalle dadurch gekennzeichnet, dass das Leitungsband bis zu einem bestimmten Energiewert (Fermienergie W_F) mit Elektronen angefüllt ist bzw. sich ein volles und ein leeres Band energetisch überlappen. Die Energie der Leitungselektronen beträgt ohne äußere Einwirkung beispielsweise bei Kupfer 7,05 eV, dieser Energie entspricht eine Geschwindigkeit $v_F = 1{,}6 \cdot 10^8$ cm/s (Fermi-Geschwindigkeit). Diese Bewegung tritt jedoch nach außen nicht in Erscheinung, da zu jeder Bewegung in positiver Richtung eine gleichartige Bewegung in negativer Richtung gehört. Dieser ist die ebenfalls ungeordnete thermische Bewegung mit einer mittleren Energie $W_{th} = 0{,}025$ eV bei Raumtemperatur ($T = 300$ K) überlagert; die hierzu gehörige thermische Geschwindigkeit beträgt $v_{th} \approx 10^7$ cm/s. Da in beiden Fällen keine Bewegungsrichtung bevorzugt wird, ist der Anteil an der Stromdichte im zeitlichen Mittel gleich null.

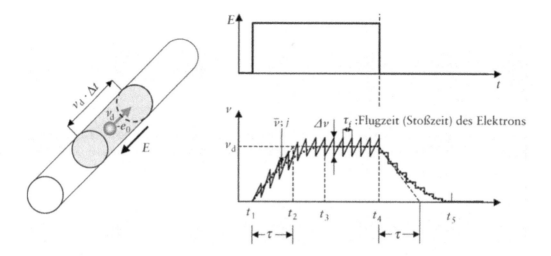

Bild 2.1 Elektronengeschwindigkeit unter dem Einfluss eines elektrischen Feldes

Die für den elektrischen Strom allein maßgebende Driftbewegung in Richtung des elektrischen Feldes lässt sich anhand eines vereinfachenden Modells (Drude) wie folgt beschrieben: Für die Beschleunigung der Leitungselektronen im Festkörper bei angelegtem el. Feld E ist die Newtonsche Bewegungsgleichung

$$m_n \cdot \frac{dv}{dt} = -e_0 \cdot E \qquad (2.1)$$

anzusetzen, der Einfluss der Atomrümpfe wird hier durch Einführung einer effektiven Masse m_n anstelle der Masse m_e des freien Elektrons berücksichtigt. Ein weiterer Unterschied zur Bewegung im Vakuum besteht darin, dass für die Beschleunigung der Elektronen im Festkörper nur eine begrenzte Flugzeit τ_f zwischen zwei Stößen zur Verfügung steht; die in dieser Zeitspanne erreichte Geschwindigkeitserhöhung ist:

$$\Delta v = \frac{e_0}{m_n} \cdot E \cdot \int\limits_{t_0}^{t_0 + \tau_f} dt = \frac{e_0}{m_n} \cdot E \cdot \tau_f \qquad (2.2)$$

Die Wechselwirkung der Elektronen mit dem Gitter kann – in Analogie zur Bewegung eines Körpers mit Reibungsverlusten – durch den Ansatz

$$\frac{dv}{dt} + \frac{v}{\tau} = \frac{e_0}{m_n} \cdot E \qquad (2.3)$$

beschrieben werden. Für die mittlere Geschwindigkeit ergibt sich daraus

$$v = v_d (1 - e^{\frac{-t}{\tau}}) \qquad (2.4)$$

wobei die mittlere Endgeschwindigkeit (Driftgeschwindigkeit)

$$\overline{v} = v_d = \frac{\tau}{\tau_f} \cdot \Delta v = \tau \cdot \frac{-e_0}{m_n} \cdot E = -\mu_n E \tag{2.5}$$

proportional zur elektrischen Feldstärke ist; die Proportionalitätskonstante μ_n wird Beweglichkeit genannt. Die in Metallen erreichbare Driftgeschwindigkeit v_d ist sehr klein im Vergleich zur Fermigeschwindigkeit v_F bzw. thermischen Geschwindigkeit v_{th}. Beispiel: Bei einer Stromdichte von 10^3 A/cm² beträgt die Driftgeschwindigkeit in Kupfer ca. 0,5 mm/s; sie wird ungefähr $5 \cdot 10^{-14}$ s nach Anlegen des elektrischen Feldes erreicht. Bei Halbleitern kann dagegen die thermische Geschwindigkeit übertroffen werden („heiße Elektronen").

Aus der Elektronenkonzentration n und der Driftgeschwindigkeit bzw. der Beweglichkeit der Elektronen ergibt sich die Stromdichte

$$j = -e_0 n v_d = e_0 n \mu_n E \tag{2.6}$$

Durch Vergleich mit dem Ohmschen Gesetz in differentieller Form ($j = \sigma E$) folgt für die Leitfähigkeit

$$\sigma = e_0 n \mu_n \tag{2.7}$$

Allgemein lässt sich die Leitfähigkeit eines Werkstoffes mit verschiedenen beweglichen Ladungsträgern i der Konzentration n_i, Beweglichkeit μ_i und Ladungszahl pro beweglichem Ladungsträger z_i wie folgt angeben:

$$\sigma_{gesamt} = \sum_i \sigma_i = e_0 \sum_i |z_i| \cdot n_i \cdot \mu_i \tag{2.8}$$

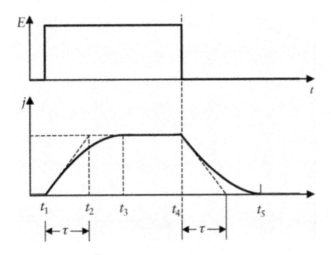

Bild 2.2 Zeitlicher Verlauf der Stromdichte bei $E > 0$ (t_1 bis t_4)

In Bild 2.2 ist der zeitliche Verlauf der Stromdichte für den Fall, dass über den Zeitraum $t_1 < t < t_4$ die elektrische Feldstärke $E > 0$ anliegt, dargestellt. Mit der Relaxationszeit τ ($\tau_{Elektronen} \approx 10^{-14}$ s) ergibt sich für den Anstiegs- bzw. Abklingvorgang der Stromdichte:

$$j(t) = \sigma \cdot E \cdot \left(1 - e^{-\frac{t-t_1}{\tau}} \right) \tag{2.9}$$

$$j(t) = \sigma \cdot E \cdot e^{-\frac{t-t_4}{\tau}} \tag{2.10}$$

Metall	spezifischer Widerstand $\rho \,/\, 10^{-6}\,\Omega\text{cm}$	Beweglichkeit $\mu_{n(p)} \,/\, \text{cm}^2(\text{Vs})^{-1}$ (+)=Löcherleitung	Stoßzeit $\tau_f \,/\, 10^{-14}\,\text{s}$	Lorenz-Zahl $L \,/\, 10^{-8}\text{V}^2\text{K}^{-2}$
Ag	1,62	66	3,7	2,31
Cu	1,68	44	2,5	2,28
Au	2,22	48	2,7	2,38
Al	2,73	13	0,7	2,22
Na	4,21	50	2,8	2,23
W	5,53	9,2	0,5	2,39
Zn	5,92	7,8 (+)	0,4	2,37
Cd	6,81	8,7 (+)	0,5	2,54
Fe	9,71	3,8	0,2	2,39
Pt	9,79	8,9	0,3	2,57
Sn	12,2	3,5	0,4	2,62
Pb	20,8	2,0 (+)	0,3	2,49

Tabelle 2.1 Eigenschaften von Metallen bei Raumtemperatur [Arlt1989]

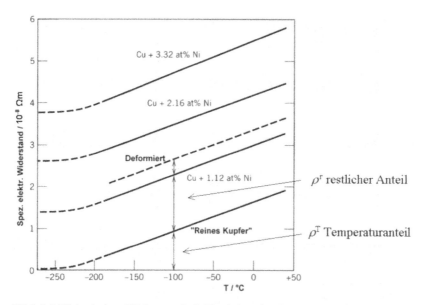

Bild 2.3 Elektrischer Widerstand als Funktion der Temperatur für „reines" Kupfer und bei Cu-Ni-Legierungen, eine davon zusätzlich mechanisch verformt [Callister2000]

Beispiele für spezifische Widerstände, Beweglichkeiten und Stoßzeiten in einigen Metallen sind in Tabelle 2.1 gegeben. Die Bedeutung der Lorenz-Zahl wird weiter unten in diesem Abschnitt erklärt.

Eine Wechselwirkung mit dem Gitter in Analogie zur Bewegung eines Körpers mit Reibungsverlusten findet nur statt, wenn die Periodizität des Gitters gestört ist. Die Nichtperiodizität kann hervorgerufen werden durch

- thermische Gitterschwingungen (für $T \neq 0$); dieser Effekt führt zu einem temperaturabhängigen Anteil des spezifischen Widerstandes $\rho^T(T)$,
- Gitterfehlstellen (Fremdatome, Kristallbaufehler, Versetzungen, Korngrenzen, Sekundärphasen); in diesem Fall ist die Streuung von der Konzentration der Fehlstellen N_F, jedoch kaum von der Temperatur abhängig; dieser Effekt führt zu einem Restwiderstand $\rho^r(N_F)$.

Insgesamt enthält also der spezifische Widerstand von Metallen einen temperaturabhängigen und einen temperaturunabhängigen Anteil (Matthiessensche Regel):

$$\rho = \rho^T(T) + \rho^r(N_F) \qquad (2.11)$$

Bei tiefen Temperaturen verschwindet der von den Gitterschwingungen rührende Anteil des spezifischen Widerstandes mit einer Potenzfunktion. Es verbleibt der von der Konzentration der Gitterfehlstellen abhängige Anteil. Der Restwiderstand bei tiefen Temperaturen (z. B. 4 K) kann somit als Maß für die Reinheit von normalleitenden Metallen herangezogen werden.

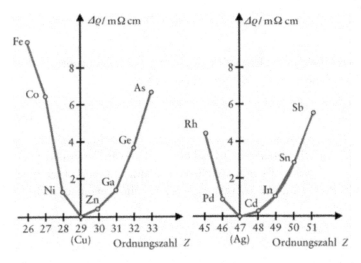

Bild 2.4
Widerstandserhöhung durch den Einbau von Fremdatomen, links Kupfer (Cu), rechts Silber (Ag). Konzentration: 1 % Fremdatome im Wirtsgitter

Für die Widerstandserhöhung gilt im Allgemeinen folgende Regel: Die Widerstandserhöhung fällt um so höher aus, je größer die Differenz der Ordnungszahlen der Fremdatome und der Wirtsgitteratome ist.

Als Beispiel für diese Regel sei die Reihe Fe ($Z = 26$) bis As ($Z = 33$) betrachtet; als Wirtsgitter sei Kupfer ($Z = 29$) vorgegeben. Wie aus Bild 2.4 links hervorgeht, bewirkt eine Verunreinigung von Kupfer mit Zink ($Z = 30$) nur eine verhältnismäßig geringe Widerstandserhöhung. Bei Einbau von Eisen ($Z = 26$) entsteht hingegen eine beträchtliche Widerstandserhöhung. Eine ähnliche Situation liegt beim Einbau der Elemente Rh ($Z = 45$) bis Sb ($Z = 51$) in Silber ($Z = 47$) vor. Widerstandserhöhung und Fremdstoffkonzentration sind proportional zueinander, sofern diese unter etwa 1 - 2 % bleibt. Da der durch Fremdatome bedingte Widerstandsanteil im Allgemeinen temperaturunabhängig ist, nimmt der Temperaturkoeffizient des spezifischen Widerstandes in der Regel mit steigendem Fremdstoffanteil ab.

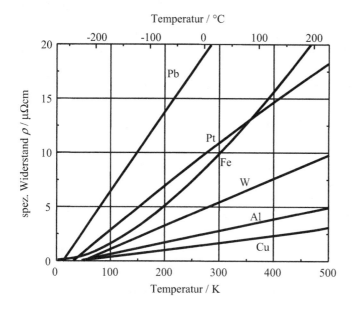

Bild 2.5
Temperaturabhängigkeit des spezifischen Widerstandes einiger Metalle

Der Temperaturkoeffizient des spezifischen Widerstandes TK_ρ beträgt bei Raumtemperatur bei reinen Metallen ca. 0,4 %/K (Ausnahmen: Fe, Co, Ni, Hg, seltene Erden).

$$TK_\rho = \frac{1}{\rho}\frac{\mathrm{d}\rho}{\mathrm{d}T} \tag{2.12}$$

Während in nichtmetallischen (elektrisch isolierenden) Festkörpern der Wärmetransport über Gitterschwingungen (Phononen) erfolgt, überwiegt in Metallen der Wärmetransport durch freie Elektronen. Jedes Elektron besitzt die thermische Energie $W_{th} = 3/2 \cdot kT$, ein Temperaturgradient übt eine Kraft auf die Elektronen aus:

$$F = -\frac{\partial W_{th}}{\partial T}\cdot\frac{\mathrm{d}T}{\mathrm{d}x} = -\frac{3}{2}\cdot k\cdot\frac{\mathrm{d}T}{\mathrm{d}x} \tag{2.13}$$

Damit lässt sich die Bewegungsgleichung für das Elektron aufstellen und die thermische Driftgeschwindigkeit v_{Dth} berechnen (b = const).

$$m\cdot\dot{v}_{Dth} + b\cdot v_{Dth} = -\frac{3}{2}\cdot k\cdot\frac{\mathrm{d}T}{\mathrm{d}x} \tag{2.14}$$

$$\Rightarrow v_{Dth} = v_{Dth\infty}\cdot(1 - e^{-\frac{t}{\tau}}) \tag{2.15}$$

Spalte	Element	ρ [10^{-6} Ωcm]	d	$\rho \cdot d$ [10^{-6} Ωcm]	TK_ρ [% / K]	λ [W/cmK]
1 (I a)	Na	4,2	0,97	4,1		1,4
	K	6,2	0,86	5,3		0,9
11 (I b)	Cu	1,7	8,9	15	0,43	4,0
	Ag	1,6	10,5	17	0,41	4,1
	Au	2,2	19,3	45	0,40	3,1
2 (II a)	Mg	4,5	1,7	7,7	0,41	1,4
	Ca	3,9	1,5	5,9	0,42	
12 (II b)	Zn	5,9	7,2	43	0,42	1,1
	Cd	6,8	8,6	59	0,42	1,0
	Hg	97	13,5	1310	0,08	0,08
13 (III a)	Al	2,7	2,7	7,3	0,43	2,3
14 (IV a)	Sn	12	7,3	88	0,43	0,7
	Pb	21	11,3	237	0,35	0,4
8 (VIII)	Fe	9,7	7,9	77	0,65	0,7
	Co	6,2	8,9	55	0,60	0,7
	Ni	6,8	8,9	61	0,69	0,9
5 / 6 (Vb / VIb)	Ta	13	16,6	216	0,38	0,5
	Cr	14	7,2	100	0,30	0,7
	Mo	5,2	10,2	53	0,40	1,4
	W	5,5	19,3	106	0,40	1,6
9 / 10 VIII	Rh	4,5	12,5	57	0,42	0,9
	Pd	9,8	12,0	118	0,38	0,7
	Pt	9,8	21,4	210	0,39	0,7

Tabelle 2.2 Übersicht über die elektrischen Eigenschaften metallischer Werkstoffe: spezifischer Widerstand ρ, relative Dichte d (bezogen auf die Dichte von Wasser: 1 g/cm^3), Produkt $\rho \cdot d$, Temperaturkoeffizient des spezifischen Widerstandes TK_ρ und Wärmeleitfähigkeit λ bei Raumtemperatur

Für den stationären Fall ergibt sich

$$v_{\text{Dth}\infty} = -\frac{3}{2} \cdot \frac{k\tau}{m_n} \cdot \frac{dT}{dx} \tag{2.16}$$

Damit lassen sich die Wärmestromdichte q und die Wärmeleitfähigkeit λ angeben:

$$q = n \cdot \frac{3}{2} kT \cdot v_{\text{Dth}\infty} = n \cdot \frac{3}{2} kT \cdot \left(-\frac{3}{2} \frac{k\tau}{m_n} \right) \cdot \frac{dT}{dx} = -\lambda \cdot \frac{dT}{dx} \tag{2.17}$$

$$\lambda = \left(\frac{3}{2}\right)^2 \cdot \frac{n \cdot \tau}{m} \cdot k^2 T \tag{2.18}$$

Bildet man das Verhältnis der Wärmeleitfähigkeit λ eines Metalls zur elektrischen Leitfähigkeit σ desselben Metalls, so erhält man eine von τ und m, d. h. von spezifischen Materialparametern unabhängige Konstante.

$$\frac{\lambda}{\sigma} = \left(\frac{3}{2}\right)^2 \cdot \frac{k^2}{e_0^2} \cdot T \quad \text{mit} \quad \sigma = e_0 \cdot n \cdot \mu_n = e_0^2 \cdot n \cdot \frac{\tau}{m_n} \tag{2.19}$$

Dieses aus einem stark vereinfachten Modell abgeleitete Verhältnis ist bei Raumtemperatur tatsächlich für eine große Anzahl von Metallen bestätigt und wird Wiedemann-Franz-Gesetz genannt.

$$L = \frac{\lambda}{\sigma \cdot T} \tag{2.20}$$

Das Verhältnis heißt Lorenz-Zahl. Da die freien Elektronen in Metallen sowohl die elektrische als auch die thermische Leitfähigkeit bewirken, sind gute elektrische Leiterwerkstoffe auch gute Wärmeleiter. Metalle mit geringer Wärmeleitfähigkeit sucht man am besten unter den schlechten elektrischen Leitern (Legierungen).

In Tabelle 2.2 sind die im Zusammenhang mit der Leitfähigkeit wichtigsten Eigenschaften der Metalle zusammengestellt. Der spezifische Widerstand guter Leiterwerkstoffe (Ag, Cu, Au, Al) bewegt sich zwischen 1,6 μΩcm und 2,7 μΩcm. Hoher spezifischer Widerstand (> 10 μΩcm) ist bei Sn, Cr, Ta, Pb und Hg (flüssig!) anzutreffen. Wird bei einem Leiter bei vorgegebenem Widerstand ein möglichst geringes Gewicht verlangt, so ist das Produkt $\rho \cdot d$ maßgebend (Reihenfolge: Na, K, Ca, Al, Mg, Cu).

2.1.1.1 Kontaktspannung

Werden zwei Metalle mit unterschiedlichen Austrittsarbeiten W_A elektrisch leitend verbunden, so findet ein Elektronenaustausch statt. Das Metall mit geringerer Austrittsarbeit W_{A2} ist bestrebt, Elektronen an das Metall mit höherer Austrittsarbeit W_{A1} abzugeben. Dementsprechend tritt eine Potentialdifferenz (Kontaktspannung) zwischen den beiden Metallen auf. Diese Potentialdifferenz U_{12} beträgt (Bild 2.6):

$$W_{A1} - W_{A2} = -e_0 \cdot U_{12} \tag{2.21}$$

Die Kontaktspannung stellt sich so ein, dass die Kombination der beiden Metalle ein gemeinsames Fermi-Niveau erhält. Bezieht man die Kontaktspannungen auf ein gemeinsames Vergleichsmetall (z. B. Kupfer), so lässt sich eine Spannungsreihe aufstellen (Bild 2.6 rechts).

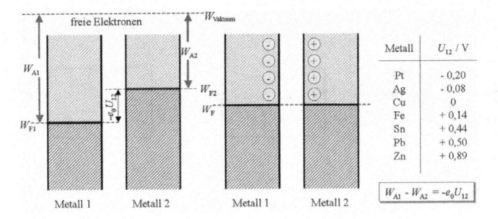

Bild 2.6 Kontaktspannung bei Metallen mit verschiedenen Fermi-Energien, Spannungsreihe mit Cu als Vergleichsmetall (rechts) [Tipler1994, Münch1987]

2.1.1.2 Thermoelektrische Effekte

Infolge der Wechselwirkung der Elektronen mit dem Gitter besteht ein Zusammenhang zwischen der Temperaturverteilung und dem Potentialverlauf in einem Metall. Es sei zunächst ein homogener Metallstab betrachtet, dessen Enden die Temperaturen $T + \Delta T$ und T ($\Delta T > 0$) aufweisen.

Da die auf höherer Temperatur befindlichen Elektronen eine höhere thermische Energie haben, ist mit einem Elektronen-Diffusionsstrom vom wärmeren zum kälteren Ende zu rechnen; das kältere Ende wird sich also negativ aufladen. Dieser Effekt ist als Seebeck-Effekt bekannt. Im Gleichgewicht wird der Diffusionsstrom durch die Elektronenbewegung unter dem Einfluss der Potentialdifferenz U_{th} kompensiert. Für eine kleine Temperaturdifferenz ($\Delta T \ll T$) gilt der Zusammenhang:

$$U_{th} = \eta_{AB} \cdot \Delta T \tag{2.22}$$

Hierin ist η_{AB} der Seebeck-Koeffizient (Bild 2.7 links). Fließt ein Strom nach Bild 2.7 Mitte über die Kontaktstelle zweier Metalle, so tritt der Peltier-Effekt auf. An der Kontaktstelle wird die Peltier-Wärme $\dot{Q} = P_P = \pi_{AB} I$ erzeugt, wenn der Strom von Leiter 1 in Leiter 2 fließt. Bei Stromumkehr wird an der Kontaktstelle Wärme absorbiert (d. h. Kälte erzeugt).

Befindet sich ein homogener stromdurchflossener Leiter in einem Temperaturgradienten, so beobachtet man den Thomson-Effekt (Bild 2.7 rechts). Im Leiter wird eine von der Stromrichtung abhängige Wärmeleistung $dP_{Th} = \tau_{Th} \cdot I \cdot \text{grad}(T) dV$ entwickelt, τ_{Th} ist der Thomson-Koeffizient. Der Strom I ist positiv in Richtung des Temperaturgradienten (d. h. vom kälteren zum wärmeren Ende) zu rechnen. Eine primitive Erklärung des Thomson-Effektes geht von folgendem Sachverhalt aus: Die Elektronen bewegen sich mit einem der Temperatur $T + \Delta T$ entsprechenden Energiegehalt in Richtung auf ein Gebiet, in dem die Gittertemperatur T herrscht. Durch Energieausgleich zwischen den Elektronen und dem Gitter wird Wärme erzeugt.

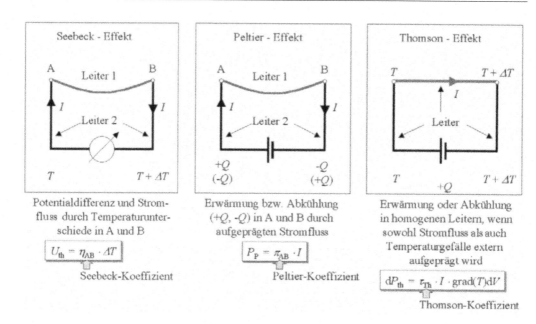

Bild 2.7 Thermoelektrische Effekte in Metallen und Halbleitern

2.2 Elektrische Eigenschaften von Legierungen

Bei den meisten der in der Technik verwendeten Werkstoffe handelt es sich um Legierungen, d. h. um Stoffe mit metallischen Eigenschaften, die aus zwei oder mehr Elementen zusammengesetzt sind, von denen mindestens eins ein Metall ist.

Da die elektrische Leitfähigkeit der Legierungen davon abhängt, ob und in welchem Umfang die beteiligten Elemente im festen Zustand miteinander mischbar sind, werden zunächst die verschiedenen Typen von Zustandsdiagrammen beschrieben.

2.2.1 Zustandsdiagramme

Legierungen werden hergestellt, indem man die Ausgangsstoffe im gewünschten Verhältnis einwiegt, mischt und bei hohen Temperaturen verflüssigt (aufschmilzt). Aus der homogenen Schmelze entsteht beim Abkühlen ein Festkörper.

Es können sowohl Legierungen auftreten, die aus einer Phase bestehen (homogenes Gefüge, Mischkristall, vgl. Kap. 1.3.3.2), als auch Legierungen, bei denen mehrere Phasen nebeneinander existieren (heterogenes Gefüge, Kristallgemisch). Im Mischkristall sind zwei oder mehr Atomsorten im gleichen Kristallgitter eingebaut. Man unterscheidet bei Mischkristallen zwischen Substitutions- (Atomradien A u. B etwa gleich groß) und Einlagerungs-Mischkristall (Atomradien A u. B unterscheiden sich deutlich) (Bild 2.8a,b).

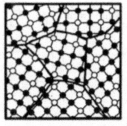 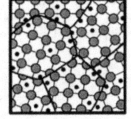 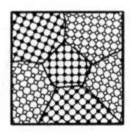

a) Substitutions-Mischkristall   b) Einlagerungs-Mischkristall   c) Kristallgemisch

Bild 2.8 Einphasiger Mischkristall (a,b) und mehrphasiges Kristallgemisch (c) [Fischer1987]

Im Kristallgemisch entstehen aufgrund der Unlöslichkeit der beteiligten Atomsorten in einem einzigen Kristallgitter zwei oder mehr Phasen, die aus den Kristallen der verschiedenen Atomsorten aufgebaut sind (Bild 2.8c).

Im Folgenden werden binäre Zusammensetzungen, d. h. Systeme, die aus zwei Stoffen zusammengesetzt sind, behandelt. Mit Zustandsdiagrammen, auch als Phasen- oder Gleichge-wichtsdiagramme bezeichnet, wird die Zusammensetzung von Legierungen im gesamten Temperaturbereich beschrieben. Aus dem Zustandsdiagramm geht u. a. hervor, ob und in welchem Umfang die Komponenten im flüssigen und festen Zustand miteinander mischbar sind. Betrachtet werden stets Gleichgewichtssysteme, d. h. es wird eine hinreichend langsame Abkühlung der Schmelze vorausgesetzt.

Im Zustandsdiagramm wird das Mischungsverhältnis der Komponenten in Atom- oder Gewichtsprozent auf der Abszisse dargestellt, die Ordinate gibt die Temperatur an. Kurven im Zustandsdiagramm trennen Bereiche, in denen unterschiedliche Phasen vorliegen. Auf einer Kurve sind stets die beiden benachbarten Phasen nebeneinander stabil.

Drei wichtige Arten von Zustandsdiagrammen binärer Zusammensetzungen unterscheiden sich darin, wie die zwei Komponenten im festen und flüssigen Zustand lösbar sind. Sie werden in den drei folgenden Abschnitten vorgestellt.

2.2.1.1 Zustandsdiagramm Typ 1

Bei den Legierungssystemen des Typs 1 sind zwei Komponenten sowohl im flüssigen als auch im festen Zustand in jedem Verhältnis miteinander mischbar (vollständige Löslichkeit). Ein charakteristisches Beispiel ist das Cu/Ni-System. Weitere Beispiele dieser Art sind Ag/Au, Au/Pt, Cu/Pt und Ag/Pd.

Die Zustandsdiagramme werden bestimmt, indem man das Abkühlungsverhalten $T(t)$ verschieden zusammengesetzter Schmelzen beobachtet (Bild 2.9 links). Bei reinen Metallen tritt am Erstarrungspunkt ein Zeitbereich konstanter Temperatur auf (Haltepunkt), während bei gemischter Schmelze sich die Abkühlgeschwindigkeit im Laufe der Abkühlung zweimal unstetig ändert (Halteintervall). Aus der Kombination der Knickpunkte mit den entsprechenden Zusammensetzungen ergeben sich die Liquiduslinie und die Soliduslinie, welche im Phasen-diagramm in Bild 2.9 rechts die drei Gebiete L (nur Schmelze), L + α (Zweiphasengebiet Schmelze + Mischkristalle) und α (Mischkristalle) voneinander trennen.

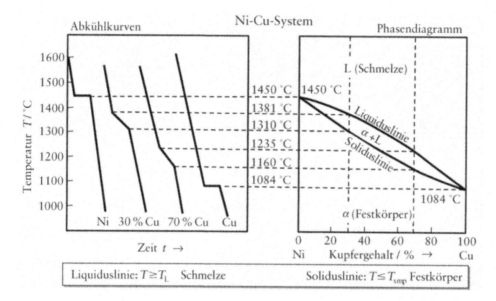

Bild 2.9 Abkühlungskurven verschiedener Cu/Ni-Schmelzen (links) und Legierungsdiagramm für Cu/Ni (rechts): volle Löslichkeit zweier Komponenten im flüssigen und festen Zustand (Typ 1)

Aus den Zustandsdiagrammen können diejenigen Mengen der Schmelze und des Feststoffes (Mischkristalls) angegeben werden, welche sich bei vorgegebener Temperatur und Ausgangskonzentration im Gleichgewicht befinden. Wird in einem System mit einem Legierungsdiagramm gemäß Bild 2.10 eine Schmelze der Zusammensetzung c_0 abgekühlt, so beginnen beim

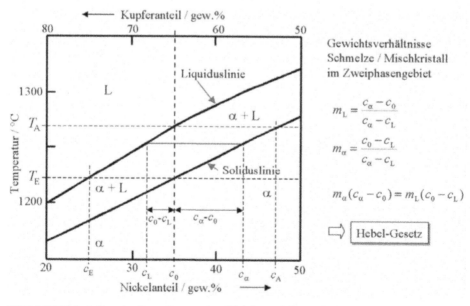

Gewichtsverhältnisse Schmelze / Mischkristall im Zweiphasengebiet

$$m_L = \frac{c_\alpha - c_0}{c_\alpha - c_L}$$

$$m_\alpha = \frac{c_0 - c_L}{c_\alpha - c_L}$$

$$m_\alpha (c_\alpha - c_0) = m_L (c_0 - c_L)$$

⇨ Hebel-Gesetz

Bild 2.10 Hebel-Gesetz, Berechnung der Gleichgewichtsverhältnisse Schmelze-Mischkristall [Callister2000]

Unterschreiten der Temperatur T_A zunächst Kristalle mit der Zusammensetzung c_A auszukristallisieren. c_A ist gegeben durch den Schnittpunkt der Horizontalen bei T_A mit der Soliduslinie. Die ausgeschiedenen Mischkristalle sind Ni-reicher als die Ausgangskonzentration. Bei weiterer (langsamer) Abkühlung resultieren Kristalle mit der Konzentration c_α, während in der Schmelze eine Anreicherung von Cu stattfindet (Konzentration c_L).

Es gilt bei jeder Temperatur T das „Hebel-Gesetz" (Bild 2.10), m_α = Menge der kristallisierten Substanz, m_L = Menge der Schmelze, c_0 = Ausgangskonzentration. Das Hebel-Gesetz gibt an, in welchem Verhältnis m_α / m_L die Mengen von Schmelze und Mischkristall zueinander stehen. Ist nämlich die Gesamtmenge der beteiligten Stoffe N, dann gilt für die Stoffmenge einer Komponente (hier Cu)

$$N c_0 = N c_\alpha m_\alpha + N c_L m_L = N c_\alpha m_\alpha + N c_L (1 - m_\alpha) \tag{2.23}$$

2.2.1.2 Zustandsdiagramm Typ 2

Systeme, bei denen die Komponenten im flüssigen Zustand mischbar, im festen Zustand aber unlöslich sind, zeigen ein völlig anderes Erstarrungsverhalten als Systeme des Typs 1. Sie bilden Kristalle der Komponenten A und B mit verschwindend kleiner gegenseitiger Löslichkeit im festen Zustand, d. h. ein Kristallgemisch. Die Soliduslinie ist dann eine Horizontale, die man sich an den Rändern des Zustandsdiagramms, also bei Anwesenheit nur einer Komponente, als senkrecht nach oben verlängert vorstellen kann.

Diese eutektischen Systeme sind weit verbreitet. In diesem Falle weisen die Abkühlungskurven jeweils einen Knick und einen Haltebereich auf (Bild 2.11). Außerdem existiert eine bestimmte (eutektische) Zusammensetzung, bei der das Erstarrungsverhalten demjenigen eines reinen Metalles entspricht. Da sich in diesem Fall die Zusammensetzung beim Erstarren nicht ändert und die Erstarrungstemperatur niedriger liegt als diejenige der Einzelkomponenten, spielen eutektische Legierungen eine wichtige Rolle in der Gießereitechnik.

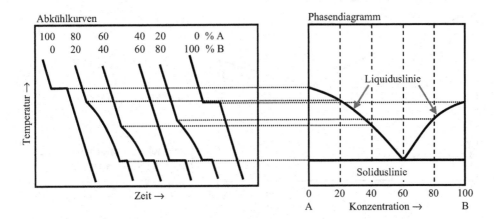

Bild 2.11 Abkühlungskurven (links) und Phasendiagramm (rechts) für ein eutektisches System mit verschwindender gegenseitiger Löslichkeit im festen Zustand (Typ 2)

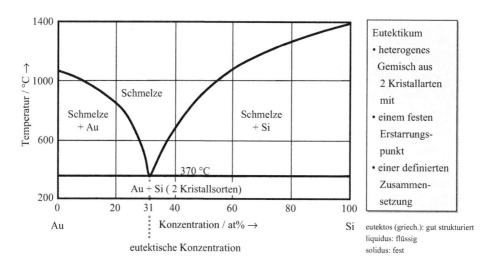

Bild 2.12 Phasendiagramm des Systems Au/Si

Bild 2.12 zeigt ein Beispiel für ein eutektisches System mit verschwindender gegenseitiger Löslichkeit im festen Zustand. Infolge der Verschiedenheit der Gitterstrukturen werden nur sehr geringe Mengen Gold in Silizium eingebaut.

2.2.1.3 Zustandsdiagramm Typ 3

Die Kombination von Typ 1 und Typ 2-Systemen sind Typ 3-Systeme mit vollständiger Löslichkeit in flüssiger und beschränkter Löslichkeit im festen Zustand. Die Soliduslinie ist hier in einem Teilbereich horizontal, im anderen Bereich eine Kurve.

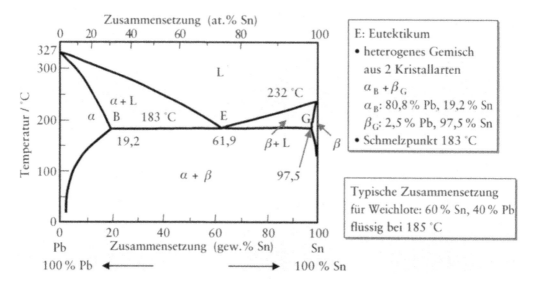

Bild 2.13 Zustandsdiagramm des Systems Pb/Sn [Callister2000]

Sehr häufig sind Systeme mit Eutektikum und begrenzter gegenseitiger Löslichkeit der Komponenten. Die Legierung besteht dann entweder aus Kristalliten der Komponente A mit etwas Gehalt an B (α-Phase) sowie der eutektischen Phase oder aus Kristalliten der Komponente B mit wenig Zusatz von A (β-Phase) nebst eutektisch zusammengesetztem Material. Normalerweise nimmt die Löslichkeit der Fremdkomponente mit fallender Temperatur ab. Beispiele: Ag/Cu, Ag/Pt, Al/Cu, Cd/Zn, Ag/Zn, Al/Zn, Al/Mg, Cu/Fe, Cu/Mg.

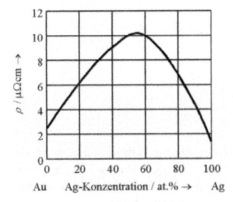

Bild 2.14 Verlauf des spezifischen Widerstands über der Zusammensetzung bei vollständiger gegenseitiger Löslichkeit der Komponenten (Zustandsdiagramm Typ 1)

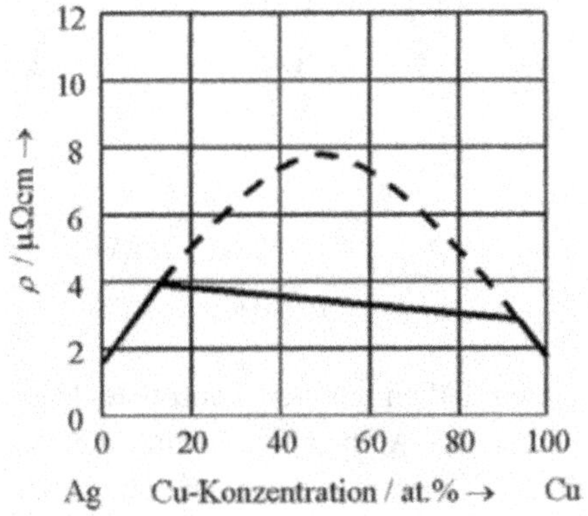

Bild 2.15 Verlauf des spezifischen Widerstands über der Zusammensetzung bei begrenzter gegenseitiger Löslichkeit der Komponenten (Zustandsdiagramm Typ 2)

Bei vollständiger gegenseitiger Löslichkeit der Komponenten im festen Zustand (Zustandsdiagramm Typ 1) ergibt sich eine Abhängigkeit des spezifischen Widerstandes von der Zusammensetzung gemäß Bild 2.14, es tritt ein Widerstandsmaximum auf, wenn die Legierung die beiden Komponenten im Verhältnis von ca. 1:1 enthält.

Bei vollständiger gegenseitiger Unlöslichkeit der Komponenten im festen Zustand (Zustandsdiagramm Typ 2) entsteht eine Legierung, deren spezifischer Widerstand aus der Hintereinander- und Parallelschaltung von Kristalliten der reinen Metalle resultiert (Beispiel Cu/W).

Bei begrenzter gegenseitiger Löslichkeit der Komponenten im festen Zustand (Zustandsdiagramm Typ 3) findet man eine starke Konzentrationsabhängigkeit des spezifischen Widerstandes im Bereich der Mischkristalle (z. B. Ag mit maximaler Einlagerung von 14 % Cu bzw. Cu mit maximal 5 % Ag), während in der Mischungslücke (zwischen 14 % Cu und 95 % Cu) ein Mittelwert der spezifischen Widerstände der beiden Mischkristallanteile (α + β) resultiert. Durch rasches Abkühlen der Schmelze kann auch z. B. eine Legierung 50 % Ag + 50 % Cu hergestellt werden. In diesem Falle resultiert eine Leitfähigkeit gemäß der gestrichelten Linie in Bild 2.15. Die Leitfähigkeit einer derartigen Legierung ist jedoch nicht zeitbeständig, da insbesondere bei höheren Temperaturen eine Entmischung durch Diffusion der Komponenten eintritt.

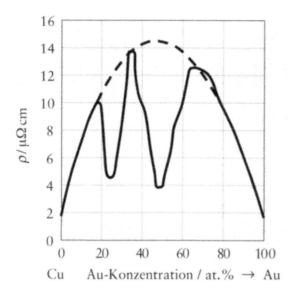

Bild 2.16 Abhängigkeit des spez. Widerstandes von der Zusammensetzung beim System Cu/Au

In besonderen Fällen können geordnete Mischkristalle auftreten, beispielsweise wenn im System Cu/Au das Atomzahlverhältnis die Werte Cu:Au = 3:1 oder Cu:Au = 1:1 aufweist (siehe Bild 2.16). Derartige Mischkristalle haben einen spezifischen Widerstand, der annähernd demjenigen eines reinen Metalles entspricht. Sie entstehen nur bei hinreichend langsamer Abkühlung bzw. durch Temperaturbehandlung.

2.3 Metallische Leiter und Widerstandswerkstoffe

Die Anwendungen der Metalle in der Elektrotechnik sind vielfältig. Bild 2.17 zeigt einen Ausschnitt aus dem Periodensystem der Elemente. Hieraus sind einige wichtige Anwendungsbereiche der Metalle in der Elektrotechnik zu entnehmen.

In diesem Abschnitt werden folgende Gebiete behandelt: Leiter- und Kontaktwerkstoffe, Widerstände, Heizleiter, Hart- und Weichlote und messtechnische Anwendungen (Temperatur- und Dehnungsmessungen). Die Anwendungen metallischer Werkstoffe mit magnetischen Eigenschaften werden in Kap. 6 beschrieben.

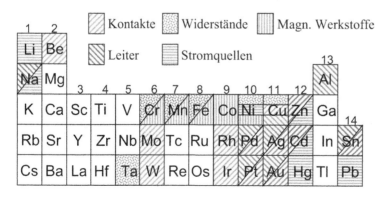

Bild 2.17 Übersicht über wichtige Anwendungen der Metalle in der Elektrotechnik [Münch1987]

2.3.1 Leiterwerkstoffe

Bei Werkstoffen, die der Stromleitung in einem begrenzten Volumen dienen sollen, wird in erster Linie eine hohe elektrische Leitfähigkeit σ verlangt. Die besten Leiterwerkstoffe sind Silber, Kupfer, Gold, Aluminium, Magnesium und Natrium (Bild 2.18 rechts). Hiervon scheiden in der Regel Gold und Silber aus Kostengründen, Magnesium und Natrium aus technologischen Gründen aus.

Für Leitungen mit geringem Gewicht (z. B. Freileitungen) ist der Quotient σ/d maßgebend (d = relative Dichte). In diesem Falle lautet die Reihenfolge: Natrium, Kalium, Kalzium, Aluminium, Magnesium, Kupfer. Aluminium ist in dieser Eigenschaft dem Kupfer deutlich überlegen.

Der Leitwert von reinstem Kupfer (ohne Fehlstellen) beträgt $59{,}5 \cdot 10^4$ S/cm. Nach dem „International Annealed Copper Standard" (IACS) muss Leitkupfer eine Mindestleitfähigkeit von $58 \cdot 10^4$ S/cm aufweisen (entsprechend einer Reinheit > 99,95 %). Die deutsche Norm schreibt für E-Cu (weichgeglüht) eine Mindestleitfähigkeit $\sigma = 57 \cdot 10^4$ S/cm vor (Reinheit > 99,9 %).

Aus mechanischen Gründen ist es häufig notwendig, dem Kupfer Fremdstoffe in geringer Konzentration zuzulegieren. Dazu wählt man Legierungskomponenten aus, welche die Leitfähigkeit des Kupfers möglichst wenig beeinflussen (vgl. Bild 2.4) oder deren Löslichkeit in Kupfer gering ist.

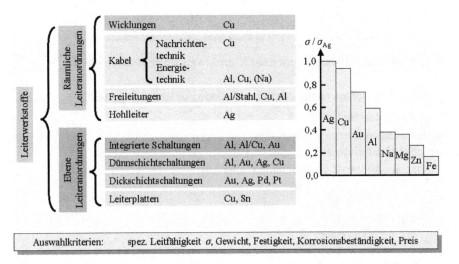

Bild 2.18 links: Übersicht über Leiterwerkstoffe und ihre Anwendungen, rechts: Leitfähigkeit verschiedener Metalle im Vergleich zu Silber [Münch1987]

Reinstes Aluminium besitzt eine spezifische Leitfähigkeit von $\sigma = 38 \cdot 10^4$ S/cm. Für „Leitaluminium" (E-Al) ist nach deutscher Norm ein Leitwert von $36 \cdot 10^4$ S/cm vorgeschrieben. Dies entspricht einer Reinheit von 99,95 % Al, wobei die Summe der Verunreinigungen Ti + Cr + V + Mn den Wert 0,03 % nicht überschreiten darf. Wegen der geringen Festigkeit des E-Al

(σ_{MB} = 50 ... 150 N/mm²) wird dieses in Freileitungen meist in Kombination mit Stahl verwendet. Für höhere mechanische Beanspruchung steht die Legierung E-AlMgSi („Aldrey") mit den Komponenten Al + 0,6 % Si + 0,4 % Mg zur Verfügung. Die Zugfestigkeit beträgt 300 ... 350 N/mm², die Leitfähigkeit 30 ... 33·10^4 S/cm. Nachteilig gegenüber dem Kupfer ist die schlechte Lötbarkeit des Aluminiums infolge der stabilen Oxidschicht. Bei Verbindungen mit anderen Leiterwerkstoffen können Korrosionsprobleme auftreten.

2.3.2 Kontaktwerkstoffe

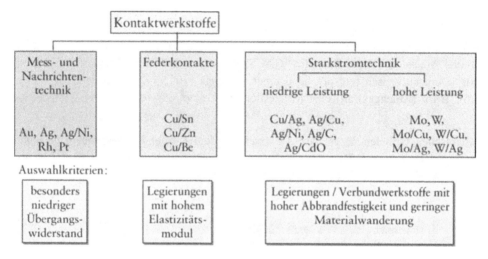

Bild 2.19 Einsatzgebiete und Auswahlkriterien für Kontaktwerkstoffe [Münch1987]

Bei elektrischen Kontakten werden an das Material folgende Forderungen gestellt:

- geringer Übergangswiderstand
- Vermeidung des „Klebens" bzw. „Schweißens"
- Beständigkeit gegen Materialwanderung
- Beständigkeit gegen „Abbrand" beim Schalten unter Last.

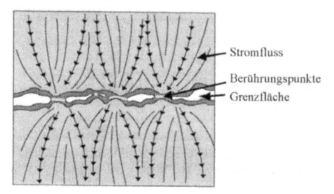

Bild 2.20 Mikroskopischer Aufbau eines Metallkontakts [Schaumburg1990]

Metall	Erweichen		Schmelzen	
	°C	U/V	°C	U/V
Sn	100	0,07	232	0,13
Au	100	0,08	1063	0,43
Ag	150-200	0,09	968	0,37
Al	150	0,1	660	0,3
Cu	190	0,12	1083	0,43
Ni	520	0,22	1453	0,53
W	1000	0,6	3380	1,1

Tabelle 2.3 Temperatur- und Spannungswerte für das Erweichen und Schmelzen von Kontaktwerkstoffen [Schaumburg1990]

In der Nachrichtentechnik wird insbesondere eine hohe Kontaktsicherheit, d. h. ein gleichbleibend niedriger Übergangswiderstand gefordert. Dabei ist der Einfluss der den Kontakt umgebenden Atmosphäre (Luft, Schutzgas etc.) zu berücksichtigen. Demgegenüber fallen die Materialkosten weit weniger ins Gewicht als bei Leiterwerkstoffen (geringere Volumina). Für die Kontaktflächen stehen insbesondere folgende Werkstoffe zur Diskussion:

- Cu, Ag, Au,
- Ru, Rh, Pd, Os, Ir, Pt,
- Mo, W

Beim Betrieb an Luft ist sowohl bei Cu als auch bei Ag mit Anlaufen zu rechnen. Das dabei gebildete Cu_2O hat jedoch wesentlich schlechtere Leiteigenschaften als das Ag_2S, so dass Ag-Kontakte vorzuziehen sind. In beiden Fällen ist eine Goldschicht als Oberflächenbedeckung vorteilhaft.

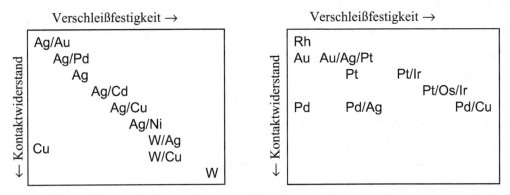

Bild 2.21 Qualitativer Zusammenhang zwischen Kontaktwiderstand und Verschleißfestigkeit

Bei den reinen Metallen Cu, Ag und Au ist eine starke Neigung zum Verschweißen und zur Materialwanderung (insbesondere bei Ag) festzustellen. Eine Verbesserung der Eigenschaften kann durch Legierung dieser Elemente untereinander (z. B. Au/Ag, Cu/Ag) und durch Legierung mit anderen Elementen (z. B. Ag/Cd) erzielt werden. Häufig verwendet man den

Kontaktwerkstoff Ag/CdO; dieses Material kann durch „innere Oxidation" von Ag/Cd hergestellt werden. Es ist im Allgemeinen notwendig, einen Kompromiss zwischen maximaler Verschleißfestigkeit und minimalem Kontaktwiderstand zu schließen (siehe Bild 2.21).

Bei Verwendung von Pt-Metallen als Kontaktwerkstoffe ist folgende Preisskala zu berücksichtigen (nach ansteigendem Preis/cm^3 geordnet): Pd - Ru - Rh - Pt - Ir - Os. Für Kontakte mit höchster Abbrandfestigkeit verwendet man Mo, W oder Sinterwerkstoffe auf der Basis Ag/Mo, Ag/W, Cu/W usw. (Verbindung der mechanischen Eigenschaften des Wolframs mit elektrischen Eigenschaften von Kupfer und Silber).

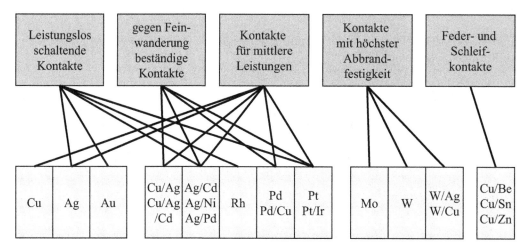

Bild 2.22 Kontaktwerkstoffe und ihre Anwendungen

2.3.3 Widerstandswerkstoffe

Zur Herstellung von elektrischen Widerständen werden folgende Werkstoffgruppen herangezogen:

- Metalle (z. B. Tantal)
- Metalllegierungen (z. B. Ni/Cr)
- Halbleiter (insbesondere Graphit)
- Verbundwerkstoffe (z. B. Cr/SiO, „Cermet-Widerstände").

Die Tabelle 2.4 enthält den spezifischen Widerstand, seinen Temperaturkoeffizienten sowie technisch realisierbare Widerstandswerte einiger Werkstoffe.

	Ta	Ni/Cr	Graphit	Cr/SiO
ρ [Ωcm]	$1{,}6 \cdot 10^{-5}$	10^{-4}	10^{-3}	$10^{-4} \dots 10^{4}$
TK_ρ [K^{-1}]	$4 \cdot 10^{-3}$	10^{-4}	-10^{-3}	$-10^{-2} \dots +10^{-3}$
R [Ω]	$< 10^{6}$	$< 10^{7}$	$10 \dots 10^{8}$	$10 \dots 10^{9}$

Tabelle 2.4 Widerstandswerkstoffe

Metalllegierungen besitzen gegenüber reinen Metallen nicht nur den Vorteil eines höheren spezifischen Widerstandes, sondern auch einen geringeren Temperaturkoeffizienten des spezifischen Widerstandes (Bild 2.23). In sehr dünnen Schichten (Größenordnung 100 nm) kann der Temperaturkoeffizient von Ni/Cr auf ca. 10^{-5}/K reduziert werden.

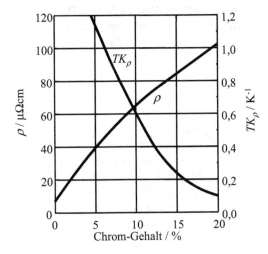

Bild 2.23 Spezifischer Widerstand und Temperaturkoeffizient von Ni/Cr-Legierungen

An die Werkstoffe für Mess- und Präzisionswiderstände werden folgende Anforderungen gestellt:

- Kleiner Temperaturkoeffizient des spezifischen Widerstandes; es kommen daher nur Legierungen mit Mischkristallen in Frage. Für Präzisionswiderstände sind nur Werkstoffe mit $TK_\rho < 2 \cdot 10^{-5}$/K zu verwenden.
- Geringe Thermokraft (Seebeck-Koeffizient) gegen Kupfer (für Präzisionswiderstände höchstens 10 μV/K).
- Hohe zeitliche Konstanz des Widerstandes, d. h. gute chemische Beständigkeit und geringe Neigung zur Umkristallisation. Präzisionswiderstände: jährliche Widerstandsänderung kleiner als $5 \cdot 10^{-3}$ % des ursprünglichen Widerstandswertes.

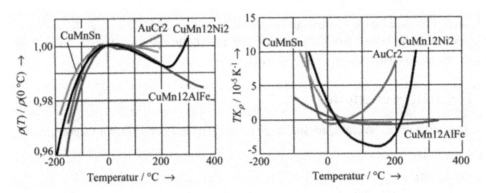

Bild 2.24 Temperaturabhängigkeit des spezifischen Widerstandes und des Temperaturkoeffizienten bei einigen Legierungen

Legierungen mit niedrigem Temperaturkoeffizienten des spezifischen Widerstandes sind meist auf der Basis Cu + Ni + Mn aufgebaut (Bild 2.24). Konstantan (55 % Cu, 44 % Ni, 1 % Mn) weist eine hohe Thermokraft gegen Kupfer auf und ist daher für Präzisionswiderstände in Gleichstromanordnungen ungeeignet.

Eine exakte Eliminierung des Temperaturkoeffizienten ist nur für zwei Temperaturwerte, z. B. 20 °C und 200 °C, möglich. Darüber hinaus kann erreicht werden, dass innerhalb eines gewissen Temperaturbereiches (z. B. 0 bis 200 °C) der Temperaturkoeffizient innerhalb der beiden Grenzwerte bleibt (siehe Bild 2.24, rechts).

Werkstoff	Legierungs-elemente / gew.%			Grenztemperatur /°C	ρ /$\mu\Omega$cm	TK_ρ /K^{-1}	Thermo-spannung /(μV/K)
	Mn	Ni	Al				
CuMn12Ni2	12	2	-	140	43	$\pm 1 \cdot 10^{-5}$	- 0,4
CuNi20Mn10	10	20	-	300	49	$\pm 2 \cdot 10^{-5}$	- 10
CuNi44	1	44	-	600	49	$+ 4 \cdot 10^{-4}$ ... $8 \cdot 10^{-4}$	- 40
CuMn2Al	2	-	0,8	200	12	$4 \cdot 10^{-4}$	+ 0,1
CuNi30Mn	3	30	-	500	40	$1 \cdot 10^{-4}$	- 25
CuMn12NiAl	12	5	1,2	500	40	$\sim 10^{-5}$	- 2

Tabelle 2.5 Widerstandslegierungen nach DIN 17 471

Als Werkstoffe mit einem schwach negativen Temperaturkoeffizienten des spezifischen Widerstandes bei 20 °C stehen Au/Cr- und Ag/Mn-Legierungen zur Verfügung; diese können zur Kompensation des positiven Temperaturkoeffizienten anderer Metalle dienen.

Die Legierungen für Präzisionswiderstände bedürfen einer sorgfältigen Schlussbehandlung zur Beseitigung von Verformungsspannungen und zur Einstellung eines bei Raumtemperatur beständigen strukturellen Gleichgewichtes.

Für Regelwiderstände wird eine Temperaturbeständigkeit bis ca. 200 °C verlangt. Es wird u. a. Konstantan verwendet, wobei aus Kostengründen ca. die Hälfte des Nickelanteils durch Zink oder Eisen ersetzt werden kann ($\rho \approx 4 \cdot 10^{-5}$ Ωcm).

2.3.4 Heizleiterwerkstoffe

Heizleiterwiderstände dienen der Umwandlung von elektrischer Energie in Wärmeenergie.

Die Anforderungen lauten:

- hoher Schmelzpunkt,
- hohe chemische Beständigkeit,
- Stabilität der Legierung (nur homogene Mischkristalle),
- ausreichende mechanische Wärmefestigkeit.

Legierung	Zusammensetzung / gew.%				Struktur	ρ / $\mu\Omega$cm	T_{max} / °C	Deck-schicht
	Fe	Ni	Cr	Al				
NiCr 80 20	-	80	20	-	kfz	112	1200	Cr$_2$O$_3$
NiCr 60 15	25	60	15	-		113	1150	
NiCr 30 20	50	30	20	-		104	1100	
CrNi 25 20	55	20	25	-		95	1050	
CrAl 25 5	70	-	25	5	krz	144	1300	Al$_2$O$_3$
CrAl 20 5	75	-	20	5		137	1200	

Tabelle 2.6 Heizleiterlegierungen, Übersicht (DIN 17470)

Vorwiegend werden folgende Werkstoffgruppen verwendet:

- FeNiCr-Legierungen; diese haben die weiteste Verbreitung gefunden und sind nach DIN genormt (siehe Tabelle 2.6). Wichtigste Daten: $\rho \approx 10^{-4}$ Ωcm, Schmelzpunkt 1380 bis 1400 °C, maximale Betriebstemperatur 1050 bis 1200 °C.
- FeCrAl-Legierungen, ebenfalls genormt („Kanthal", „Megapyr"). $\rho \approx 1{,}4 \cdot 10^{-4}$ Ωcm, Schmelzpunkt 1500 °C, maximale Betriebstemperatur 1200 bis 1300 °C. Besonderer Vorteil: Beim Erhitzen an Luft bildet sich eine Al$_2$O$_3$-Schicht, die dem Material eine hohe Zunderbeständigkeit verleiht.
- Hochschmelzende Metalle (Pt, W, Mo, Ta); diese Werkstoffe werden in denjenigen Fällen verwendet, bei denen auf hohe Temperaturen (W, Mo, Ta) oder geringe Materialwanderung (Pt) Wert gelegt wird. Die Mo-, W- und Ta-Wicklungen sind in Schutzgasatmosphäre zu betreiben.
- MoSi$_2$ bzw. Mo/Si-Legierungen und SiC (Halbleiter). Die Temperaturbeständigkeit beruht auf der Bildung von SiO$_2$-Deckschichten.
- Graphit, für höchste Temperaturen (bis 3000 °C), in Schutzgasatmosphäre.

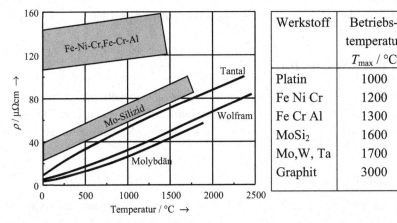

Werkstoff	Betriebs-temperatur T_{max} / °C	Deckschicht
Platin	1000	keine
Fe Ni Cr	1200	Cr$_2$O$_3$
Fe Cr Al	1300	Al$_2$O$_3$
MoSi$_2$	1600	SiO$_2$
Mo,W, Ta	1700	Schutzgas H$_2$
Graphit	3000	Schutzgas H$_2$

Bild 2.25 Spezifischer Widerstand von Heizleiterwerkstoffen in Abhängigkeit von der Temperatur

Tabelle 2.7 Maximale Betriebstemperatur und Deckschicht verschiedener Heizleiterwerkstoffe

Je nach Heizleiter (reines Metall bzw. Metalllegierung) ist ein mehr oder minder starkes Ansteigen des Widerstandes beim Aufheizen zu berücksichtigen (siehe Bild 2.25). Bei Siliziumkarbid und Graphit (bis 500 °C) ist der Temperaturkoeffizient des spezifischen Widerstandes negativ.

2.3.5 Hart- und Weichlote

Lote werden eingesetzt, um Werkstoffe mechanisch oder elektrisch miteinander zu verbinden. Beim Löten, der wichtigsten Verbindungstechnik in der Elektrotechnik und Elektronik, wird eine (häufig eutektische) Legierung mit relativ niedrigem Schmelzpunkt aufgeschmolzen und ergibt nach dem Erkalten eine leitfähige und mechanische Verbindung zweier Leiter. Man unterscheidet Weichlote mit einem Schmelzpunkt unter 250 °C und Hartlote mit einem Schmelzpunkt über 450 °C. Für einen guten elektrischen Kontakt und eine ausreichende mechanische Haftung ist die Benetzbarkeit des Leiters mit dem Lot sehr wichtig. Durch Beimengungen zum Lot werden entsprechende Benetzungswinkel, d. h. eine niedrige Oberflächenspannung des Lotes erreicht.

Nr.	Bezeichnung		Zusammensetzung %	Schmelzbereich
1	Zinn-Blei*	LSn50Pb	50 Pb; 50 Sn	183...215 °C
2	Zinn-Antimon	LSnSb5	5 Sb; 0...1 Ag; Rest Sn	230...240 °C
3	Silber-Blei*	LPbAg3	0...1 Sn; 1,5...3,5 Ag; Rest Pb	305...315 °C
4	Phosphor-Kupfer	LCuP8	7,7...8,5 P; Rest Cu	710...770 °C
5	Silphos 2 %	LAg2P	2 Ag; 91,5 Cu; 6,5 P	660...810 °C
6	Silphos 15 %	LAg15P	15 Ag; 80 Cu; 5 P	640...800 °C
7	Silberlot 25	LAg25	25 Ag; 41 Cu; 34 Zn	680...795 °C
8	Silberlot 44	LAg44	44 Ag; 30 Cu; 26 Zn	680...740 °C
9	Silber-Cadmium-Lot	LAg40Cd	40 Ag; 19 Cu; 21 Zn; 20 Cd	595...630 °C

schlechte Benetzbarkeit / > 90° / Lot / Leiter

gute Benetzbarkeit / < 30° / Lot / Leiter

*) Ab Juli 2006 wird die europäische RoHS-Richtlinie („Restriction of Hazardous Substances") u.a. die Verwendung von Blei in der Elektronik auf ein Minimum beschränken.

Wichtige Sekundäreigenschaft aller Lote: gute Benetzbarkeit des Leiters

Weichlote $T_{smp} \leq 250$ °C

Hartlote $T_{smp} \geq 450$ °C

Tabelle 2.8 Hart- und Weichlote in der Verbindungstechnik [Schaumburg1990]

2.3.6 Metalle in der Messtechnik

Zur elektrischen Messung von Temperaturen verwendet man u. a. metallische Widerstandsthermometer und Thermoelemente. Mit Dehnungsmessstreifen wird die mechanische Dehnung einer Probe über die Widerstandsänderung einer aufgeklebten Widerstandsbahn gemessen (Bild 2.26).

2.3.6.1 Resistive Temperatursensoren

Bei den Widerstandsthermometern nutzt man die annähernd lineare Temperaturabhängigkeit des spezifischen Widerstandes reiner Metalle aus. Wegen seiner chemischen Beständigkeit wird Platin am häufigsten verwendet. Der spezifische Widerstand beträgt (bei 0 °C) $9{,}83 \cdot 10^{-6}$ Ωcm; der mittlere Temperaturkoeffizient zwischen 0 und 100 °C ist auf 0,00385 /K genormt.

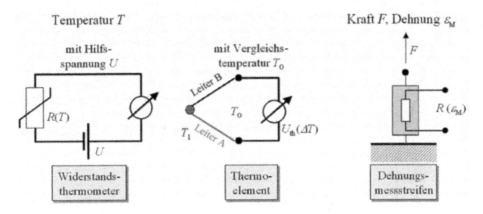

Bild 2.26 Anwendungsprinzipien von Metallen für die Messtechnik [Münch1987]

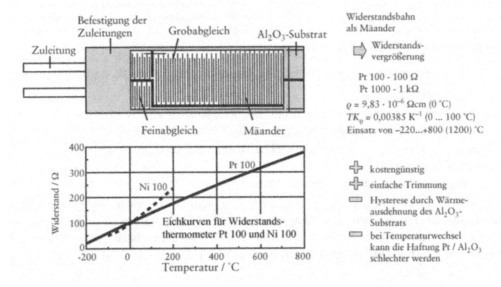

Bild 2.27 Pt-Dünnschicht als resistiver Temperatursensor [Schaumburg1992]

Der Anwendungsbereich wird normalerweise mit -220 °C bis +800 °C angegeben, jedoch ist ein Einsatz bis ca. 1200 °C prinzipiell möglich. Für den Temperaturbereich von -60 °C bis +200 °C ist auch Nickel ($TK_\rho = 0,69$ %/K) zu verwenden.

2.3.6.2 Thermo- und Peltierelemente

Bei den Thermoelementen wird der Seebeck-Effekt ausgenutzt (Bild 2.28, vgl. Kap. 2.1.1.2). Hierbei diffundieren Ladungsträger vom heißen zum kalten Ende eines Leiters. Dieser Effekt kann durch Kombination zweier unterschiedlicher Leiter als Thermospannung nachgewiesen und messtechnisch nutzbar gemacht werden. Da nur Temperaturdifferenzen erfasst werden können, ist eine (bekannte) Vergleichstemperatur T_0 erforderlich (z. B. Wasser/Eis).

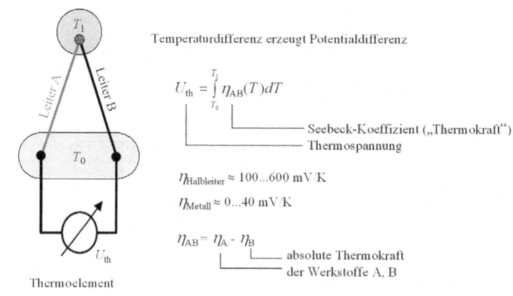

Temperaturdifferenz erzeugt Potentialdifferenz

$$U_{th} = \int_{T_0}^{T_1} \eta_{AB}(T)\,dT$$

Seebeck-Koeffizient („Thermokraft")
Thermospannung

$\eta_{Halbleiter} \approx 100...600$ mV/K

$\eta_{Metall} \approx 0...40$ mV/K

$\eta_{AB} = \eta_A - \eta_B$

absolute Thermokraft
der Werkstoffe A, B

Thermoelement

Bild 2.28 Thermoelement und Seebeck-Effekt

Bei der Auswahl von Werkstoffen für Thermoelemente sind insbesondere folgende Gesichtspunkte zu berücksichtigen:

- Hohe Thermospannung, d. h. man wählt eine Kombination von Werkstoffen, die in der thermoelektrischen Spannungsreihe möglichst weit auseinander liegen.
- Möglichst linearer Zusammenhang zwischen Thermospannung und Temperatur
- Hoher Schmelzpunkt
- Chemische Resistenz bei hohen Temperaturen

In Tabelle 2.9 sind Thermospannung und maximale Betriebstemperatur von verschiedenen Thermoelementen angegeben. Für Temperaturen über 1500 °C werden Pt-Legierungen mit höherem Rh-Gehalt sowie Rh/Ir-Legierungen und Wolfram/Molybdän (unter Schutzgas) eingesetzt. Bei tiefen Temperaturen verwendet man u. a. Kupfer/Konstantan und Ag + 0,4 % Au / Au + 2,1 % Co.

Negativer Schenkel	Positiver Schenkel	U_{th} / mV	T_{max} / °C
Konstantan (55Cu44Ni1Mn)	Kupfer (Cu) Eisen (Fe)	4,25 5,37	400 700
Nickel (98Ni2Al)	Chromnickel		
Alumel (94,5Ni2,5Mn2Al1Si)	Chromel (90Ni10Cr)	4,1	1000
Pallaplat32 (52Au46Pd2Pt)	Pallaplat40 (95Pt5Rh)	2,65	1300
Platin (Pt)	Platinrhodium (90Pt10Rh)	0,64	1500

Tabelle 2.9 Werkstoffe für Thermoelemente (U_{th} bezieht sich auf eine Temperaturdifferenz von 100 K)

2.3.6.3 Dehnmessstreifen

Wirkt auf einen Metalldraht oder -streifen eine mechanische Zugspannung, so tritt eine Dehnung auf, welche mit einer Querschnittsverminderung verknüpft ist. Daraus resultiert eine Veränderung des elektrischen Widerstandes, auch die Beeinflussung der Elektronenbeweglichkeit durch die Gitterverzerrung kann eine Rolle spielen. Der Widerstand des Dehnmessstreifens ist durch

$$R = \rho \frac{l}{A} = \rho \frac{l}{\pi r^2} \tag{2.24}$$

gegeben ($\rho = 1/\sigma = 1 / (e_0 n \mu_n)$ = spezifischer Widerstand, l = Länge, A = Querschnitt, r = Radius des Dehnmessstreifens). Hieraus folgt:

$$\frac{\Delta R}{R} = \frac{\Delta l}{l} - \frac{\Delta A}{A} + \frac{\Delta \rho}{\rho} = \frac{\Delta l}{l} - 2\frac{\Delta r}{r} + \frac{\Delta \rho}{\rho} \tag{2.25}$$

Die relative Längenänderung $\Delta l/l$ bezeichnet man als Längendehnung, die relative Änderung des Radius $\Delta r/r$ als Querdehnung. Der Quotient aus negativer Querdehnung und Längendehnung ist die Poisson-Zahl ν. Sie beschreibt, wie stark sich der Radius eines Werkstoffs quer zur Dehnungsrichtung bei Längenausdehnung vermindert.

$$\nu = \frac{-\Delta r / r}{\Delta l / l} \tag{2.26}$$

Bild 2.29 Dehnmessstreifen DMS, mäanderförmig für größtmögliche Länge und Empfindlichkeit [Tipler1994]

Da bei Dehnung der Querschnitt zwar abnimmt, das Volumen insgesamt aber nur zunehmen kann, kann die Poisson-Zahl höchstens 0,5 betragen. Gemessene Werte der Poisson-Zahl liegen zwischen 0,15 und 0,45. Vernachlässigt man die Änderung der Elektronenbeweglichkeit μ_n und deren Einfluss auf den spezifischen Widerstand ρ, so ergibt sich die Beziehung

$$\frac{\Delta R}{R} = \frac{\Delta l}{l} - 2\frac{\Delta r}{r} = (1 + 2\nu) \cdot \varepsilon_M = K \cdot \varepsilon_M \qquad (2.27)$$

d. h. bei den meisten Metallen ist die relative Widerstandsänderung $\Delta R/R$ etwa doppelt so groß wie die Dehnung $\varepsilon_M = \Delta l/l$. Allgemein gilt $\Delta R/R = K \cdot \varepsilon_M$, durch den Faktor K wird das Verhältnis der relativen Widerstandsänderung zur relativen Längenänderung ausgedrückt. Damit auch kleine Längenänderungen exakt bestimmt werden können, sollten der K-Faktor des Dehnmessstreifens möglichst groß und der Temperaturkoeffizient des spezifischen Widerstandes möglichst klein sein.

Werkstoff	Zusammensetzung	K-Faktor
Konstantan-Draht	55Cu 44Ni 1Mn	2,0
Fe-Ni-Draht	65Ni 20Fe 15Cr	2,5
„Iso-Elastic"-Draht	52Fe 36Ni 8,5Cr 3,5Mn	3,6
Fe-Draht	100Fe	- 4,0

Tabelle 2.10 Werkstoffe für Dehnmessstreifen

Besonders hohe Widerstandsänderungen ergeben sich bei Dehnmessstreifen aus Halbleiterwerkstoffen. Hier dominiert in der Regel der auf einer Änderung der Ladungsträgerbeweglichkeit beruhende Term. Bei geeigneter Wahl des Werkstoffes lässt sich eine sehr hohe Dehnungsempfindlichkeit ($|K| \approx 200$) erzielen.

2.4 Supraleitung

2.4.1 Quantentheoretische Deutung

Bei verschiedenen Metallen, Legierungen und Verbindungen geht der spezifische Widerstand beim Unterschreiten einer bestimmten Temperatur (der Sprungtemperatur T_c) auf unmessbar kleine Werte zurück. Diese Erscheinung nennt man Supraleitung.

Eine atomistische Deutung der Supraleitung wurde 1957 durch Bardeen, Cooper und Schrieffer entwickelt. Sie geht aus von der Kopplung je zweier Elektronen mit entgegengesetztem Impuls und antiparallelem Spin zu sogenannten Cooper-Paaren. Vereinfacht gesagt bringt ein Elektron zwei benachbarte positive Ionen etwas näher zusammen, so dass insgesamt ein leicht positives Ladungszentrum entsteht und benachbarte Elektronen angezogen werden. Ein Cooper-Paar besitzt eine kohärente Wellenfunktion, die in das Gitter „eingepasst" ist. Die Elektronen wechselwirken nicht mehr mit dem Gitter, der Widerstand verschwindet. Eine Trennung der Cooper-Paare führt zur Zerstörung der Supraleitfähigkeit. Die hierzu notwendige Energie ist von den Gittereigenschaften des betreffenden Werkstoffes abhängig.

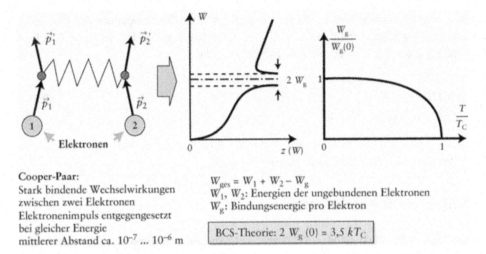

Cooper-Paar:
Stark bindende Wechselwirkungen
zwischen zwei Elektronen
Elektronenimpuls entgegengesetzt
bei gleicher Energie
mittlerer Abstand ca. $10^{-7} \ldots 10^{-6}$ m

$W_{ges} = W_1 + W_2 - W_g$
W_1, W_2: Energien der ungebundenen Elektronen
W_g: Bindungsenergie pro Elektron

BCS-Theorie: $2\,W_g\,(0) = 3{,}5\,k T_C$

Bild 2.30 Cooper-Paare, BCS-Theorie (Bardeen, Cooper, Schrieffer) [Münch1987]

Für technische Anwendungen sind hohe Sprungtemperaturen erwünscht. Unter den Elementen besitzt Niob mit 9,2 K die höchste Sprungtemperatur. Von den supraleitenden Legierungen bzw. Verbindungen sind insbesondere Nb_3Sn, V_3Ga und NbTi technisch interessant. Mit keramischen Werkstoffen, wie z. B. $YBa_2Cu_3O_7$, $Bi_2Sr_2CaCu_2O_8$, und $Tl_2Ba_2Ca_2Cu_3O_{10}$, wurden in jüngster Zeit Sprungtemperaturen oberhalb 90 K erzielt. Bild 2.31 zeigt die Elementarzelle des $YBa_2Cu_3O_7$ nebst einigen Sauerstoffionen aus benachbarten Elementarzellen. Die Supraleitung erfolgt in den schraffierten Ebenen.

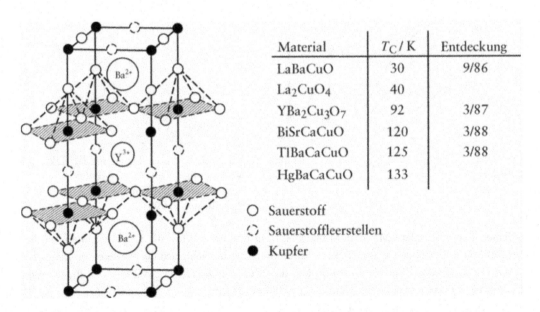

Material	T_C / K	Entdeckung
LaBaCuO	30	9/86
La_2CuO_4	40	
$YBa_2Cu_3O_7$	92	3/87
BiSrCaCuO	120	3/88
TlBaCaCuO	125	3/88
HgBaCaCuO	133	

○ Sauerstoff
◌ Sauerstoffleerstellen
● Kupfer

Bild 2.31 Elementarzelle des $YBa_2Cu_3O_7$, supraleitende Werkstoffe

Bei Anwendungen der Supraleitung ist zu berücksichtigen, dass die Temperatur des Überganges normalleitend ↔ supraleitend auch von der magnetischen Feldstärke abhängt. Die Temperaturabhängigkeit der kritischen Feldstärke H_c wird durch

$$H_c = H_0 \cdot \left[1 - \left(\frac{T}{T_c} \right)^2 \right]$$ (2.28)

wiedergegeben (Bild 2.32). Es existiert also für jeden Supraleiter ein Wert H_0, bei dem die Supraleitung (auch für $T = 0$) vollständig unterdrückt wird.

2.4.2 Meißner-Ochsenfeld-Effekt

Als Meißner-Ochsenfeld-Effekt (Bild 2.33) bezeichnet man die Erscheinung, dass beim Übergang eines Leiters vom normalleitenden zum supraleitenden Zustand ein Magnetfeld aus dem Leiterinneren herausgedrängt wird. Im Innern eines Supraleiters ist dann die magnetische Induktion $B = 0$. Das kommt dadurch zustande, dass in einer dünnen Oberflächenschicht des Supraleiters Ringströme fließen, die das Magnetfeld im Inneren des Supraleiters exakt kompensieren.

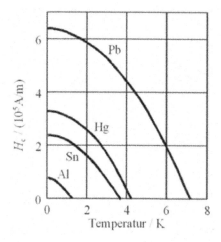

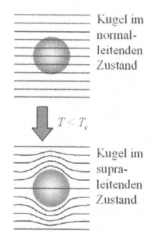

Bild 2.32 Temperaturabhängigkeit der kritischen Feldstärke H_c

Bild 2.33 Meißner-Ochsenfeld-Effekt: Vollständige Verdrängung eines Magnetfeldes bei $T < T_c$ [Schaumburg1993]

Schaltet man das äußere Magnetfeld ab, bleibt ein Magnetfeld um die Kugel erhalten, da die Ringströme in der Kugel weiterfließen. Eine Änderung der Ringströme würde einen magnetischen Fluss ϕ in der Kugel hervorrufen und damit ein elektrisches Feld $E \sim -d\phi/dt$ induzieren. Im Supraleiter kann jedoch kein elektrisches Feld auftreten.

Man unterscheidet Supraleiter 1. und 2. Art. Ein Supraleiter 1. Art liegt vor, wenn das Festkörpervolumen homogen supraleitend ist. Im Supraleiter wird kein Magnetfluss beobach-

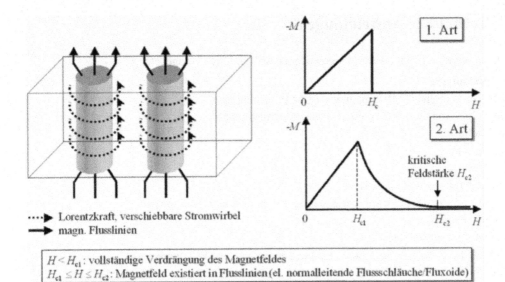

····▶ Lorentzkraft, verschiebbare Stromwirbel
──▶ magn. Flusslinien

$H < H_{c1}$: vollständige Verdrängung des Magnetfeldes
$H_{c1} \leq H \leq H_{c2}$: Magnetfeld existiert in Flusslinien (el. normalleitende Flussschläuche/Fluxoide)

Bild 2.34 Supraleiter zweiter Art mit Flussschläuchen [Münch1987]

tet. Dies wird aus Bild 2.34 rechts oben deutlich: Unterhalb der kritischen Feldstärke H_c gilt $H = -M$ und damit $B = \mu_0(H+M) = 0$. Nach der Definition der magnetischen Suszeptibilität $M = \chi_m H$ folgt $\chi_m = -1$, man spricht von ideal diamagnetischem Verhalten (vgl. Kap. 6.2.1).

Bei vielen Supraleitern ist der Meißner-Ochsenfeld-Effekt oberhalb einer kritischen Feldstärke H_{c1} scheinbar nicht mehr vorhanden (B scheinbar $\neq 0$, $\chi_m \neq -1$), ein Magnetfluss durchdringt den Körper (Bild 2.34 rechts unten). Charakteristisch für diesen supraleitenden Zustand 2. Art ist die Ausbildung von normalleitenden Fäden entlang der magnetischen Flusslinien in der ansonsten bis hin zu hohen Feldstärken H_{c2} supraleitenden Matrix. Eine solche Zone bildet einen sogenannten Flussschlauch oder Vortex (Bild 2.34 links). Durch Flussschläuche ist es möglich, extrem hohe Magnetfelder durch den Supraleiter zu führen, ohne dass er im Ganzen normalleitend wird. Anders als bei Supraleitern der 1. Art wird hier für die Stromführung nicht nur die Oberfläche des Supraleiters genutzt, sondern auch die Grenzflächen zwischen Flussschläuchen und supraleitendem Material. Auf die Flussschläuche wirkt die Lorentzkraft. Für die technische Anwendung ist es wichtig, ein „Wandern" der Flussschläuche zu verhindern, man versucht daher, diese durch Gitterdefekte zu verankern (Supraleiter 3. Art, mit gepinnten Flussschläuchen).

Die Werte für T_c und H_0 für einige Supraleiter sind Tabelle 2.11 zu entnehmen. Supraleiter 1. Art weisen eine niedrige kritische Feldstärke auf, Supraleiter 2. Art (meist Legierungen) haben eine hohe kritische Feldstärke.

	Al	Sn	Hg	V	Pb	Nb	NbTi	V_3Ga	Nb_3Sn
T_c / K	1,2	3,7	4,1	5,3	7,2	9,2	9,3	14,6	18,05
H_0 / (A/mm)	8	24	33	82	64	160	10^4	$2 \cdot 10^4$	$2 \cdot 10^4$

Tabelle 2.11 Sprungtemperaturen und kritische Feldstärken einiger Supraleiter

2.4.3 Technische Anwendungen

Supraleiter werden in einer Vielzahl technischer Anwendungen eingesetzt.

Kernspinresonanz
- MRI-Tomographen (MRI: magnetic resonance imaging)
- NMR-Spektrometer (NMR: nuclear magnetic resonance)

Energietechnik
- Generatoren
- Transformatoren
- Strombegrenzer/Schutzschalter
- Energiespeicher (SMES: superconducting magnetic energy storage)
- Hochleistungskabel
- magnetische Erzscheider
- Magnete für Forschungsprojekte (Teilchenbeschleuniger, Fusionsreaktor)

Elektronik
- HF-Antennen
- Hohlraumresonatoren
- SQUID-Sensoren (superconducting quantum interference device), Ausnutzung von Josephson-Effekten
- Hybride
- supraleitende Verdrahtung
- supraleitende Sensor-Halbleiterlogik

2.5 Zusammenfassung

1. Im vereinfachenden Modell der elektrischen Leitung nach Drude bewegen sich die Elektronen frei in einem Ionengitter. Sie werden abwechselnd durch das elektrische Feld beschleunigt und durch Stöße mit den Gitterionen gebremst. Es stellt sich eine kleine konstante Driftgeschwindigkeit ein, die der elektrischen Feldstärke proportional ist. Der Proportionalitätsfaktor ist die Beweglichkeit μ. Die spezifische elektrische Leitfähigkeit σ ergibt sich als das Produkt aus der Elementarladung, der Ladungsträgerkonzentration und der Beweglichkeit.

2. Nach dem quantentheoretischen Modell für die elektronische Leitung sollte ein perfektes periodisches Gitter ein idealer Leiter sein. In realen Gittern wird die Periodizität durch Fehlstellen und Fremdatome im Gitter und die thermische Bewegung der Gitterionen gestört, was einen Anstieg des spezifischen Widerstandes sowohl mit wachsender Fehlstellenkonzentration als auch mit steigender Temperatur bewirkt (Matthiessensche Regel). Die Störung durch Fremdatome ist umso größer, je stärker sich die Ordnungszahlen von Fremdatomen und Wirtsgitteratomen unterscheiden.

3. Die Wärmeleitung wird in Metallen anders als bei Isolatoren nicht allein über Phononen, sondern hauptsächlich durch Elektronen bewerkstelligt. Gute elektrische Leitfähigkeit geht daher einher mit guter Wärmeleitfähigkeit, das Verhältnis beider Größen ist für Metalle in etwa konstant und heißt Lorenz-Zahl (Wiedemann-Franz-Gesetz).

4. Da sich bei einer elektrischen Verbindung zwischen zwei Metallen die Fermi-Niveaus durch Elektronenaustausch angleichen, entsteht eine Kontaktspannung. Die thermoelektrischen Seebeck-, Thomson- und Peltier-Effekte beruhen darauf, dass thermisch „schnellere" Elektronen aus dem wärmeren in das kältere Gebiet diffundieren.

5. Die elektrische Leitfähgkeit von Legierungen hängt davon ab, wie die Legierungen kristallisiert sind, z. B. als Mischkristall (eine homogene Phase) oder als Kristallgemisch (mehrere heterogene Phasen). Zustandsdiagramme beschreiben, wie und in welchem Umfang die Komponenten einer Legierung gegenseitig löslich sind. Beim Zustandsdiagramm vom Typ 1 sind alle Komponenten sowohl im flüssigen wie im festen Zustand ineinander löslich, Legierungen vom Typ 2 sind im flüssigen Zustand löslich und im festen Zustand unlöslich, Typ 3-Legierungen sind im festen Zustand beschränkt ineinander löslich (Kombination von Typ 1 und Typ 2).

6. Metalle werden in der Elektrotechnik in den verschiedensten Anwendungen eingesetzt, von denen die bekannteste wohl der Stromleiter ist. Metalle werden jedoch auch für Kontakte, Widerstände, Heizelemente, als Lot sowie in der Messtechnik zur Bestimmung der Temperatur (resistiver Temperatursensor, Thermoelement) und von mechanischen Spannungen (Dehnmessstreifen) verwendet.

7. Supraleiter werden bei einer meist sehr niedrigen materialspezifischen „Sprungtemperatur" ideal leitfähig. Dieser Effekt konnte 1957 durch die BCS-Theorie erklärt werden: demnach bilden zwei gekoppelte Elektronen ein Cooper-Paar, das eine kohärente Wellenfunktion besitzt, die in das Gitter „eingepasst" ist. Die Elektronen wechselwirken nicht mehr mit dem Gitter, der Widerstand verschwindet. Mit keramischen Werkstoffen (polykristallinen Metalloxiden) wurden in jüngster Zeit Sprungtemperaturen oberhalb 90 K erzielt. Nach dem Meißner-Ochsenfeld-Effekt ist das Innere eines Supraleiters frei vom magnetischen Feld, Ringströme in der Oberfläche des Supraleiters verdrängen das Feld vollständig. Die Supraleitung bricht oberhalb einer kritischen magnetischen Feldstärke zusammen. Supraleiter 2. Art zeigen im Gegensatz zu homogenen Supraleitern 1. Art normalleitende Fäden, durch die extrem hohe Magnetfelder durch das Material „geführt" werden können.

3 Halbleiter

Als Halbleiter bezeichnet man Werkstoffe, die hinsichtlich ihrer elektrischen Leitfähigkeit eine Mittelstellung zwischen den metallischen Leitern und den Isolatoren einnehmen. Die Abgrenzung zu den Isolatoren ist nicht prinzipieller Natur, sondern wird häufig nach Zweckmäßigkeit vorgenommen. Obwohl erste Untersuchungen und auch Anwendungen der Halbleiterwerkstoffe mehr als einhundert Jahre zurückreichen, konnte die stürmische Entwicklung der Halbleitertechnik erst in den 50er Jahren einsetzen, nachdem die Grundlagenforschung zwei wichtige Voraussetzungen geschaffen hatte: die Herstellung nahezu perfekter Einkristalle höchster Reinheit und das zum Verständnis der Halbleiter unentbehrliche Bändermodell der Elektronen im Kristallgitter.

Im vorliegenden Kapitel werden zunächst allgemeine Merkmale und verschiedene Typen von Halbleitern angesprochen, anschließend werden die Eigenschaften der Eigenhalbleiter erörtert. Im Abschnitt Störstellenhalbleiter wird die gezielte Beeinflussung der Leitfähigkeit durch Einlagerung von Fremdatomen besprochen. Auf dieser „Dotierung" beruht letztlich der Einsatz von Halbleitern in der modernen Elektronik.

3.1 Eigenschaften und Arten von Halbleitern

Nach dem Bändermodell sind Halbleiter Festkörper mit einem Abstand zwischen Valenz- und Leitungsband von höchstens 3 eV. Das Fermi-Niveau liegt in der verbotenen Zone zwischen beiden Bändern. Der spezifische Widerstand von Halbleitern liegt zwischen 10^{-2} und 10^{11} Ωcm. Die Leitfähigkeit ist stark temperaturabhängig, sie ist bei tiefen Temperaturen verschwindend gering und nimmt exponentiell mit wachsender Temperatur zu. Allerdings können bei gezielt oder ungewollt verunreinigten Halbleitern Bereiche mit abnehmender Leitfähigkeit auftreten.

Nach einer anderen Definition werden auch diejenigen Stoffe zu den Halbleitern gerechnet, die durch Dotierung, d. h. den Einbau von Fremdatomen (im Gegensatz zu metallischen Leitern, deren Leitfähigkeit mit der Fremdatomkonzentration sinkt) oder durch äußere Einflüsse, z. B. Bestrahlung, eine entsprechende Leitfähigkeit erhalten. In diesem Sinne kann beispielsweise der Diamant mit nur $\sigma = 10^{-16}$ S/cm als Halbleiter angesehen werden.

Die Halbleiter können, in Abhängigkeit von der Art der beweglichen Ladungsträger, in Elektronen-, gemischte und Ionen-Halbleiter eingeteilt werden (Bild 3.1). Zudem unterscheidet man zwischen einkristallinen, polykristallinen und amorphen Halbleitern.

Für technische Anwendungen werden überwiegend einkristalline, elektronisch leitende Halbleiterwerkstoffe eingesetzt. Bei diesen Werkstoffen wird die elektrische Leitfähigkeit meist durch unvermeidbare oder gezielt eingebrachte Störungen des idealen Gitteraufbaues (Fremdatome als Verunreinigung oder Dotierung, Gitterbaufehler) bestimmt.

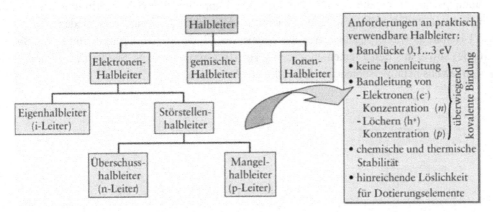

Bild 3.1 Einteilung der Halbleiter [Hahn1983]

Halbleiter, die nur aus einem Element bestehen, bezeichnet man als Elementhalbleiter. Die technisch wichtigsten, Silizium und Germanium, befinden sich in der IV. Gruppe des Periodensystems. Sie kristallisieren im Diamantgitter (Bild 1.18), die Atome gehen eine rein kovalente Bindung ein (Tabelle 1.6). Die vier Außenelektronen dieser Elemente bilden jeweils eine Brücke zu den vier nächsten Nachbaratomen (Bild 3.5). Weitere elementare Halbleiter sind Selen, Bor, Tellur und Kohlenstoff; letzterer kommt in zwei Modifikationen als Graphit oder Diamant vor. Während Diamant bei Raumtemperatur ein idealer Isolator ist, wird Graphit aufgrund seiner mechanischen und elektrischen Eigenschaften – er ist weich und besitzt eine relativ hohe elektrische Leitfähigkeit – als Gleitkontakt in Motoren eingesetzt. Bei Phosphor, Arsen und Zinn existieren halbleitende Modifikationen, die jedoch ohne technische Bedeutung sind.

Element-HL	Verbindungs-HL			Mittlere Gesamt-elektronenzahl pro Baustein
IV - IV - Ver-bindungen	IV - IV - Ver-bindungen	III - V - Ver-bindungen	II - VI - Ver-bindungen	
C				6
	SiC			10
Si		AlP		14
	GeSi	AlAs, GaP	ZnS	23
Ge		AlSb, GaAs, InP	ZnSe, CdS	32
		GaSb, InAs	ZnTe, CdSe, HgS	41
Sn		InSb	CdTe, HgSe	50
			HgTe	66

Bild 3.2 Isoelektronisches Schema von Element- und Verbindungshalbleitern [Heywang1976]

Halbleiter, die aus verschiedenen Elementen bestehen, bezeichnet man als Verbindungshalbleiter. Neben halbleitenden Metalloxiden (Kap. 5.1 NTC) spielen in der Halbleitertechnik die III-
V-Verbindungen aus Elementen der III. und der V. Gruppe und die II-VI-Verbindungen aus
Elementen der II. und der VI. Gruppe eine wichtige Rolle. In Bild 3.2 sind verschiedene III-V-
und II-VI-Halbleiter wiedergegeben. Aus den Elementen Al, Ga, In (III. Gruppe) und P, As, Sb
(V. Gruppe) sowie aus den Elementen Zn, Cd, Hg (II. Gruppe) und S, Se, Te (VI. Gruppe)
lassen sich jeweils neun verschiedene Verbindungen herstellen.

Periode	Gruppe				
	2 (12)	13	14	15	16
2	Be	B	C	N	O
3	Mg	Al	Si	P	S
4	Ca (Zn)	Ga	Ge	As	Se
5	Sr (Cd)	In	Sn	Sb	Te

	$T = 0$ K	$T = 300$ K
Si	1,17	1,11
Ge	0,74	0,68
GaAs	1,52	1,38
InAs	0,36	0,35
InSb	0,23	0,18
CdS	2,58	2,42
CdTe	1,61	1,45
ZnO	3,44	3,20

Bild 3.3 Position im Periodensystem der Elemente [Hahn1983]

Bild 3.4 Bandabstand W_G / eV einiger Halbleiter [Arlt1989]

Da die Elemente der III. Gruppe drei Valenzelektronen, die Elemente der V. Gruppe fünf
Valenzelektronen besitzen, stehen bei den III-V-Verbindungen ebenso viele Elektronen wie bei
den elementaren Halbleitern Silizium und Germanium für die Bindung zur Verfügung. Die
vorstehend aufgeführten III-V-Verbindungen kristallisieren im Zinkblendegitter (Kap. 1.3.2),
welches in seinem Aufbau dem Diamantgitter entspricht, jedoch abwechselnd je ein Atom der
III. Gruppe und ein Atom der V. Gruppe enthält. Der Bindungstyp bei den III-V-Verbindungen
ist vorwiegend kovalent mit geringem ionischen Anteil, d. h. es bestehen wie bei Silizium und
Germanium Elektronenbrücken, deren Schwerpunkte jedoch etwas in Richtung auf die Atome
der V. Gruppe verschoben sind (Bild 1.19). Die elektronischen Eigenschaften sind denen von
Silizium und Germanium sehr ähnlich. Entsprechende Überlegungen lassen sich auch für die
II-VI-Verbindungen anstellen, jedoch ist der Anteil der ionischen Bindung in diesem Falle
stärker als bei den III-V-Verbindungen. Die II-VI-Verbindungen kristallisieren entweder im
Zinkblendegitter oder im Wurtzitgitter (hexagonal). Neben den aus zwei Elementen bestehen-
den binären Verbindungshalbleitern werden für spezielle Anwendungen wie Leuchtdioden und
Halbleiterlaser auch ternäre und quarternäre Zusammensetzungen verwendet. Bei diesen sitzen
auf den Gitterplätzen verschiedene Elemente der entsprechenden Gruppe (z. B. Gallium und
Aluminium oder Arsen und Phosphor).

3.2 Eigenhalbleiter

Bei einem vollkommen reinen, fehlerfreien Element- oder Verbindungshalbleiter-Einkristall sind am absoluten Nullpunkt der Temperatur ($T = 0$ K) alle Elektronen im gebundenen Zustand. Im Valenzband sind alle Energiezustände besetzt, im Leitungsband keiner. Dementsprechend ist keine elektronische Leitfähigkeit vorhanden. Bild 3.5 zeigt ein zweidimensionales Modell für die räumliche Anordnung der Valenzelektronen bei Silizium und das dazugehörige Bänderschema für $T = 0$ K.

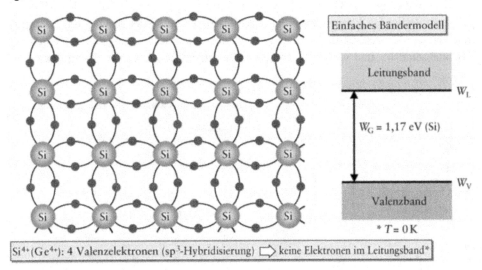

Bild 3.5 Zweidimensionale Darstellung von Si bei $T = 0$ K

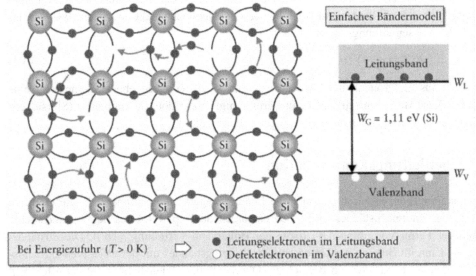

Bild 3.6 Zweidimensionale Darstellung von Si bei $T = 300$ K

Bei Energiezufuhr durch Wärme ($T > 0$ K) werden einige Elektronen aus den Bindungen befreit und tragen als bewegliche Ladungsträger zur elektrischen Leitfähigkeit bei, es tritt Eigenleitung auf. Die Beschreibung im Energieschema lautet: Elektronen gehen unter Aufnahme thermischer Energie vom oberen Rand des Valenzbandes zur Unterkante des Leitungsbandes über. Dadurch wird das Leitungsband teilweise besetzt. Das Valenzband ist nur noch unvollständig gefüllt; es entstehen Löcher (Defektelektronen), die sich wie positive Ladungsträger verhalten (Bild 3.6). Die elektrische Leitfähigkeit ergibt sich aufgrund der beweglichen Ladungsträger: Elektronen (e⁻, Konzentration n) und Löcher (h⁺, Konzentration p). Da zur Überwindung der Bandlücke zwischen Valenz- und Leitungsband eine Mindestenergie W_G erforderlich ist, können nur einige der Elektronen des Valenzbandes das Leitungsband erreichen. Die Konzentration der Leitungselektronen (und der Löcher) im Eigenhalbleiter ist vom Bandabstand W_G und von der mittleren thermischen Energie kT der Gitterschwingungen abhängig.

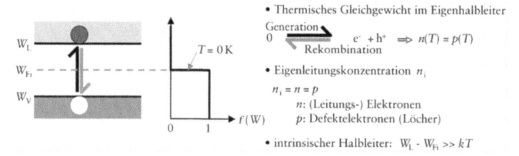

Bild 3.7 Eigenhalbleiter

Im thermodynamischen Gleichgewicht ist die Erzeugungsrate gleich der Rekombinationsrate, d. h. die Ladungsträgerkonzentration ist konstant. Der Prozess der Erzeugung und Rekombination von Elektron-Loch-Paaren entspricht einer Gleichgewichtsreaktion gemäß $0 \leftrightarrow e^- + h^+$, dabei gilt das Massenwirkungsgesetz:

$$n \cdot p = K(T) = n_i^2(T) \tag{3.1}$$

Das Produkt aus Elektronen- und Löcherkonzentration ist bei vorgegebener Temperatur eine Konstante. Diese Beziehung gilt auch für verunreinigte bzw. dotierte Halbleiter (Störstellenhalbleiter), nicht aber z. B. bei äußerer Anregung (Photovoltaik).

3.2.1 Eigenleitungskonzentration

Die Eigenleitungskonzentration (intrinsische Ladungsträgerkonzentration), d. h. die effektive Besetzung der Energiezustände, ergibt sich entsprechend Kap. 1.4.4 aus der Zustandsdichte $z(W)$ und der Fermi-Verteilung $f(W)$ (bzw. der Boltzmann-Verteilung $f_B(W)$). Die Zustandsdichte $z(W)$ kann im Bereich der Unterkante des Leitungsbandes mit der effektiven Zustandsdichte des Leitungsbandes N_L, im Bereich der Oberkante des Valenzbandes mit der effektiven Zustandsdichte des Valenzbandes N_V beschrieben werden. Für den Fall gleicher effektiver

Elektronen- und Löchermassen $m_n = m_p$ kann die mittlere effektive Zustandsdichte N_{eff} verwendet werden.

$$N_L = 2 \cdot \left(\frac{2\pi \cdot m_n \cdot kT}{h^2} \right)^{\frac{3}{2}} \tag{3.2}$$

$$N_V = 2 \cdot \left(\frac{2\pi \cdot m_p \cdot kT}{h^2} \right)^{\frac{3}{2}} \tag{3.3}$$

$$N_{eff} = \sqrt{N_L \cdot N_V} \tag{3.4}$$

Die Gleichungen haben folgende anschauliche Bedeutung: Unter der Voraussetzung $W_L - W_{Fi} \gg kT$ bzw. $W_{Fi} - W_V \gg kT$ darf man so rechnen, als wären die Bänder zu zwei diskreten, N_L- bzw. N_V-fach mit Elektronen bzw. Löchern besetzbaren Energieniveaus zusammengeschrumpft. Für deren Besetzung kann die Fermi-Verteilung $f(W)$ durch die einfachere Boltzmann-Verteilung $f_B(W)$ mit W_{Fi} als Bezugsenergie ersetzt werden.

$$f(W) = \frac{1}{1 + e^{\frac{W - W_{Fi}}{kT}}} \quad \rightarrow \quad f_B(W) = e^{-\frac{W - W_{Fi}}{kT}} \tag{3.5}$$

Beim Eigenhalbleiter ergibt sich für die Lage des intrinsischen Fermi-Niveaus $W_F = W_{Fi}$ (Bild 3.9):

$$W_{Fi} = W_V + \frac{1}{2} W_G + \frac{3}{4} kT \cdot \ln \frac{m_p}{m_n} \tag{3.6}$$

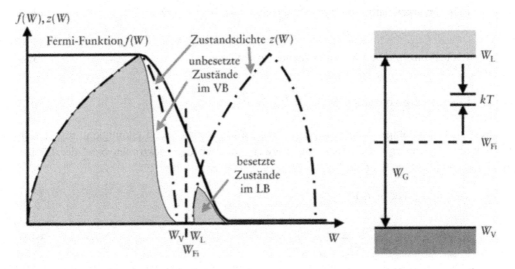

Bild 3.8 Fermi-Funktion $f(W)$, Fermi-Niveau W_{Fi}, Zustandsdichte $z(W)$ und Elektronenverteilung [Heime]

Mit $W_G = W_L - W_V$ für $m_n = m_p$ wird

$$W_{Fi} = W_V + \frac{1}{2}W_G \tag{3.7}$$

Das Fermi-Niveau des Eigenhalbleiters liegt genau in der Bandmitte, wenn $m_n = m_p$ bzw. $N_L = N_V$ ist.

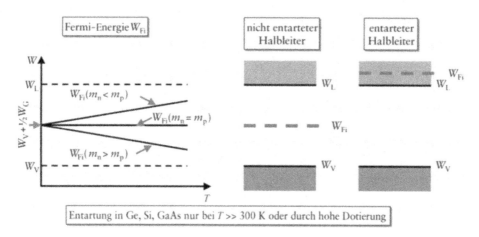

Bild 3.9 Temperaturabhängigkeit der Fermi-Energie W_{Fi} [Heime]

Ist der Abstand des Fermi-Niveaus von den Bandrändern groß gegen kT, können mit der Boltzmann-Verteilung $f_B(W)$ die Konzentrationen n, p und n_i angegeben werden:

Elektronenkonzentration im Leitungsband: $n = N_L \cdot e^{\frac{-(W_L - W_{Fi})}{kT}}$ $\qquad$ (3.8)

Löcherkonzentration im Valenzband: $p = N_V \cdot e^{\frac{-(W_{Fi} - W_V)}{kT}}$ $\qquad$ (3.9)

Eigenleitungskonzentration: $n_i = N_{eff} \cdot e^{\frac{-W_G}{2kT}}$ $\qquad$ (3.10)

Die elektrische Leitfähigkeit eines Eigenhalbleiters, die intrinsische Leitfähigkeit, ergibt sich als σ_i, wobei μ_n und μ_p die Ladungsträgerbeweglichkeiten der Elektronen bzw. der Löcher sind. Diese zeigen ebenfalls eine Abhängigkeit von der Temperatur.

$$\sigma_i = n_i \cdot e_0 \cdot (\mu_n + \mu_p) \tag{3.11}$$

Elektronen: $\mu_n = \frac{e_0 \cdot \tau_n}{m_n} \quad \Rightarrow \quad \mu_n \sim T^{-\beta_n}$ $\qquad$ (3.12)

Löcher: $\mu_p = \frac{e_0 \cdot \tau_p}{m_p} \quad \Rightarrow \quad \mu_p \sim T^{-\beta_p}$ $\qquad$ (3.13)

Tabelle 3.1 gibt einige Daten der Halbleiter Ge, Si und GaAs für Raumtemperatur wieder. Die Eigenleitungskonzentration n_i von Silizium ist bei Raumtemperatur um ca. drei Zehnerpotenzen geringer als die von Germanium. Von den III-V-Verbindungen hat Galliumarsenid eine wesentlich geringere, Indiumantimonid eine wesentlich höhere Eigenleitungskonzentration als Germanium und Silizium. Nach der Temperaturabhängigkeit der Eigenleitungskonzentration kann die Brauchbarkeit eines Halbleiterwerkstoffes bei höheren Betriebstemperaturen beurteilt werden. Bei Germanium liegt die Obergrenze der Betriebstemperatur bei 75 bis 100 °C; Siliziumbauelemente können bis ca. 200 °C und GaAs-Bauelemente ab ca. 200 bis ca. 400 °C betrieben werden. Für die Hochtemperatur-Elektronik kommen β-SiC (W_G = 2,2 eV, 400 bis 800 °C) oder Diamant (W_G = 5,5 eV, 800 bis 1200 °C) bzw. III-V-Halbleiter wie Bornitrid (BN) oder Aluminiumnitrid (AlN) in Betracht. Die relative Änderung der Eigenleitungskonzentration ist bei Halbleiterwerkstoffen mit kleinem Bandabstand am geringsten, bei solchen mit hohem Bandabstand am größten. Trägt man die Eigenleitungskonzentration logarithmisch über der reziproken absoluten Temperatur auf, so ergibt sich eine fallende Gerade, deren Neigung vom Bandabstand W_G abhängt (Bild 3.6). Die geringfügige Krümmung des Verlaufes ist auf die Temperaturabhängigkeit des Bandabstandes W_G und der effektiven Zustandsdichte N_{eff} zurückzuführen.

Tabelle 3.1 zeigt Daten der technisch wichtigsten Halbleiter Ge, Si und GaAs. Dabei bezeichnen m_n und m_p die (mittleren) effektiven Elektronen- bzw. Defektelektronen-(Löcher)-Massen. Die Ruhemasse des Elektrons ist m_e = 9,109·10^{-31} kg.

Halbleiter	Ge	Si	GaAs
Bandabstand W_G / eV	0,67	1,12	1,42
Permittivität ε_r	16,0	11,9	13,1
Effektive Zustandsdichte im Leitungsband N_L / cm^{-3}	1,04·10^{19}	2,8·10^{19}	4,7·10^{19}
Effektive Zustandsdichte im Valenzband N_V / cm^{-3}	6,0·10^{18}	1,04·10^{19}	7,0·10^{18}
Elektronenbeweglichkeit μ_n / (cm²/Vs)	3900	1500	8500
Löcherbeweglichkeit μ_p / (cm²/Vs)	1900	450	400
$b = \mu_n / \mu_p$	2,05	3,33	21,2
β_n	1,6	2,5	0,65
β_p	2,3	2,7	~ 2
Verhältnis eff. Elektronenmasse:Ruhemasse $m_n : m_e$	0,88	1,18	0,067
Verhältnis eff. Defektelektronenmasse:Ruhemasse $m_p : m_e$	0,29	0,81	0,52
n_i / cm^{-3}	2,4·10^{13}	1,45·10^{10}	~ 10^8
σ_i / (S/m)	2,23	4,53·10^{-4}	1,43·10^{-5}

Tabelle 3.1 Daten der wichtigsten Halbleiter bei T = 300 K [Arlt1989, Sze1981]

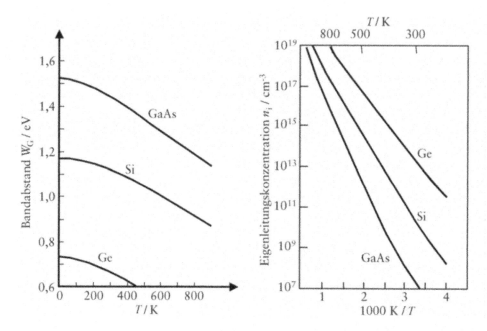

Bild 3.10 Temperaturabhängigkeit des Bandabstands W_G und der Eigenleitungskonzentration n_i [Sze1981]

Außer der thermischen Erzeugung von beweglichen Ladungsträgern (Elektronen und Löchern) können diese auch durch Einstrahlung von Licht erzeugt werden (Solarzelle). Im Falle der optischen Ladungsträgererzeugung muss die Energie der Lichtquanten den Bandabstand übersteigen. Lichtquanten mit $h \cdot \nu > W_G$ werden absorbiert, es entsteht ein Elektron-Loch-Paar. Bei geringerer Energie der Lichtquanten erfolgt keine Absorption, d. h. der Halbleiterwerkstoff ist für Strahlung der entsprechenden Wellenlänge durchlässig. Neben der Erzeugung von Elektron-Loch-Paaren (Generation) existiert stets auch der umgekehrte Prozess der Wiedervereinigung (Rekombination). Die bei der Rekombination freiwerdende Energie kann als thermische Energie an das Gitter abgegeben oder als Strahlung (Lumineszenz) emittiert werden.

3.2.2 Leitungsmechanismus in Eigenhalbleitern

Die durch ein angelegtes elektrisches Feld E induzierte Stromdichte j in einem Halbleiter setzt sich additiv aus einem Elektronen- und einem Löcheranteil zusammen. Die pro Zeiteinheit durch den Einheitsquerschnitt hindurch tretende Zahl der Elektronen ist $n \cdot \mu_n \cdot E$, die der Löcher $p \cdot \mu_p \cdot E$, damit ergeben sich die Elektronenstromdichte j_n und die Löcherstromdichte j_p:

$$j_n = e_0 \cdot n \cdot \mu_n \cdot E \tag{3.14}$$

$$j_p = e_0 \cdot p \cdot \mu_p \cdot E \tag{3.15}$$

Für die gesamte Feldstromdichte gilt:

$$j_{Feld} = j_n + j_p = e_0 \cdot (n \cdot \mu_n + p \cdot \mu_p) \cdot E \qquad (3.16)$$

Somit folgt für die Leitfähigkeit

$$\sigma = e_0 \cdot (n \cdot \mu_n + p \cdot \mu_p) \qquad (3.17)$$

und für den spezifischen Widerstand

$$\rho = 1/e_0 \cdot (n \cdot \mu_n + p \cdot \mu_p)^{-1} \qquad (3.18)$$

Im speziellen Fall des Eigenhalbleiters ($n = p = n_i$) ist die Leitfähigkeit:

$$\sigma_i = e_0 \cdot n_i \cdot (\mu_n + \mu_p) \qquad (3.19)$$

Daraus folgt für die relative Änderung der Eigenleitungskonzentration mit der Temperatur:

$$\frac{dn_i}{n_i} = \frac{W_G}{2kT} \cdot \frac{dT}{T} \qquad (3.20)$$

Der Temperaturkoeffizient der Leitfähigkeit ergibt sich zu

$$TK_{\sigma_i} = \frac{1}{\sigma_i} \cdot \frac{d\sigma_i}{dT} = \frac{1}{n_i} \cdot \frac{dn_i}{dT} = TK_{n_i} \qquad (3.21)$$

sofern die Temperaturabhängigkeit der Beweglichkeit vernachlässigt wird. Für einen Eigenhalbleiter mit $W_G = 0,75$ eV ergibt sich daraus bei Raumtemperatur ($T = 300$ K, $2kT = 0,05$ eV) ein Temperaturkoeffizient der Leitfähigkeit von $+ 5$ % / K. Unter den gleichen Voraussetzungen ergibt sich der Temperaturkoeffizient des spezifischen Widerstandes zu -5 % / K.

3.3 Störstellenhalbleiter

Reale Halbleiter weisen stets eine gewisse Anzahl an ein- und mehrdimensionalen Kristallfehlern auf. Selbst hochreine, einkristalline Halbleiter sind nicht frei von Verunreinigungen und Versetzungen. Derzeit realisierbare Reinheiten und minimale Versetzungsdichten von Si-Einkristallen liegen bei $10^{10}...10^{12}$ Fremdatomen/cm³ bzw. $10^3...10^4$ Versetzungen/cm². In den Versetzungen, in denen die Abstände der Gitteratome gestört sind, lagern sich bevorzugt Fremdatome (Verunreinigungen wie Dotierungen) an. Wesentlich höhere Reinheiten und kleinere Versetzungsdichten erzielt man nur durch die Herstellung von Epitaxie-Schichten. Bei diesem Verfahren werden gezielt dotierte Schichten eines Bauelementes aus der Gasphase oder aus der flüssigen Phase auf ein einkristallines Wafer-Substrat abgeschieden.

3.3.1 Dotierung

Bild 3.11 zeigt das zweidimensionale Modell eines Siliziumgitters. Neben dem reinen, intrinsischen Silizium (links) wurde ein Siliziumatom einmal durch ein Arsenatom (Mitte) bzw. durch ein Galliumatom (rechts) ersetzt. Das fünfte Außenelektron des Arsenatoms wird nicht zur Bindung benötigt und kann daher leicht abgelöst werden. Das freie Elektron trägt somit zur elektrischen Leitfähigkeit bei. Die fünfwertigen Fremdatome wirken in Germanium und Silizium als Elektronenspender (Donatoren), nach Abgabe eines Elektrons bleibt der Donator als (einfach positiv) geladenes, unbewegliches Ion zurück. Im Bänderschema macht sich der Einbau von Donatoren durch das Auftreten von Energietermen (Donatorniveaus) in dem sonst verbotenen Energiebereich bemerkbar. Die Donatorniveaus liegen dicht unterhalb des Leitungsbandes. Die zur Ablösung des überschüssigen Elektrons notwendige Energie ist wesentlich geringer als diejenige, die zum Aufbrechen einer Si-Si-Bindung erforderlich ist.

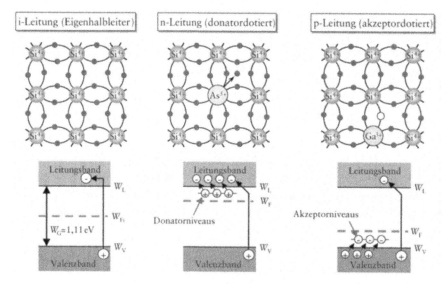

Bild 3.11 Gegenüberstellung von i-, n- und p-Leitung [Hahn1983]

Die unvollständige Bindung des dreiwertigen Galliumatoms wird durch ein Elektron aus einer benachbarten Elektronenbrücke aufgefüllt. Auf diese Weise entsteht ein Defektelektron (Loch), das wie die Elektronen zur Leitfähigkeit beiträgt. Die Energieterme der Akzeptoren (Akzeptorniveaus) liegen im Bänderschema dicht oberhalb des Valenzbandes.

Die Ionisierungsenergie von Donatoren und Akzeptoren ΔW_D bzw. ΔW_A kann vereinfacht nach dem Wasserstoffmodell berechnet werden. Dabei wird davon ausgegangen, dass das Elektron vom Atomrumpf abgelöst wird.

Für Donatoren ergibt sich die Ionisierungsenergie ΔW_D

$$\Delta W_D = \frac{m_n \cdot e_0^{\,4}}{2 \cdot (4\pi \cdot \varepsilon_r \cdot \varepsilon_0 \cdot \hbar)^2} \tag{3.22}$$

Diese beträgt z. B. in Silizium für Phosphor (P) 44 meV, für Antimon (Sb) 39 meV und für Arsen (As) 49 meV.

Für Akzeptoren gilt analog für die Ionisierungsenergie ΔW_A

$$\Delta W_A = \frac{m_p \cdot e_0^{\,4}}{2 \cdot (4\pi \cdot \varepsilon_r \cdot \varepsilon_0 \cdot \hbar)^2} \tag{3.23}$$

Diese beträgt in Silizium für Bor (B) 45 meV, für Aluminium (Al) 57 meV und für Gallium (Ga) 65 meV.

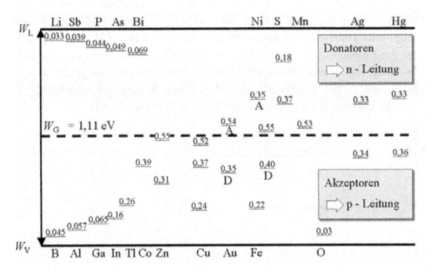

Bild 3.12 Energieniveaus von Dotierungselementen in Si (ΔW_D, ΔW_A in eV) [Heime]

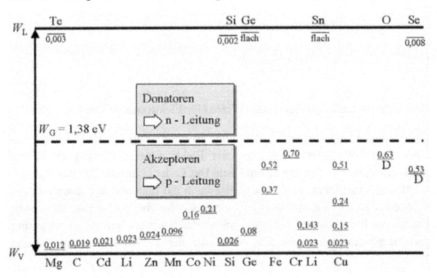

Bild 3.13 Energieniveaus von Dotierungselementen in GaAs (ΔW_D, ΔW_A in eV) [Heime]

In Bild 3.12 sind die Niveaus (flache und tiefe Störstellen) verschiedener Donatoren und Akzeptoren in Silizium angegeben. Bild 3.13 gibt die Energieniveaus verschiedener Störstellen in Galliumarsenid wieder. Bei den III-V-Halbleitern ist zu beachten, dass Elemente der IV. Hauptgruppe (Si, Ge) sowohl auf einem Gallium-Platz als Donator als auch auf einem Arsen-Platz als Akzeptor eingebaut werden können.

Durch flache Störstellen wird im Allgemeinen die Ladungsträgerkonzentration und damit die Leitfähigkeit des Halbleiterwerkstoffes erhöht. Flache Störstellen liegen bei Raumtemperatur größtenteils schon ionisiert vor.

Tiefe Störstellen mit Ionisierungsenergien in der Größe des halben Bandabstandes können bei unkontrolliertem Einbau störend sein. Sie können aber auch gezielt zum Einfangen freier Ladungsträger als Fang- oder Haftstellen (Traps) eingesetzt werden. Bei der Herstellung von GaAs-Einkristallen ist der Einbau unerwünschter, flacher Störstellen (z. B. Siliziumatome auf dem Platz eines Ga-Atoms als flacher Donator) unvermeidbar. Um den aufgrund dieser Störstellen entstehenden zusätzlichen Leitfähigkeitsanteil zu kompensieren, wird das Material mit tiefen Störstellen (z. B. Chrom), die als Haftstellen wirken, dotiert (Bild 3.14).

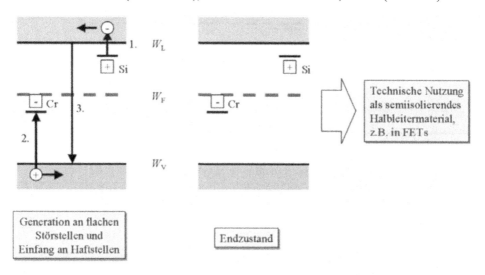

Bild 3.14 Tiefe Störstellen in GaAs als Haftstellen (Traps) für Elektronen [Heime]

Eine weitere gezielte Anwendung von tiefen Störstellen ist deren Nutzung als Rekombinationszentren. Ein aus dem Leitungsband eingefangenes Elektron geht unverzüglich in das Valenzband über und rekombiniert dort mit einem Loch. Der Ladungszustand des Rekombinationszentrums ändert sich dabei nicht. Auf diese Weise kann die Ladungsträgerkonzentration sehr schnell verringert werden. Rekombinationszentren werden beispielsweise in schnell schaltenden pn-Dioden zur Erhöhung der Rekombinationsrate, d. h. zur schnellen Verringerung der Ladungsträgerkonzentration beim Übergang vom leitenden in den sperrenden Zustand genutzt (Bild 3.15).

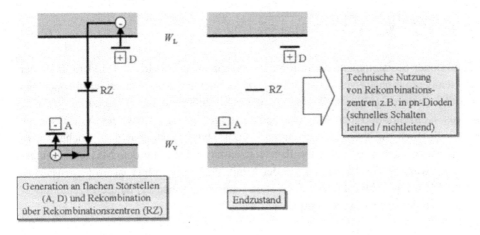

Bild 3.15 Rekombinationszentren [Heime]

3.3.2 Ladungsträgerkonzentration

In Bild 3.16 sind die Zustandsdichten z_L und z_V (des Leitungs- bzw. Valenzbands), der Verlauf der Fermi-Funktion und die daraus resultierenden Ladungsträgerkonzentrationen n und p (besetzte Zustände) für einen Eigenhalbleiter sowie einen n- und einen p-dotierten gegenübergestellt. Das Fermi-Niveau W_F ist im Falle des n-Halbleiters in Richtung des Leitungsbandes, im Falle des p-Halbleiters in Richtung des Valenzbandes verschoben. Quantitativ ergibt sich für die Dichte der Elektronen im Leitungsband n bzw. der Löcher im Valenzband p:

$$n = \int_{W_L}^{\infty} f(W) \cdot z_L(W) \mathrm{d}W \tag{3.24}$$

$$p = \int_{-\infty}^{W_V} (1 - f(W)) \cdot z_V(W) \mathrm{d}W \tag{3.25}$$

Hierbei wurde zur Vereinfachung die Ausdehnung des Leitungsbandes bis $+\infty$ bzw. die des Valenzbandes bis $-\infty$ vorausgesetzt. Diese Näherung ist gerechtfertigt, da die Elektronen- bzw. Löcherkonzentration mit steigendem Abstand von der Bandkante zunächst zunimmt, doch dann stark abfällt.

Da der Kristall als Ganzes elektrisch neutral bleiben muss, gilt die Neutralitätsbedingung:

$$N_D{}^+ + p = N_A{}^- + n \tag{3.26}$$

mit der Konzentration der ionisierten Donatoren $N_D{}^+$ bzw. Akzeptoren $N_A{}^-$. Mit dem Massenwirkungsgesetz $n \cdot p = n_i{}^2$ ergeben sich daraus die Ladungsträgerdichten zu:

$$n = \frac{1}{2} \left[(N_D^+ - N_A^-) + \sqrt{(N_D^+ - N_A^-)^2 + 4n_i^2} \right] \tag{3.27}$$

$$p = \frac{1}{2}\left[(N_A^- - N_D^+) + \sqrt{(N_A^- - N_D^+)^2 + 4n_i^2} \right] \tag{3.28}$$

Bei genügend hoher Störstellenkonzentration bzw. entsprechend niedriger Temperatur ist der Beitrag der temperaturabhängigen Eigenleitung zu vernachlässigen, d. h. es ergibt sich bei Dotierung mit Donatoren ($N_A^- = 0$, $N_D^+ \gg n_i$) bzw. bei Dotierung mit Akzeptoren ($N_D^+ = 0$, $N_A^- \gg n_i$) als Konzentration der Majoritätsladungsträger $n = N_D^+$ bzw. $p = N_A^-$. Daneben existieren jeweils noch die thermisch erzeugten Minoritätsladungsträger, d. h. Löcher im n-Halbleiter und Elektronen im p-Halbleiter. Ihre Konzentration kann mit dem Massenwirkungsgesetz berechnet werden. Die Konzentration der Minoritätsladungsträger ist im Gegensatz zu derjenigen der Majoritätsladungsträger immer stark temperaturabhängig, da die Eigenleitungskonzentration n_i stark temperaturabhängig ist.

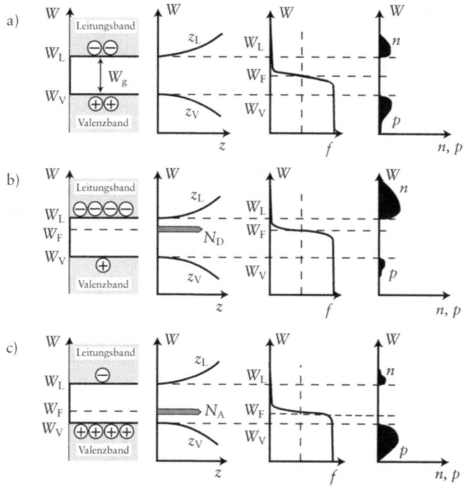

Bild 3.16 Bändermodelle, Zustandsdichten z im Valenz- und Leitungsband sowie Dichten der Dotierungsatome N_A und N_D, Fermi-Verteilung f, Ladungsträgerdichten n und p zusammengestellt für (a) Eigenhalbleiter, (b) n-dotierte Halbleiter und (c) p-dotierte Halbleiter [Sze1981]

Die Dichte der ionisierten Störstellen N_D^+ ergibt sich unter der Voraussetzung, dass nur ein Donatorniveau W_D der Konzentration N_D vorhanden ist und aufgrund der Eigenleitung der Anteil der Elektronen im Leitungsband vernachlässigt werden kann ($N_D^+ \gg n_i$), zu $N_D^+ = N_D \cdot (1 - f(W_D)) = n$. Daraus folgt nach Einsetzen der Fermi-Funktion $f(W)$:

$$n = N_D^+ = \frac{N_L}{2} \cdot e^{-\frac{\Delta W_D}{kT}} \cdot \left[\sqrt{1 + 4\frac{N_D}{N_L} \cdot e^{\frac{\Delta W_D}{kT}}} - 1 \right] \tag{3.29}$$

Dies lässt sich näherungsweise für die beiden folgenden Fälle auflösen:

$$1.) \quad 4\frac{N_D}{N_L} \cdot e^{\frac{\Delta W_D}{kT}} \ll 1 \quad \Rightarrow \quad n = N_D^+ = N_D \tag{3.30}$$

$$\text{(mit der Näherung } \sqrt{1+x} \approx 1 + \frac{x}{2} \text{ für } x \ll 1)$$

$$2.) \quad 4\frac{N_D}{N_L} \cdot e^{\frac{\Delta W_D}{kT}} \gg 1 \quad \Rightarrow \quad n = N_D^+ = \sqrt{N_D \cdot N_L} \cdot e^{-\frac{\Delta W_D}{2kT}} \tag{3.31}$$

Der 1. Fall tritt ein, wenn die Temperatur hoch ($kT \gg \Delta W_D$) und die Dichte der Störstellen klein gegen die effektive Zustandsdichte des Leitungsbandes ($N_D \ll N_L$) ist. In diesem Fall sind alle Störstellen ionisiert; der Temperaturbereich, für den diese Bedingungen erfüllt sind, heißt Störstellenerschöpfung.

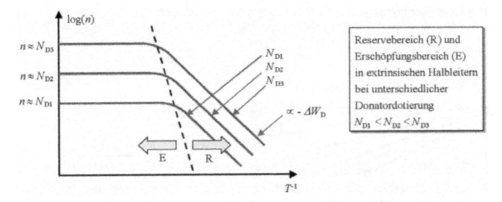

Bild 3.17 Erschöpfungs- und Reservebereich bei unterschiedlicher Dotierungskonzentration [Heime]

Der zweite Fall kann nur bei niedrigeren Temperaturen eintreten ($kT \ll \Delta W_D$), in diesem Temperaturbereich ist nur ein Teil der Störstellen ionisiert. Dieser Temperaturbereich wird als Bereich der Störstellenreserve bezeichnet. In Bild 3.17 ist die Ladungsträgerkonzentration im Übergangsbereich Störstellenerschöpfung-Störstellenreserve für unterschiedliche Donatorkonzentrationen dargestellt. Im Falle einer Akzeptordotierung berechnet sich die Konzentration der ionisierten Akzeptoren $p = N_A^-$ analog:

$$1.)\ \ 4\frac{N_A}{N_V}\cdot e^{\frac{\Delta W_A}{kT}} \ll 1 \quad \Rightarrow \quad p = N_A^- = N_A \tag{3.32}$$

$$2.)\ \ 4\frac{N_A}{N_V}\cdot e^{\frac{\Delta W_A}{kT}} \gg 1 \quad \Rightarrow \quad p = N_A^- = \sqrt{N_A \cdot N_V}\cdot e^{-\frac{\Delta W_A}{2kT}} \tag{3.33}$$

Die Ladungsträgerkonzentration im extrinsischen Halbleiter zeigt demzufolge unterschiedliche Temperaturabhängigkeiten in den Temperaturbereichen der Störstellenreserve, Störstellenerschöpfung und Eigenleitung. Für niedrige Temperaturen bzw. hohe Donator- oder Akzeptorkonzentrationen ist $n_i \ll N_D^+$ bzw. $n_i \ll N_A^-$ erfüllt, die Ladungsträgerkonzentration wird von der Anzahl der ionisierten Störstellen bestimmt, während bei höheren Temperaturen die Eigenleitungskonzentration n_i die Anzahl der Störstellen übersteigt, der Halbleiter befindet sich dann im Bereich der Eigenleitung. Tabelle 3.2 enthält die Übergangstemperaturen von Ge, Si und GaAs für den Übergang von der Störstellenerschöpfung in die Eigenleitung für unterschiedliche Dotierstoffkonzentrationen.

Halbleiter	N_D, N_A		
	10^{15} / cm³	10^{17} / cm³	10^{19} / cm³
Germanium	70 °C	130 °C	715 °C
Silizium	250 °C	510 °C	1100 °C
Galliumarsenid	450 °C	810 °C	-

Tabelle 3.2 Temperaturen T_{max}, für die $n_i \geq N_D$ bzw. N_A wird [Heime]

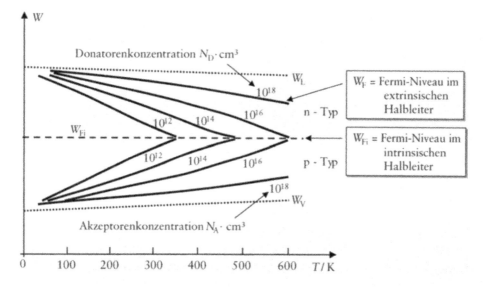

Bild 3.18 Temperaturabhängigkeit des Fermi-Niveaus W_F im extrinsischen Halbleiter Si für verschiedene Dotierstoffkonzentrationen [Heime]

Die Verschiebung des Fermi-Niveaus W_F in Richtung des Leitungsbandes bei Donatordotierung bzw. in Richtung des Valenzbandes bei Akzeptordotierung zeigt eine Abhängigkeit von der Störstellenkonzentration und der Temperatur.

Mit steigender Temperatur nähert sich die Fermi-Energie stets der Bandmitte (Einsetzen der Eigenleitung). Bild 3.18 zeigt die Temperaturabhängigkeit der Lage des Fermi-Niveaus für verschiedene Störstellenkonzentrationen. Die Lage des Fermi-Niveaus ist auch in Bezug auf die Ionisierung von Störstellen wichtig. Wenn das Fermi-Niveau wesentlich unterhalb der Donatorniveaus (bzw. oberhalb der Akzeptorniveaus) liegt, kann vollständige Ionisierung angenommen werden.

3.3.3 Temperaturabhängigkeit der elektrischen Leitfähigkeit

Die Temperaturabhängigkeit der elektrischen Leitfähigkeit von Halbleitern setzt sich aus der Temperaturabhängigkeit der Ladungsträgerkonzentrationen (n und p) und der Temperaturabhängigkeit der Beweglichkeiten (μ_n und μ_p) zusammen.

Im Bereich der Eigenleitung und der Störstellenreserve bestimmt die Temperaturabhängigkeit der Ladungsträgerkonzentration die der elektrischen Leitfähigkeit, der Temperaturkoeffizient der Leitfähigkeit ist in diesen Bereichen positiv.

In der Störstellenerschöpfung ist die Ladungsträgerkonzentration konstant, die Temperaturabhängigkeit der Leitfähigkeit wird nun von der Temperaturabhängigkeit der Beweglichkeit bestimmt.

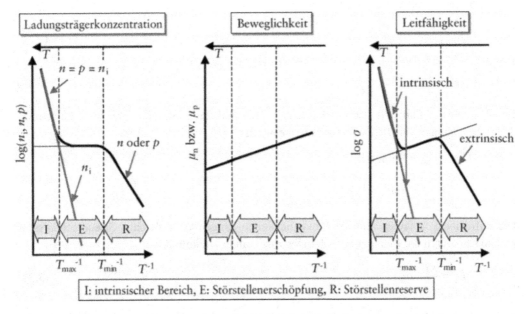

Bild 3.19 Temperaturabhängigkeit der Leitfähigkeit bei intrinsischen und extrinsischen Halbleitern

Für konventionelle Halbleiter (Si und GaAs) sind die Aktivierungsenergien ΔW_D, ΔW_A so klein gewählt, dass bei Raumtemperatur alle Störstellen aktiviert (erschöpft) sind. Der temperaturabhängige Teil der Störstellenleitung wird daher erst bei sehr niedrigen Temperaturen (≈ 10 K für Si, ≈ 1 K für GaAs) erreicht.

3.3.4 Diffusions- und Feldstrom

Wie im vorhergehenden Kapitel ausgeführt, lässt sich die Ladungsträgerkonzentration in Halbleitern durch verschiedene Maßnahmen (Dotierung, Temperaturänderung, Belichtung usw.) beeinflussen. Dementsprechend können im Halbleiter auch räumliche Konzentrationsunterschiede der Ladungsträger auftreten. Ein Konzentrationsgradient ($dn/dx \neq 0$) führt stets zu einem Ausgleichsstrom (Diffusionsstrom) in Richtung der Bereiche kleinerer Ladungsträgerkonzentration. Nach dem 1. Fickschen Gesetz (Kap. 1.4.2) ist die Teilchenstromdichte J_{Diff} des Diffusionsstromes proportional zum Konzentrationsgefälle der Teilchen.

$$J_{Diff,n} = -D_n \cdot \frac{dn}{dx} \tag{3.34}$$

$$J_{Diff,p} = -D_p \cdot \frac{dp}{dx} \tag{3.35}$$

Hierin sind D_n und D_p die Diffusionskonstanten für Elektronen und Löcher. Die elektrische Stromdichte erhält man durch Multiplikation mit der Ladung des Einzelteilchens ($-e_0$ für Elektronen, $+e_0$ für Löcher). Für die beiden mit den Diffusionsströmen verbundenen elektrischen Stromdichteanteile ergibt sich somit:

$$j_{Diff,n} = e_0 \cdot D_n \cdot \frac{dn}{dx} \tag{3.36}$$

$$j_{Diff,p} = -e_0 \cdot D_p \cdot \frac{dp}{dx} \tag{3.37}$$

Im allgemeinsten Fall sind also im Halbleiter vier Anteile zu berücksichtigen, zwei Feldstromdichteanteile und zwei Diffusionsstromdichteanteile:

$$j = j_{Feld} + j_{Diff} =$$
$$= (e_0 \cdot n \cdot \mu_n \cdot E + e_0 \cdot p \cdot \mu_p \cdot E) + \left(e_0 \cdot D_n \cdot \frac{dn}{dx} - e_0 \cdot D_p \cdot \frac{dp}{dx} \right) \tag{3.38}$$

Die Diffusionskonstanten und die Beweglichkeiten hängen vom gleichen Streumechanismus ab. Sie sind durch die Einstein-Beziehungen miteinander verknüpft.

$$D_n = \frac{kT}{e_0} \cdot \mu_n \tag{3.39}$$

$$D_p = \frac{kT}{e_0} \cdot \mu_p \tag{3.40}$$

Der Proportionalitätsfaktor kT/e_0 wird verständlich, wenn man bedenkt, dass die thermische Bewegung die Diffusion fördert.

3.3.5 Galvanomagnetische und thermoelektrische Effekte

In Halbleitern kann die Ladungsträgerbewegung verhältnismäßig stark durch verschiedene äußere Einwirkungen beeinflusst werden. Hieraus ergeben sich zahlreiche technische Anwendungsmöglichkeiten in der Mess- und Regelungstechnik.

Durch ein Magnetfeld wird auf bewegte Ladungsträger (z. B. Elektronen oder Löcher, die sich als Strom I bzw. Stromdichte j durch ein Magnetfeld bewegen) eine Kraft, die Lorentz-Kraft F_L, ausgeübt. Diese wirkt senkrecht zu den Vektoren der Geschwindigkeit und der magnetischen Induktion B (Bild 3.20):

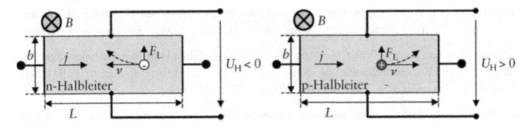

Bild 3.20 Ablenkung von Ladungsträgern im Magnetfeld im n- und p-Halbleiter

$$\text{n-Halbleiter:} \quad \vec{F}_L = -e_0 \cdot \vec{v} \times \vec{B} = \frac{1}{n} \cdot \vec{j} \times \vec{B} \qquad (3.41)$$

$$\text{p-Halbleiter:} \quad \vec{F}_L = +e_0 \cdot \vec{v} \times \vec{B} = \frac{1}{p} \cdot \vec{j} \times \vec{B} \qquad (3.42)$$

Wird ein stromdurchflossener Leiter in ein Magnetfeld gebracht, das senkrecht zur Stromrichtung steht, so wirkt auf ihn eine magnetische Kraft, die senkrecht zur Strom- und Magnetfeldrichtung orientiert ist. Diese Lorentz-Kraft tritt nur bei bewegten Ladungsträgern auf. Als Folge werden die Ladungsträger in Kraftrichtung verschoben, es entsteht eine unterschiedliche Ladungsträgerkonzentration senkrecht zur Stromrichtung („Hall-Effekt"). Die Lorentz-Kraft F_L wird durch eine elektrische Feldkraft kompensiert. Im Gleichgewicht tritt zwischen den seitlichen Begrenzungsflächen eine Hall-Spannung U_H auf. Führt man anstelle der Stromdichte die Stromstärke $I = j \cdot d \cdot b$ ein, so ergibt sich für U_H

$$F_H = \pm e_0 \cdot E_H = \pm e_0 \cdot \frac{U_H}{b} \qquad (3.43)$$

$$U_H = -\frac{1}{e_0 n} \cdot j \cdot b \cdot B = R_H \cdot j \cdot b \cdot B = R_H \cdot \frac{I}{d} \cdot B \quad \text{für n-Leiter}$$

$$U_{\mathrm{H}} = + \frac{1}{e_0 p} \cdot j \cdot b \cdot B = R_{\mathrm{H}} \cdot j \cdot b \cdot B = R_{\mathrm{H}} \cdot \frac{I}{d} \cdot B \quad \text{für p-Leiter} \tag{3.44}$$

Aus der Größe und dem Vorzeichen der Hall-Konstanten R_{H} kann auf die Art der Ladungsträger und deren Konzentration geschlossen werden.

$$\text{n-Halbleiter:} \quad R_{\mathrm{H}} = - \frac{1}{e_0 n} \tag{3.45}$$

$$\text{p-Halbleiter:} \quad R_{\mathrm{H}} = + \frac{1}{e_0 p} \tag{3.46}$$

Der Hall-Effekt kann bei bekanntem Magnetfeld zur Bestimmung des Leitungstyps und der Ladungsträgerkonzentration von Halbleitern herangezogen werden. Hall-Proben bekannter Ladungsträgerkonzentration dienen zur Messung von Magnetfeldern. Um eine hinreichende Hall-Spannung bei gleichzeitig niedrigem Innenwiderstand zu erhalten, müssen Halbleiterwerkstoffe mit hoher Ladungsträgerbeweglichkeit (z. B. GaAs, InAs, InSb) eingesetzt werden.

Bei einer kurzen, breiten Probe ($L \ll b$) macht sich die Ablenkung der Ladungsträger im Magnetfeld als Widerstandsänderung bemerkbar, da der Stromfluss in diesem Falle unter einem Winkel Θ_{H} gegen die Richtung des elektrischen Feldes erfolgt.

Da die auf ein Elektron wirkende Lorentz-Kraft $F_{\mathrm{L}} = -e_0 \cdot v \cdot B = e_0 \cdot \mu_{\mathrm{n}} \cdot E \cdot B$ und die elektrische Feldkraft $F_{\mathrm{E}} = -e_0 \cdot E$ aufeinander senkrecht stehen, resultiert für den Hall-Winkel Θ_{H} die Beziehung $\tan \Theta_{\mathrm{H}} = \mu_{\mathrm{n}} \cdot B$ (siehe Bild 3.21). Das Drehen des Stromdichtevektors bedeutet einerseits eine Vergrößerung der wirksamen Länge des Widerstandes um den Faktor $1/\cos \Theta_{\mathrm{H}}$ und andererseits auch eine Verringerung des wirksamen Proben-Querschnittes um den Faktor $\cos \Theta_{\mathrm{H}}$. Ist R_0 die Größe des Widerstandes ohne Magnetfeld, so gilt:

$$R(B) = \frac{R_0}{\cos^2 \Theta_{\mathrm{H}}} = R_0 (1 + \tan^2 \Theta_{\mathrm{H}}) = R_0 (1 + \mu_{\mathrm{n}}^2 \cdot B^2) \tag{3.47}$$

Es besteht eine quadratische Abhängigkeit des Widerstandes von der Feldstärke. Neben der vorstehend erläuterten geometrisch bedingten Widerstandsänderung kann auch eine physikalische Abhängigkeit des spezifischen Widerstandes vom Magnetfeld auftreten (mikroskopische Änderung der Elektronenbahnen).

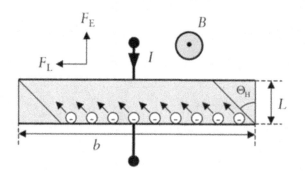

Bild 3.21 Änderung des Widerstandes im Magnetfeld

Außer der Beeinflussung von Ladungsträgern durch elektrische und magnetische Felder kann auch eine solche durch einen Temperaturgradienten erfolgen. Werden in einer Anordnung nach Bild 3.22 die obere Begrenzung auf der Temperatur T_2 und die unteren Begrenzungen auf der Temperatur T_1 gehalten ($T_2 > T_1$), so diffundieren im n-Halbleiter Elektronen, im p-Halbleiter Löcher vom jeweils wärmeren zum kälteren Ende. Es entsteht am n-leitenden Schenkel ein negatives, am p-leitenden Schenkel ein positives Potential (Seebeck-Effekt, siehe Kap. 2.3.6.2 Thermo- und Peltierelemente). Die bei vorgegebener Temperaturdifferenz erzielbare Spannung kann erheblich höher als bei metallischen Thermoelementen ausfallen. Wird die in Bild 3.22 eingezeichnete Ladungsträgerbewegung bei festgehaltener Temperatur T_1 durch eine angelegte Spannung (+ am n-HL, - am p-HL) erzwungen, so müssen an der (oberen) gemeinsamen metallischen Elektrode laufend Ladungsträger neu erzeugt werden. Dieser Prozess bewirkt eine Abkühlung, so dass T_2 kleiner als T_1 wird (Peltier-Effekt), vorausgesetzt, dass die Aufheizung der Anordnung infolge Stromdurchganges (Joulesche Wärme) vernachlässigbar ist. Bei Verwendung eines geeigneten Halbleitermaterials (z. B. Bi_2Te_3) kann der Peltier-Effekt zum Bau von Kühlelementen ausgenutzt werden.

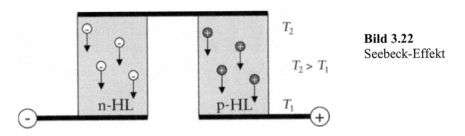

Bild 3.22
Seebeck-Effekt

3.4 Zusammenfassung

1. Halbleiter haben eine ähnliche Bandstruktur wie Isolatoren. Die Bandlücke ist jedoch kleiner als bei diesen, so dass thermisch aktivierte Elektronen das Leitungsband erreichen können. Man unterscheidet zwischen Element- (z. B. Silizium, Germanium aus der IV. Hauptgruppe) und Verbindungshalbleitern (z. B. Galliumarsenid aus der III. bzw. V. Hauptgruppe).

2. Eigenhalbleiter sind chemisch reine (undotierte) Element- oder Verbindungshalbleiter. Ihre intrinsische Ladungsträgerkonzentration bestimmt wesentlich die elektrische Leitfähigkeit und hängt von der effektiven Zustandsdichte, der Breite der Bandlücke und der Fermiverteilung ab, welche wiederum exponentiell von der Temperatur abhängt. Da in Eigenhalbleitern alle Ladungsträger thermisch generiert sind (Elektronen-Loch-Paare), ist die Elektronenkonzentration immer gleich der Löcherkonzentration. Elektronen und Löcher tragen damit im Verhältnis ihrer Beweglichkeiten zur Gesamt-Leitfähigkeit bei.

3. Störstellenhalbleiter sind mit Fremdstoffen dotierte Eigenhalbleiter. Durch die Dotierung entstehen in der Bandlücke Akzeptor- bzw. Donator-Niveaus. Die Energie zur Abgabe eines überschüssigen Elektrons aus dem Donator-Niveau in das Leitungsband (n-Leitung)

ist wesentlich kleiner als beim Eigenhalbleiter. Ebenso kann ein Akzeptor-Niveau leichter ein Elektron aus dem Valenzband aufnehmen, wodurch ein zusätzliches Loch entsteht (p-Leitung). Der Temperaturgang der Leitfähigkeit eines Störstellenhalbleiters zeigt drei Bereiche: in der Störstellenreserve werden mit steigender Temperatur mehr und mehr Ladungsträger aus den Akzeptor- (Löcher) bzw. Donator-Niveaus (Elektronen) abgegeben, die Leitfähigkeit steigt mit der Temperatur. In der Erschöpfung sind alle Störstellen ionisiert, die Leitfähigkeit sinkt, da die Beweglichkeiten mit steigender Temperatur abnehmen, bis die Eigenleitung des Halbleiters einsetzt und die Leitfähigkeit wieder ansteigt.

4. Wird ein stromdurchflossener Halbleiter einem Magnetfeld ausgesetzt, werden die Ladungsträger durch die Lorentz-Kraft abgelenkt und es bildet sich senkrecht zu Magnetfeld und Strom eine sogenannte Hall-Spannung aus. Aus der Messung der Hall-Spannung kann entschieden werden, ob ein p- oder ein n-Leiter vorliegt, und die Ladungsträgerkonzentration berechnet werden.

4 Dielektrische Werkstoffe

Bei der Untersuchung von elektrischen Feldern in Kondensatoren zeigt sich, dass diese Felder durch die Anwesenheit elektrischer Dipole beeinflusst werden und umgekehrt. So besitzen polare Moleküle permanente elektrische Dipolmomente, die sich unter dem Einfluss eines äußeren elektrischen Feldes so zu drehen versuchen, dass sie entgegengesetzt parallel zum Feld stehen. In nichtpolaren Molekülen und in Atomen werden durch das äußere elektrische Feld ebenfalls in entgegengesetzter Feldrichtung elektrische Dipolmomente induziert, d. h. die neuentstandene Ladungsverteilung wirkt wie ein Dipol. In beiden Fällen wird das äußere elektrische Feld durch die entgegengesetzt gerichteten Dipolmomente geschwächt.

Diese Polarisationseffekte werden in Dielektrika ausgenutzt. Ein Kondensator mit Dielektrikum besitzt eine höhere Kapazität als ein Kondensator ohne Dielektrikum, da die Feldschwächung im Material bei konstanter Ladung in einer niedrigeren Spannung über dem Kondensator resultiert. Anders ausgedrückt: die Dipole im Material binden Oberflächenladungen auf den Kondensatorplatten.

Kapitel 4 behandelt die verschiedenen Polarisationsmechanismen (Elektronen-, Ionen-, Orientierungs- und Raumladungspolarisation) sowie die Ferroelektrizität. Darüber hinaus werden die wichtigen Anwendungen – verschiedene Kondensatortypen, Piezoaktoren und Mikrowellendielektrika – angesprochen.

4.1 Feld- und Materialgleichungen

Stoffe mit sehr geringer elektrischer Leitfähigkeit (d. h. $\sigma < 10^{-10}$ S/cm) nennt man Dielektrika. Dazu gehören Gase, Flüssigkeiten und Festkörper. Die wichtigsten Stoffwerte für Dielektrika sind die Volumenleitfähigkeit σ, die Oberflächenleitfähigkeit σ_s, die Dielektrizitätszahl (relative Dielektrizitätskonstante) ε_r, der dielektrische Verlustfaktor tan δ und die Durchschlagfeldstärke E_D. Nach der Anwendung lassen sich zwei Gruppen dielektrischer Werkstoffe unterscheiden:

- Passive Dielektrika. Diese dienen dazu, stromführende Leiter voneinander und gegen die Umwelt zu isolieren
- Aktive Dielektrika. Hierbei werden Polarisationserscheinungen der Materie ausgenutzt:
  a) Dielektrika für Kondensatoren
  b) Ferroelektrische Werkstoffe mit remanenter Polarisation
  c) Piezoelektrische Werkstoffe zur Wandlung mechanischer Signale in elektrische und umgekehrt

Die in einem Kondensator gespeicherte Ladung Q ist der angelegten Spannung U proportional:

$$Q = CU \tag{4.1}$$

Die Proportionalitätskonstante C heißt Kapazität und ist ein Maß für das Speichervermögen eines Kondensators. Für einen Plattenkondensator ohne Dielektrikum gilt:

$$C = \varepsilon_0 \frac{A}{d} \tag{4.2}$$

(A = Plattenfläche, d = Plattenabstand). Die Influenzkonstante ε_0 (elektrische Feldkonstante) beträgt $\varepsilon_0 = 8{,}85 \cdot 10^{-14}$ As/(Vcm) $= 8{,}85 \cdot 10^{-12}$ As/(Vm).

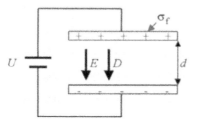

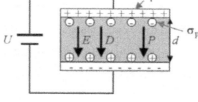

Bild 4.1 Plattenkondensator ohne Dielektrikum bei konstanter Spannung (σ_f sind die freien negativen und positiven Ladungen auf den Plattenoberflächen)

Bild 4.2 Plattenkondensator mit Dielektrikum bei konstanter Spannung (σ_p sind die gebundenen negativen und positiven Polarisationsladungen an der Außenseite des Dielektrikums)

Beim Einbringen eines Dielektrikums steigt (bei festgehaltener Spannung U) die Ladung auf den Platten. Es fließt ein Verschiebungsstrom. Die Verschiebungsdichte und die Kapazität werden um einen Faktor $\varepsilon_r > 1$ erhöht. Diese Zahl ist eine Stoffkonstante. Die lineare Beziehung zwischen der dielektrischen Verschiebungsdichte D und der elektrischen Feldstärke E im Werkstoff lautet:

$$D = \varepsilon_r \varepsilon_0 E \tag{4.3}$$

Dadurch ändert sich auch die Kapazität C um den Faktor ε_r:

$$C = \varepsilon_0 \varepsilon_r \frac{A}{d} \tag{4.4}$$

Die Dielektrizitätszahl ε_r ist dimensionslos und stets größer als eins (Ausnahme: Resonanz bei sehr hohen Frequenzen, Kap. 4.2.4). Die ursprüngliche Verschiebungsdichte $\varepsilon_0 E$ des Vakuums wird um die durch das dielektrische Medium hervorgerufene Polarisation P erhöht:

$$D = \varepsilon_0 E + P \tag{4.5}$$

Dabei ist normalerweise die Polarisation P proportional zur elektrischen Feldstärke (P und E in gleicher Richtung). Anstelle der Dielektrizitätszahl ε_r kann auch die elektrische Suszeptibilität $\chi_e = \varepsilon_r - 1$ verwendet werden. Es folgt die Beziehung

$$\varepsilon_{\mathrm{r}} = 1 + \chi_{\mathrm{e}} = 1 + \frac{1}{\varepsilon_0}\frac{P}{E} \tag{4.6}$$

wobei das Verhältnis P zu E die Polarisierbarkeit der Materie ausdrückt. Die benutzten Gleichungen sind gültig für elektrische, mechanische und thermische Polarisation.

4.2 Polarisationsmechanismen

Dielektrika werden unter dem Einfluss eines elektrischen Feldes polarisiert, d. h. es werden Dipole induziert oder es werden permanente Dipole ausgerichtet. Hierdurch wird z. B. eine zusätzliche Ladungsspeicherung auf den Platten eines Kondensators ermöglicht. Da die zusätzliche Ladung an die Existenz bzw. Ausrichtung der Dipole gebunden ist, kann sich die Zusatzladung nur bei gleichzeitiger Veränderung der Dipole ändern. Man unterscheidet somit zwischen „freier" und „gebundener" Ladung auf den Kondensatorplatten (siehe auch Bild 4.1 und Bild 4.2).

4.2.1 Grundtypen von Polarisationsmechanismen

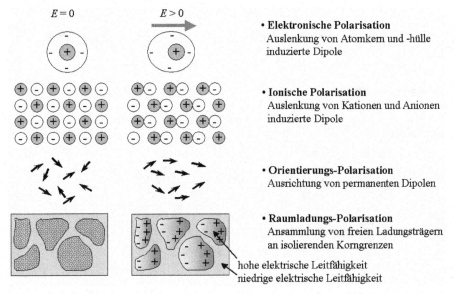

Bild 4.3 Grundtypen von Polarisationsmechanismen [Schaumburg1994]

Es sind vier wichtige Polarisationsmechanismen zu unterscheiden: Elektronische Polarisation, ionische Polarisation, Orientierungspolarisation und Raumladungspolarisation (Bild 4.3). Jeder dieser Polarisationsmechanismen liefert einen Beitrag zur elektrischen Suszeptibilität. Sofern in einem Stoff mehrere Polarisationsarten existieren, überlagern sich die Komponenten additiv, für die elektrische Suszeptibilität ist dann

$$\chi_e = \chi_{el} + \chi_{ion} + \chi_{or} + \chi_{RL} \tag{4.7}$$

Die Raumladungspolarisation ist nicht stoffspezifisch, sie kann in einem Bauelement genutzt werden, das eine elektrisch leitfähige Komponente in einer elektrisch isolierenden Matrix (Dielektrikum) enthält (siehe Kap. 4.2.1.4 und Typ-III-Kondensator, Kap. 4.3.2).

In Tabelle 4.1 sind die Dielektrizitätszahlen einiger fester Stoffe und die jeweils im Material wirksamen Polarisationsprozesse zusammengestellt. Dielektrizitätszahlen von $\varepsilon_r > 10^4$ werden mit ferroelektrischen Werkstoffen erreicht, diese Sonderfälle werden in Kap. 4.2.5 behandelt.

Werkstoff	Bestandteile	ε_r (1 bar, 20 °C)	χ_e
Diamant	C	5,6	χ_{el}
Silizium	Si	11,9	χ_{el}
Germanium	Ge	16,2	χ_{el}
Polystyrol, PE		2 ... 2,5	$\chi_{el} + \chi_{ion}$
PVC, Polyester		2,5 ... 6	$\chi_{el} + \chi_{ion} + \chi_{or}$
Technische Gläser	SiO_2 + Metalloxide	3,5 ... 12	$\chi_{el} + \chi_{ion}$
Elektroporzellan	SiO_2, Al_2O_3, MgO	4 ... 6,5	$\chi_{el} + \chi_{ion}$
Korund	Al_2O_3	8,5 ($\perp$) / 10,5 ($\parallel$)	$\chi_{el} + \chi_{ion} + \chi_{or}$
Rutil	TiO_2	90 ($\perp$) / 170 ($\parallel$)	$\chi_{el} + \chi_{ion} + \chi_{or}$

Tabelle 4.1 Dielektrizitätszahlen einiger fester Stoffe ($\parallel$, $\perp$ zur c-Achse des Kristallgitters) [Münch1987]

4.2.1.1 Elektronenpolarisation

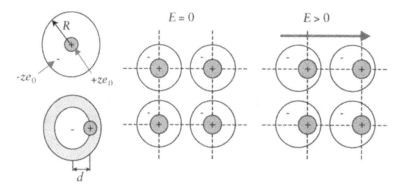

Bild 4.4 Elektronische Polarisation

Atome bestehen aus einem positiv geladenen Kern, der von einer negativ geladenen Elektronenwolke umgeben ist. Da der Radius der Elektronenwolke ungefähr 10^5 mal größer ist als der des Kerns, kann dieser näherungsweise als positive Punktladung betrachtet werden. Ist die Elektronenwolke kugelsymmetrisch, stimmen Schwerpunkt von positiver und negativer Ladung überein. Setzt man Atome (oder Moleküle) einem äußeren elektrischen Feld aus, findet eine Verschiebung bzw. Deformation der Elektronenhülle der Atome statt (Bild 4.4). Die elektronische Polarisation tritt in allen Stoffen (gasförmig, flüssig, fest) auf; sie ist der alleinige Polarisationsmechanismus bei allein kovalent gebundenen Substanzen (z. B. Diamant, Si, Ge). Infolge der geringen Masse der Elektronen ist die elektronische Polarisation auch noch bei sehr hohen Frequenzen, im Bereich der Lichtwellen ($\sim 10^{15}$ Hz), wirksam.

Die elektronische Polarisierbarkeit kann wie folgt abgeschätzt werden (Bild 4.4). Man nimmt vereinfachend einen ruhenden Atomkern mit der Ladung $+ z \cdot e_0$ und eine gleichmäßig über eine Kugel mit dem Radius R verteilte Elektronenladung $- z \cdot e_0$ an. Beim Anlegen eines elektrischen Feldes E resultiert eine Ladungsverschiebung um die Strecke d. Der auslenkenden Kraft $z \cdot e_0 \cdot E$ wirkt die Coulombsche Anziehungskraft zwischen Kern und Elektronenhülle entgegen. Im Gleichgewicht gilt:

$$z \cdot e_0 \cdot E - \frac{(z \cdot e_0)^2}{4\pi\varepsilon_0 d^2} \cdot \frac{d^3}{R^3} = 0 \qquad (4.8)$$

Mit dem Faktor d^3/R^3 wird die Tatsache berücksichtigt, dass der jenseits des Kerns befindliche Teil der Elektronenwolke (in Bild 4.4 links unten, dunkel gefärbt) keinen Beitrag zur Rückstellkraft liefert (Prinzip des Faradayschen Käfigs). Das induzierte Dipolmoment p (Ladung·Abstand der Schwerpunkte positiver und negativer Ladung) ist also

$$p = z \cdot e_0 \cdot d = 4\pi\varepsilon_0 R^3 E = \alpha_{\text{el}} \cdot E \qquad (4.9)$$

d. h. die Polarisierbarkeit des Einzelatoms $\alpha_{\text{el}} = 4\pi\varepsilon_0 R^3$ ist nur vom Atomradius R abhängig (Tab. 4.2).

	Gas (1 bar, 20 °C)	χ_{el} / 10^{-5}
Edelgase	Helium (He)	6,88
	Neon (Ne)	13
	Argon (Ar)	55
	Krypton (Kr)	77
	Xenon (Xe)	124

Tabelle 4.2
Suszeptibilität χ_{el} einiger Gase [Münch1987]

Bei Gasen errechnet sich die makroskopisch beobachtete Polarisation P durch Multiplikation mit der Konzentration n der Atome

$$P = np = n\alpha_{\text{el}}E \qquad (4.10)$$

Daraus folgt der elektronische Anteil der Suszeptibilität

$$\chi_{\text{el}} = \frac{P}{\varepsilon_0 E} = \frac{n\alpha_{\text{el}}}{\varepsilon_0} = 4\pi n R^3 \text{ bzw. } \chi_{\text{el}} = \sum_i 4\pi n_i R_i^3 \qquad (4.11)$$

bei Vorhandensein verschiedener Atome (Index i). Wie Tabelle 4.2 zeigt, steigt die Suszeptibilität χ_{el} für die Reihe der Edelgase mit zunehmendem Radius R von He bis Xe deutlich an.

4.2.1.2 Ionenpolarisation

Bei polaren Substanzen wird unter dem Einfluss eines elektrischen Feldes eine elastische Verschiebung der Ionen hervorgerufen (ionische Polarisation, Beispiel NaCl). Infolge der größeren Masse der Ionen und der geringeren Rückstellkraft ist die ionische Polarisation langsamer als die elektronische Polarisation, d. h. bei höheren Frequenzen verschwindet der ionische Anteil an der Dielektrizitätszahl. Zur Berechnung der ionischen Polarisation betrachtet man einen Ausschnitt aus einer linearen Kette von Ionen, die abwechselnd positiv und negativ geladen sind (Bild 4.5 links unten).

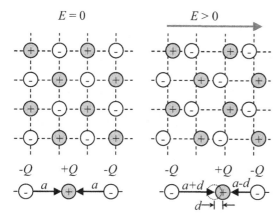

Bild 4.5 Ionenpolarisation

Das resultierende Dipolmoment bei Abwesenheit eines elektrischen Feldes ist:

$$\frac{Q}{2} \cdot a - \frac{Q}{2} \cdot a = 0 \tag{4.12}$$

Der Gleichgewichtsabstand der Ionen ist hierbei mit a bezeichnet. Da jedes Ion einen Teil zweier Dipole bildet, ist bei der Berechnung des Diplomomentes die Ladung $Q/2$ einzusetzen. Es wird nun angenommen, dass die positiven Ionen unter Einfluss eines elektrischen Feldes um die Strecke d nach rechts verschoben werden. Für die betrachteten Dipole ergibt sich dann das resultierende Dipolmoment

$$p = \frac{Q}{2}[a + d - (a - d)] = Qd \tag{4.13}$$

Für kleine Auslenkungen der Ionen aus der Ruhelage kann das Hookesche Gesetz angewandt werden, es gilt folglich

$$kd = QE \tag{4.14}$$

wobei k eine die Rückstellkraft charakterisierende Größe („Federkonstante") ist. Es folgt bei Auslenkung eines Ions als resultierendes Dipolmoment

$$p = \frac{Q^2}{k} \cdot E = \alpha_{ion} \cdot E \tag{4.15}$$

Lässt man die gegenseitige Beeinflussung der Dipole unberücksichtigt, ist der ionische Anteil der Suszeptibilität

$$\chi_{\mathrm{ion}} = \frac{nQ^2}{\varepsilon_0 \cdot k} \quad \text{bzw.} \quad \chi_{\mathrm{ion}} = \sum_i \frac{n_i Q_i^2}{\varepsilon_0 \cdot k_i} \qquad (4.16)$$

n ist dabei die Konzentration der betrachteten Ionenart. Tragen mehrere Ionenarten (Index i, mit unterschiedlichen Rückstellkräften k_i, Ladungen Q_i und Konzentrationen n_i) zur Polarisation bei, so gilt die zweite Gleichung. Die Zahlenwerte der Kraftkonstanten k sind von verschiedenen Faktoren (wie Kristallstruktur, Ionenabstand, Bindungsenergie etc.) abhängig. Folgende generelle Tendenzen lassen sich dabei angeben:

- Mit zunehmenden Ionenradien (und damit zunehmendem Ionenabstand) wird die Bindung zwischen den Ionen schwächer; damit steigt die Polarisierbarkeit (siehe Bild 4.6).
- Eine hohe Polarisierbarkeit ergibt sich beispielsweise dann, wenn sich ein (positives oder negatives) Ion derart im Kräftefeld positiver oder negativer Ionen befindet, dass sich die Kräftewirkungen der umgebenden Ionen nahezu aufheben.

Bei den Alkali-Halogeniden (Bild 4.6) weist LiF die geringste Polarisierbarkeit auf, während beim RbI eine besonders hohe Polarisierbarkeit zu finden ist. In dem Balkendiagramm sind auch die jeweiligen Anteile der ionischen und elektronischen Polarisierbarkeit angegeben. Nach Kap. 4.2.1.1 steigt die elektronische Polarisierbarkeit mit wachsendem Atom- bzw. Ionenradius an. In diesem Sinne ist auch ein besonders hoher prozentualer Anteil der elektronischen Polarisierbarkeit beim Rubidiumjodid (RbI) zu verstehen.

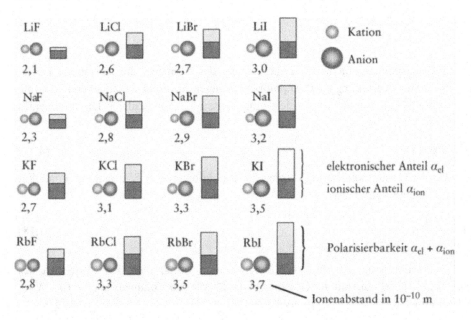

Bild 4.6 Polarisierbarkeit (Elektronen- und Ionenpolarisation) von Alkali-Halogeniden (Verbindungen der Hauptgruppenelemente I mit VII) [Münch1987]

4.2.1.3 Orientierungspolarisation

Moleküle (auch Dipole im Kristallgitter), bei denen positive und negative Ladungsschwerpunkte nicht zusammenfallen, besitzen ein permanentes elektrisches Dipolmoment (bekanntes Beispiel: H_2O-Molekül). Permanente Dipole, deren Orientierungen ohne elektrisches Feld statistisch verteilt sind, werden bei Anlegen eines Feldes mehr oder weniger vollständig ausgerichtet (Orientierungspolarisation). Die Temperaturbewegung der Dipole wirkt der Ausrichtung entgegen, d. h. der auf Orientierungspolarisation zurückzuführende Anteil der Dielektrizitätszahl ist temperaturabhängig.

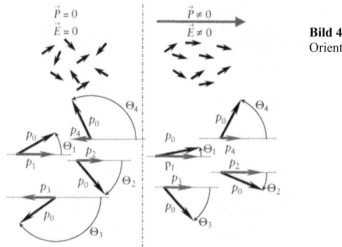

Bild 4.7
Orientierungspolarisation

Bei der Orientierungspolarisation wirkt als „rückstellendes Moment" die thermische Bewegung, die eine Gleichverteilung der Dipolorientierungen anstrebt. Maßgebend für die Polarisation ist die in Feldrichtung wirkende Komponente p des molekularen Dipolmomentes p_0:

$$p = p_0 \cos \Theta \tag{4.17}$$

Zur Berechnung der Gesamtpolarisation werden die Dipolmomente in Feldrichtung aufaddiert und durch das Volumen V dividiert:

$$P = \frac{1}{V} \sum_{i=1}^{n} p_i \tag{4.18}$$

Die Gesamtpolarisation kann ebenfalls berechnet werden, wenn man den Mittelwert des Dipolmomentes in Feldrichtung mit der Gesamtzahl der Dipole pro Volumeneinheit n ($n = N/V$; N = Anzahl der Dipole, V = Volumen) multipliziert:

$$P = n \overline{p} = n p_0 \overline{\cos \Theta} \tag{4.19}$$

Die Verteilung der Dipole über die verschiedenen Orientierungsmöglichkeiten im Raum ergibt sich aus der Energie

$$W = -p_0\, E \cos\Theta \tag{4.20}$$

des unter dem Winkel Θ gegen das Feld E geneigten Dipols (d. h. minimale Energie für $p_0 \uparrow\uparrow E$, maximale Energie für $p_0 \downarrow\uparrow E$) zu

$$f(W) \propto e^{-\frac{W}{kT}} \tag{4.21}$$

bzw.

$$f(\Theta) \propto e^{+\frac{p_0 \cdot E \cdot \cos\Theta}{kT}} \tag{4.22}$$

da die Energieverteilung atomarer Systeme einer Boltzmann-Verteilung entspricht. Die Mittelwertbildung ist über alle Raumwinkel $d\Omega = 2\pi \sin\Theta\, d\Theta$ (schraffierte Fläche der Einheitskugel (Bild 4.8)) durchzuführen.

$$\overline{\cos\Theta} = \frac{\displaystyle\int_0^\pi \cos\Theta \cdot f(\Theta) 2\pi \sin\Theta\, d\Theta}{\displaystyle\int_0^\pi f(\Theta) 2\pi \sin\Theta\, d\Theta} = \frac{\displaystyle\int_0^\pi \cos\Theta \cdot e^{(p_0 E/kT)\cos\Theta} \sin\Theta\, d\Theta}{\displaystyle\int_0^\pi e^{(p_0 E/kT)\cos\Theta} \sin\Theta\, d\Theta} \tag{4.23}$$

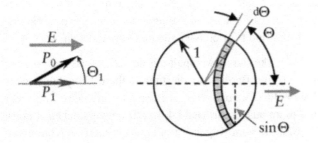

Bild 4.8
Orientierungspolarisation
[Arlt1989]

Durch die Variablensubstitution $\xi = \cos\Theta$, $d\xi = -\sin\Theta\, d\Theta$ vereinfacht sich die Gleichung zu

$$\overline{\cos\Theta} = \frac{\displaystyle\int_{-1}^{1} \xi e^{p_0 E/(kT)\xi}\, d\xi}{\displaystyle\int_{-1}^{1} e^{p_0 E/(kT)\xi}\, d\xi} = \coth\frac{p_0 E}{kT} - \frac{kT}{p_0 E} \tag{4.24}$$

Die Funktion

$$L(p_0 E/(kT)) = \coth\frac{p_0 E}{kT} - \frac{kT}{p_0 E} \tag{4.25}$$

wird als Langevin-Funktion bezeichnet. Für sehr große Werte von E und sehr kleine Werte von T nähert sich die Langevin-Funktion asymptotisch dem Sättigungswert 1, d. h. alle Dipole sind in Feldrichtung orientiert und die Polarisation erreicht ihr Maximum. Für sehr kleine Werte von E und große Werte von T wird die Langevin-Funktion null, d. h. die Dipole sind gleichmäßig in alle Raumrichtungen orientiert und die Polarisation verschwindet. Die Gesamtpolarisation ist nach (4.19) mit (4.24):

$$P = np_0\left[\coth\frac{p_0 E}{kT} - \frac{kT}{p_0 E}\right] \tag{4.26}$$

Bei Raumtemperatur ist stets $p_0 E/(kT) \ll 1$; die Langevin-Funktion darf durch eine Reihenentwicklung linearisiert werden. Die Orientierungspolarisation ist somit für technisch „sinnvolle" Werte von E und T:

$$P = \frac{np_0^2 E}{3kT} \tag{4.27}$$

Diese Beziehung ist die Langevin-Debye-Gleichung. Für die Suszeptibilität der Orientierungspolarisation folgt:

$$\chi_{\text{or}} = \frac{np_0^2}{3kT\varepsilon_0} \tag{4.28}$$

4.2.1.4 Lokale Feldstärke

Die lokale Feldstärke ist das elektrische Feld, das auf jeden einzelnen Baustein eines Kristallgitters wirkt und ihn polarisiert. Dieses Feld ist die Summe aus dem äußeren elektrischen Feld und dem Feld der ungebundenen (induzierten oder spontan vorhandenen) Dipole.

Lorentz hat gezeigt, dass die lokale Feldstärke durch Aufspaltung des Dielektrikums in zwei Teilbereiche berechnet werden kann. Der eine Bereich ist die unmittelbare Umgebung eines Dipols im Festkörper, in dem die lokale Feldstärke berechnet werden soll. In makroskopischer Näherung wird ein kugelförmiger Hohlraum ausgespart (Bild 4.9), mit einem solchen Radius, dass die außerhalb der Kugel liegende Materie vom Kugelzentrum aus gesehen als Kontinuum aufzufassen ist. Der zweite Bereich ist das restliche Dielektrikum.

Bei kubischen Kristallen herrscht im Hohlraum die lokale Feldstärke

$$E_{\text{lok}} = \frac{\varepsilon_{\text{r}} + 2}{3} E = E + \frac{P}{3\varepsilon_0} \tag{4.29}$$

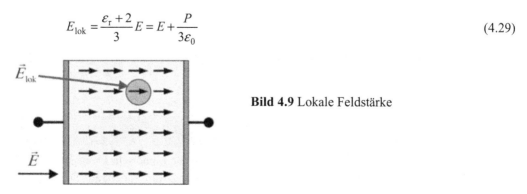

Bild 4.9 Lokale Feldstärke

Das lokale Feld ist somit größer als die makroskopische elektrische Feldstärke, der Unterschied ist proportional zur Polarisation P im Werkstoff.

Für die Polarisation P ergibt sich:

$$P = n\alpha E_{\text{lok}} \tag{4.30}$$

Für die Polarisierbarkeit erhält man bei

- Elektronenpolarisation: $\alpha_{\text{el}} = 4\pi\varepsilon_0 R^3$

- Ionenpolarisation: $\alpha_{\text{ion}} = \dfrac{Q^2}{k}$ (nach Gl. 4.15)

- Orientierungspolarisation: $\alpha_{\text{or}} = \dfrac{p_0^2}{3kT}$ (nach Gl. 4.27)

Eliminiert man aus (4.29) und (4.30) die lokale Feldstärke, so erhält man für die Polarisation

$$P = n\alpha \frac{E}{1 - n\alpha/(3\varepsilon_0)} \tag{4.31}$$

Vergleicht man diesen Ausdruck für die Polarisation mit $P = \varepsilon_0(\varepsilon_r-1)E$ (aus Gl. 4.3 und 4.5), so erhält man die Clausius-Mossotti-Beziehung

$$\frac{n\alpha}{3\varepsilon_0} = \frac{\varepsilon_r - 1}{\varepsilon_r + 2} \tag{4.32}$$

Aus der Clausius-Mossotti-Beziehung kann man entnehmen, dass die Dielektrizitätszahl eines Werkstoffs von der Polarisierbarkeit α und von der Anzahl der Bausteine je Volumen n abhängt (Sonderfall: Dielektrika mit sehr hohen Dielektrizitätszahlen, siehe Kap. 4.2.5 Ferroelektrizität).

4.2.1.5 Raumladungspolarisation

In Werkstoffen, bei denen leitfähige Bereiche (z. B. Körner eines polykristallinen Werkstoffs) durch isolierende Bereiche (z. B. Korngrenzen) räumlich voneinander getrennt sind, werden bei Feldeinwirkung die freien Ladungsträger so bewegt, dass sie sich auf den entsprechenden Seiten der leitfähigen Körner anstauen (Bild 4.3 unten). Die isolierenden Korngrenzen, die im Vergleich zu den Körnern eine wesentlich geringere Dicke aufweisen, bilden das eigentliche Dielektrikum. Die relative Dielektrizitätszahl ist, bezogen auf die Dicke der gesamten Keramik, außerordentlich hoch (bis ca. 10^5). Raumladungspolarisation ist keine Stoff-, sondern eine Gefügeeigenschaft eines Kondensator-Bauelements. Die Umladungen an den Korngrenzen zwischen leitfähigem Korn und nichtleitender (dielektrischer) Matrix fallen als Polarisationsmechanismus bereits im niederfrequenten Wechselfeld (10^{-2} bis 10^{-4} Hz) aus (Bild 4.13).

4.2.2 Temperaturabhängigkeit

Aus der Clausius-Mossotti-Gleichung (4.32) ist zu entnehmen, dass die Dielektrizitätszahl von der Polarisierbarkeit α und der Molekülzahl je Volumen n (Teilchendichte) abhängt. In die Temperaturabhängigkeit von ε_r werden daher sowohl der Temperaturgang der unterschiedlichen Polarisierbarkeiten als auch der temperaturbedingte Volumenausdehnungskoeffizient des Werkstoffs eingehen. Für die einzelnen Polarisationsmechanismen ergibt sich nach den besprochenen Modellvorstellungen ein weitgehend temperaturunabhängiges Verhalten von Elektronen- und Ionenpolarisation, der Wert von $TK_{\alpha,ion}$ liegt jedoch tatsächlich bei $+10^{-4}$ bis 10^{-3} K^{-1}. Für die Orientierungspolarisation ergibt sich dagegen ein ausgeprägter Temperaturgang mit T^{-1} (Tab. 4.3).

Logarithmieren und Differenzieren der Clausius-Mossotti-Beziehung führt auf

$$\frac{d}{dT}\left(\ln\frac{\varepsilon_r-1}{\varepsilon_r+2}\right)=\frac{d}{dT}\left(\ln\frac{n\alpha}{3\varepsilon_0}\right) \qquad (4.33)$$

Damit folgt für den Temperaturkoeffizienten TK_ε der Dielektrizitätszahl

$$TK_\varepsilon=\frac{1}{\varepsilon_r}\frac{d\varepsilon_r}{dT}=\frac{(\varepsilon_r-1)(\varepsilon_r+2)}{3\varepsilon_r}(TK_\alpha+TK_n). \qquad (4.34)$$

TK_n entspricht dabei der thermischen Ausdehnung des Werkstoffs und TK_α ist die Temperaturabhängigkeit der Polarisierbarkeit α.

Polarisations-mechanismus	Dipoltyp	Energie im Feld	Polarisierbarkeit α	Temperaturabhängigkeit
Elektronen-Polarisation	induziert	$-\frac{1}{2}\vec{p}\vec{E}$	$4\pi\varepsilon_0 R^3$	$TK_{\alpha_{el}}\cong 0$
Ionen-Polarisation	induziert	$-\frac{1}{2}\vec{p}\vec{E}$	$\dfrac{Q^2}{k}$	$TK_{\alpha_{ion}}\cong 10^{-4}\cdot K^{-1}$
Orientierungs-Polarisation	permanent	$-\vec{p}\vec{E}$	$\dfrac{p^2}{3kT}$	$TK_{\alpha_{or}}=-T^{-1}$

Tabelle 4.3 Übersicht der Polarisationsmechanismen [Arlt1989]

Die Teilchendichte n ist umgekehrt proportional zum Volumen V, daher ist $TK_n = -TK_V = -\alpha_V$, mit dem Volumenausdehnungskoeffizienten α_V. Viele dielektrische Werkstoffe besitzen einen Volumenausdehnungskoeffizienten α_V im Bereich von $1\cdot10^{-5}$ K^{-1} bis $6\cdot10^{-5}$ K^{-1}, daher ergibt sich für Werkstoffe mit reiner Elektronenpolarisation (unpolare Dielektrika) ein negativer Wert von TK_ε; für Stoffe mit starker Ionenpolarisation überwiegt der positive Beitrag der Polarisation, daher ergeben sich meist doch positive TK_ε.

Demnach kann für Werkstoffe, die sowohl Elektronen- als auch Ionenpolarisation zeigen, der TK_ε je nach Anteil der einzelnen Polarisationsmechanismen größer, gleich oder kleiner null sein. Diesen Effekt kann man zur Herstellung von Dielektrika mit nahezu temperaturunabhängigem Verlauf der Kapazität nutzen.

Kondensatorwerkstoffe mit starker Feldrückkopplung, durch die die Dielektrizitätszahl ε_r sehr groß wird, haben meist TK_ε mit negativem Vorzeichen.

Für den Temperaturkoeffizienten $TK_{\alpha_{or}}$ der Orientierungspolarisation α_{or} gilt:

$$\alpha_{or} = \frac{p^2}{3kT} \sim \frac{1}{T} \Rightarrow TK_{\alpha_{or}} = \frac{1}{\alpha_{or}} \cdot \frac{d\alpha_{or}}{dT} = -\frac{1}{T} \tag{4.35}$$

Für Werkstoffe mit Orientierungspolarisation sind daher große negative TK_ε zu erwarten.

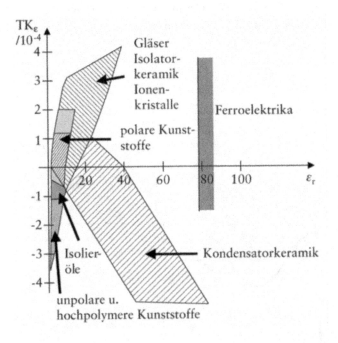

Bild 4.10
Dielektrizitätszahl ε_r und Temperaturkoeffizient TK_ε einiger Stoffe [Arlt1989]

4.2.3 Dielektrische Verluste

Von besonderer Bedeutung ist das Verhalten eines Kondensators im Wechselstromkreis.

Aus der Definition der Kapazität ($Q = CU$) und dem Zusammenhang zwischen Strom und zeitlicher Ladungsänderung ergibt sich der kapazitive Strom:

$$i_C = \frac{dQ}{dt} = C\frac{du}{dt} \tag{4.36}$$

Bei sinusförmigem Spannungsverlauf ($u = \hat{U} \sin \omega t$) resultiert ein ebenfalls sinusförmiger Strom

$$i_C = \omega C \hat{U} \cos \omega t \qquad (4.37)$$

welcher der Spannung um 90° ($\pi/2$) vorauseilt (Bild 4.11 idealer Kondensator). Der kapazitive Leitwert ist also ωC. Bringt man Materie in den Kondensator ein, so steigt die Kapazität (und damit der kapazitive Leitwert) um den Faktor ε_r. Da das reale Dielektrikum aufgrund seiner elektrischen (Rest-)Leitfähigkeit kein ideales Verhalten zeigt, fließt ein ohmscher Stromanteil, der in Phase mit der anliegenden Spannung ist. Dieser Stromanteil wird im Ersatzschaltbild (Bild 4.11 rechts) durch einen Leitwert G dargestellt und hat den Wert

$$i_R = G \hat{U} \sin \omega t \qquad (4.38)$$

Im Zeigerdiagramm (Bild 4.11 unten) setzt sich der Gesamtstrom i vektoriell aus dem kapazitiven Stromanteil i_C und dem Verluststromanteil i_R zusammen: $i = i_C + i_R$; der Effektivwert des Gesamtstromes ist:

$$i = \sqrt{i_C^2 + i_R^2} \qquad (4.39)$$

Als dielektrischen Verlustfaktor bezeichnet man den Wert

$$\tan \delta = \frac{i_R}{i_C} \qquad (4.40)$$

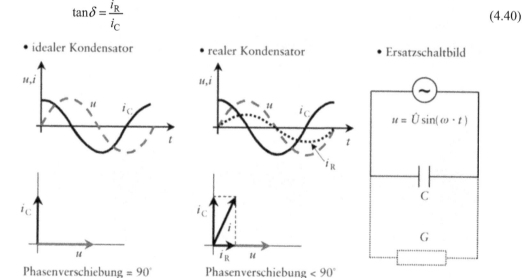

Bild 4.11 Dielektrische Verluste im Kondensator

Bei sehr niedrigen Frequenzen kann tan δ aus der Gleichstromleitfähigkeit errechnet werden:

$$\tan \delta = \frac{G}{\omega C} = \frac{\sigma}{\omega \varepsilon_r \varepsilon_0} \qquad (4.41)$$

Der durch Gleichstromleitfähigkeit bedingte Verlustwinkel wird i. a. bereits bei Frequenzen oberhalb von ca. 100 Hz bedeutungslos. Dafür treten bei höheren Frequenzen andere Verlustmechanismen in Erscheinung (frequenzabhängiges G). Man verwendet dann eine komplexe, frequenzabhängige Dielektrizitätszahl:

$$\varepsilon_r = \varepsilon_r' - j\varepsilon_r'' \tag{4.42}$$

Für den Verlustfaktor gilt in diesem Fall dann:

$$\tan\delta = \frac{\varepsilon_r''}{\varepsilon_r'} \tag{4.43}$$

Diese Verluste im Dielektrikum werden zum einen durch permanente Dipole bedingt, die ihre Ausrichtung dem Wechselfeld anpassen müssen. Gleichzeitig werden die induzierten Dipole im Wechselfeld verschoben. Beide Effekte erzeugen Reibungsverluste, die in Wärme umgesetzt werden.

4.2.4 Frequenzabhängigkeit der Polarisation

Für die Anwendung ist es wichtig, den Frequenzgang der Polarisation und damit die Frequenzabhängigkeit von ε_r und $\tan\delta$ möglichst gut zu kennen. Es gibt zwei Typen von Frequenzabhängigkeit: die Elektronen- und die Ionenpolarisation zeigen ein Resonanzverhalten, während Orientierungs- und Raumladungspolarisation ein Relaxationsverhalten haben.

4.2.4.1 Resonanz

Bei der elektronischen Polarisation kann die Elektronenhülle gegen den als ruhend angesehenen Kern schwingen. Die Bewegungsgleichung dafür lautet

$$z \cdot m_e \frac{d^2 x}{dt^2} + r \frac{dx}{dt} + k \cdot x = z \cdot e_0 \cdot E(t) \tag{4.44}$$

Hierin sind x die Auslenkung der Hülle gegen den Kern, $z \cdot m_e$ die Masse der Elektronenhülle, $z \cdot e_0$ die Ladung und r ein „Reibungsbeiwert", der die Energieverluste bei der Schwingung charakterisiert. Die Kraftkonstante k für die coulombsche Anziehung ist:

$$k = \frac{(ze_0)^2}{4\pi\varepsilon_0 R^3} \tag{4.45}$$

Für die Eigenkreisfrequenz des Systems ω_0 folgt $\omega_0^2 = k/(z \cdot m_e)$. Das Wasserstoffatom hat beispielsweise eine Resonanzkreisfrequenz von $\omega_0 = 5 \cdot 10^{16}\,\text{s}^{-1}$.

Wird das System durch ein harmonisches elektrisches Feld $E = \hat{E} \cdot \cos\omega t$ angeregt, kann aus der Bewegungsgleichung der Frequenzgang der Polarisation und damit die Suszeptibilität χ_{el} berechnet werden als

$$\chi_{el}'(\omega) = \frac{1}{\varepsilon_0}\frac{P'(\omega)}{\hat{E}} = \frac{\dfrac{nze_0^2}{\varepsilon_0 m_e}(\omega_0^2 - \omega^2)}{(\omega_0^2 - \omega^2)^2 + (\dfrac{r}{zm_e}\omega)^2} \tag{4.46}$$

$$\chi_{el}''(\omega) = \frac{1}{\varepsilon_0}\frac{P''(\omega)}{\hat{E}} = \frac{\dfrac{ne_0^2}{\varepsilon_0 m_e^2}\cdot r\omega}{(\omega_0^2 - \omega^2)^2 + (\dfrac{r}{zm_e}\omega)^2} \tag{4.47}$$

mit n als der Konzentration der Atome. Die Auslenkung hat in der Nähe von ω_0 ein Maximum (Resonanzstelle); für $\omega > \omega_0$ geht die Amplitude asymptotisch gegen null. Bild 4.12 links zeigt schematisch den Verlauf des Real- und Imaginärteils der Suszeptibilität der elektronischen Polarisation in Abhängigkeit von der Frequenz. Für $f \to 0$ ($\omega \to 0$) ergibt sich der statische Wert

$$\chi_{el}(0) = \frac{nze_0^2}{\varepsilon_0 m_e \omega_0^2} \tag{4.48}$$

Bei der Resonanzfrequenz f_0 weist der Realteil der Suszeptibilität einen Nulldurchgang auf. Für $\omega > \omega_0$ ergibt sich ein negativer Beitrag zum Realteil der Suszeptibilität, weil die Anregung (elektrisches Feld) und die Auslenkung (Polarisation) gegenphasig sind. Für $f \to \infty$ nähert sich die Suszeptibilität asymptotisch dem Wert Null. Der Imaginärteil von χ_{el} durchläuft bei $f = f_0$ ein Maximum, dem eine große Amplitude der Schwingungen der Elektronenwolke entspricht. Daher sind die Verluste bei dieser Frequenz sehr hoch.

Die Schwingungsgleichung kann mit entsprechenden Werten für die Masse, die Reibungskonstante und die Rückstellkraft auf die ionische Polarisation angewandt werden, so dass qualitativ ein Frequenzgang gemäß Bild 4.12 links mit niedrigerer Resonanzfrequenz resultiert.

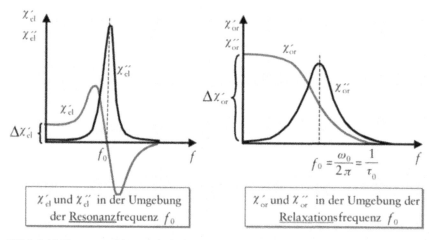

Bild 4.12 Frequenzabhängigkeit der Suszeptibilitäten, links Elektronenpolarisation, rechts Orientierungspolarisation [Schaumburg1994]

4.2.4.2 Relaxation

Bei der Orientierungs- und der Raumladungspolarisation können die beteiligten Ladungen im Gegensatz zur Elektronen- und Ionenpolarisation nicht mehr als schwingungsfähige Gebilde angesehen werden, da hier mechanische Umorientierungsprozesse auftreten (Platzwechselvorgänge, Diffusion). Man spricht in diesem Fall von Relaxationsprozessen, die mit charakteristischen Zeitkonstanten, den Relaxationszeiten τ_0, ablaufen.

Der zeitliche Verlauf der Orientierungspolarisation nach dem Ein- bzw. Ausschalten eines elektrischen Feldes kann empirisch beschrieben werden durch

$$p(t) = p_\infty \cdot (1 - e^{-\frac{t}{\tau_0}}) \tag{4.49}$$

bzw.:

$$p(t) = p_\infty \cdot e^{-\frac{t}{\tau_0}} \tag{4.50}$$

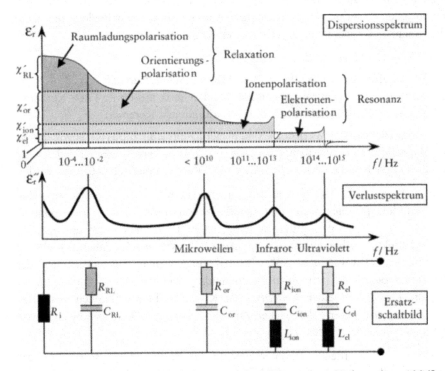

Bild 4.13 Frequenzabhängigkeit von χ_e und ε_r (Dispersion) [Schaumburg1994]

Dabei ist p_∞ der Endwert der Polarisation. Für die Frequenzabhängigkeit von Real- und Imaginärteil des Orientierungsanteils der komplexen Suszeptibilität folgt damit

$$\chi_{or}' = \frac{\Delta\chi_{or}'}{1 + (\omega\tau_0)^2} \tag{4.51}$$

$$\chi_{or}'' = \frac{\Delta\chi_{or}' \cdot \omega\tau_0}{1+(\omega\tau_0)^2} \qquad (4.52)$$

Der Abfall der Orientierungspolarisation erfolgt also bei der Kreisfrequenz ω_0 (Bild 4.12 rechts). Der Imaginärteil der Suszeptibilität und damit die dielektrischen Verluste haben somit bei ω_0 ein Maximum.

Den Frequenzgang der komplexen Dielektrizitätszahl ε_r, der sich aus der Überlagerung aller Polarisationsmechanismen ergibt, zeigt Bild 4.13. Während die Relaxationen einen asymptotischen Ausfallmechanismus haben, zeigen die Resonanzen ein charakteristisches Überschwingen bei den jeweiligen Resonanzfrequenzen.

4.2.5 Ferroelektrizität

Ferroelektrika sind gekennzeichnet durch eine sogenannte spontane Polarisation. Im Gegensatz zum normalen Dielektrikum ist bereits ohne polarisierendes Feld eine Polarisation vorhanden. Das zweite grundlegende Kriterium der Ferroelektrizität besteht in der Möglichkeit, durch ein äußeres Feld die Richtung der spontanen Polarisation im Kristall zu verändern.

Wichtige technische Anwendungen finden Ferroelektrika als

- dielektrische Werkstoffe (Kondensatoren, z. B. aus Bariumtitanat-Keramik)
- piezoelektrische Werkstoffe (elektromechanische Wandler, z. B. aus Pb(Zr,Ti)O$_3$-Keramik
- Halbleiter (Kaltleiter: PTC-Widerstände, z. B. aus Bariumtitanat-Keramik)

Unter der Vielzahl ferroelektrischer Werkstoffe sind bisher hauptsächlich BaTiO$_3$ sowie daraus abgeleitete Mischkristalle der Perowskit-Struktur (Kap. 1.3.2.4) zu herausragender technischer Bedeutung gelangt, so dass hier die Ferroelektrizität an BaTiO$_3$ exemplarisch behandelt wird.

Bei hohen Temperaturen hat BaTiO$_3$ – wie alle anderen Ferroelektrika – keine spontane Polarisation und ist dort paraelektrisch. Erst unterhalb von etwa 120 °C tritt spontane Polarisation auf, was mit einer geringfügigen tetragonalen Deformation der ursprünglich kubischen Perowskitstruktur verbunden ist. Die spontane Polarisation zeigt dabei in Richtung der c-Achse der tetragonalen Elementarzelle. BaTiO$_3$ zeigt weitere Diskontinuitäten der spontanen Polarisation bei 5 °C (tetragonal → monoklin) und bei -80 °C (monoklin → rhomboedrisch), die jeweils mit einer Änderung der Kristallstruktur verbunden sind. Das dielektrische Verhalten wird im ferroelektrischen Zustand anisotrop, d. h. es ist abhängig von der Richtung des polarisierenden Feldes.

Spitzenwerte von $\varepsilon_r = 10^4$ werden in der paraelektrischen Phase mit Annäherung an die ferroelektrische Umwandlungstemperatur erreicht, im ferroelektrischen Zustand zeigt BaTiO$_3$ je nach Temperatur und Lage der Feldrichtung zur spontanen Polarisation ε_r-Werte im Bereich von mehreren 10^2 bis 10^3.

Die extrem hohen Werte für ε_r, die um fast drei Zehnerpotenzen oberhalb üblicher Werte von Ionenkristallen wie z. B. TiO$_2$ liegen, geben BaTiO$_3$ als Kondensator-Werkstoff eine herausragende Bedeutung. Nachteile sind die starke Temperaturabhängigkeit von ε_r und ein relativ hoher Verlustfaktor $\tan\delta$ (Kap. 4.3.2).

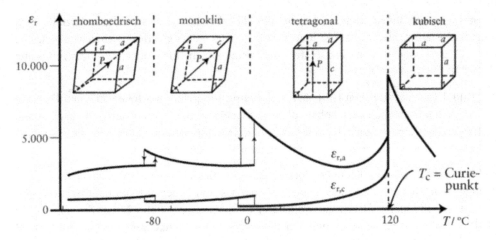

Bild 4.14 $\varepsilon_{r,a}$ (Feldrichtung senkrecht zur spontanen Polarisation), $\varepsilon_{r,c}$ (Feldrichtung parallel) für BaTiO$_3$-Einkristalle [Schaumburg1994]

4.2.5.1 Atomistische Betrachtung der Ferroelektrizität

Bariumtitanat kristallisiert im paraelektrischen Zustand in der kubischen Perowskitstruktur. Bild 4.15 links zeigt die streng kubische Elementarzelle, das Ti^{4+}-Ion im Zentrum ist von sechs O^{2-}-Ionen umgeben, die auf den Flächenmitten sitzen. Die Würfelecken sind von acht Ba^{2+}-Ionen besetzt. Die Ladungsmittelpunkte der positiven und negativen Ionen fallen in der Mitte der Elementarzelle zusammen, ein Dipolmoment ist nicht vorhanden. Die Gitterkonstante beträgt $a = 3{,}996 \cdot 10^{-10}$ m bei $T = 120$ °C. Beim Übergang in die ferroelektrische, tetragonale

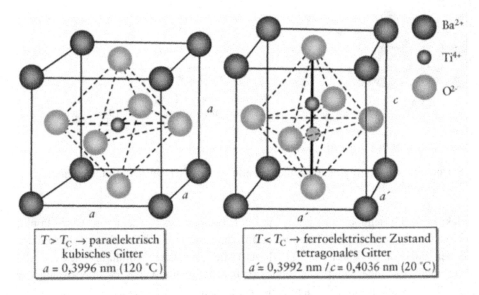

Bild 4.15 Paraelektrischer und ferroelektrischer Zustand in BaTiO$_3$

Phase springen die Ionen in neue Lagen, das Ti^{4+} besitzt in dieser Elementarzelle zwei Gleichgewichtslagen, hiervon ist die untere in Bild 4.15 rechts gestrichelt eingezeichnet. Die bei 20 °C gemessenen Gitterkonstanten der tetragonalen Elementarzelle betragen dann $a' = 3{,}992 \cdot 10^{-10}$ m und $c = 4{,}036 \cdot 10^{-10}$ m.

Wie in Bild 4.16 links zu sehen ist, haben sich die positiv geladenen Ionen Ti^{4+} und Ba^{2+} um 11 pm bzw. 6 pm nach oben verschoben, die negativ geladenen O^{2-}-Ionen um 3 pm nach unten. Die tetragonale Elementarzelle hat hierdurch ein Dipolmoment erhalten, da die Ladungs-schwerpunkte der Kationen und der Anionen nicht mehr zusammenfallen.

In Bild 4.16 rechts ist die potentielle Energie des Ti^{4+} für die beiden Gleichgewichtslagen in der tetragonalen Elementarzelle angegeben, das dazwischen liegende Maximum ist nicht sehr ausgeprägt. Bereits kleine elektrische Feldstärken können einen Platzwechsel des Ti^{4+} in die andere Potentialmulde verursachen und den elektrischen Dipol umkehren. Das elektrische Feld von wenigen zufälligerweise gleich orientierten Nachbardipolen reicht aus, um relativ große Kristallbereiche mit parallel orientierten Dipolen auszubilden, durch diese Kopplung entsteht die spontane Polarisation P_s.

- Ionenverschiebung im Gitter bei $T < T_C$ verursacht spontane Polarisation
- Strukturumwandlung bei $T_C \approx 120$ °C: Verzerrung des Perowskit-Gitters von kubisch $\rightarrow$ tetragonal

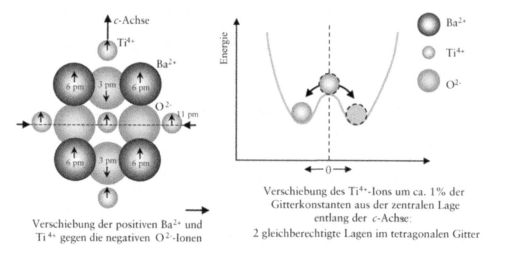

Bild 4.16 Ferroelektrische, tetragonale Elementarzelle von $BaTiO_3$ mit Dipolmomenten und spontaner Polarisation [Moulson1990]

Der ferroelektrische Phasenübergang erfolgt bei der Temperatur T_C (dem sog. Curie-Punkt, nicht zu verwechseln mit der Curie-Temperatur T_0) dann, wenn die Kraft des inneren Feldes (als Folge der Polarisation durch die Ti^{4+}-Ionen) die elastischen Bindungskräfte an die Mittellage erreicht bzw. überwiegt. Das hohe ε_r entsteht qualitativ aus der Lockerung der Bindung des Ti^{4+}-Ions an die zentrale Lage in der kubischen Elementarzelle.

Die Curie-Temperatur T_0 liegt für $BaTiO_3$ um ca. 10 K unterhalb der ferroelektrischen Umwandlungstemperatur T_C. Aus der Clausius-Mossotti-Gleichung (Kap. 4.2.1.4, Gl. 4.32)

$$\frac{n\alpha}{3\varepsilon_0} = \frac{\varepsilon_r - 1}{\varepsilon_r + 2} \Rightarrow \chi = \varepsilon_r - 1 = \frac{\frac{n\alpha}{\varepsilon_0}}{1 - \frac{n\alpha}{3\varepsilon_0}} \tag{4.53}$$

erhält man einen Ausdruck für die Temperaturabhängigkeit von ε_r in der paraelektrischen Phase, wenn man die schwache Temperaturabhängigkeit von n und α durch den folgenden linearen Ansatz berücksichtigt und in (4.53) einsetzt.

$$\frac{n\alpha}{3\varepsilon_0} = 1 - 3\frac{T - T_0}{C}; \quad 3\frac{T - T_0}{C} \ll 1 \tag{4.54}$$

C wird als Curie-Konstante bezeichnet. Wegen $\varepsilon_r \gg 1$ kann man $\varepsilon_r \cong \chi_e$ setzen und es folgt das Curie-Weiß-Gesetz

$$\varepsilon_r = \frac{C}{T - T_0} \quad \text{für} \quad T > T_C. \tag{4.55}$$

Für ε_r ergeben sich nahe T_C Werte von bis zu 10^4.

Der stark nichtlineare Zusammenhang zwischen ε_r und der Polarisierbarkeit α, der sich aus der Clausius-Mossotti-Beziehung ergibt, wird in Bild 4.17 links dargestellt.

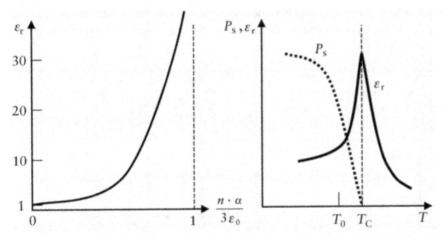

Bild 4.17 Nichtlinearer Zusammenhang zwischen ε_r und der Polarisierbarkeit α, spontane Polarisation P_s am Phasenübergang paraelektrisch → ferroelektrisch

Hohe ε_r-Werte entstehen vor allem bei Ionenkristallen, in denen bei sehr hohen Polarisierbarkeiten für den Fall, dass $n\alpha/3\varepsilon_0 \to 1$ strebt, der Wert von $\varepsilon_r \to \infty$ geht. In Ferroelektrika wird diese „Polarisationskatastrophe" durch die Ausbildung einer spontanen Polarisation am Phasenübergang paraelektrisch → ferroelektrisch vermieden (Bild 4.17 rechts).

4.2.5.2 Die ferroelektrische Domänenstruktur

Der Zusammenhang zwischen der Polarisation P und einem äußeren elektrischen Feld E wird in Ferroelektrika durch eine Hysteresekurve beschrieben (Bild 4.18).

Als remanente Polarisation P_R ist diejenige Polarisation definiert, die nach Aussteuerung mit sehr hoher Feldstärke nach Abschalten der Feldstärke verbleibt. Die Koerzitivfeldstärke E_C ist diejenige Feldstärke, die die remanente Polarisation zum Verschwinden bringt. E_C hat die Größenordnung 10^3 bis 10^4 V/cm.

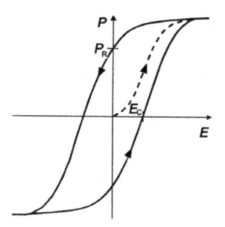

Bild 4.18 Ferroelektrische Hysterese

Im Unterschied zum ferromagnetischen Verhalten (Kap. 6.2.3) fehlt hier die Sättigung der Polarisation. Beim Ferroelektrikum steigt die Polarisation im linearen Ast der Hysterese nach erfolgter Orientierung der Dipole aufgrund der Verschiebungspolarisation weiter an. Die Ursache der Hysterese ist – analog zum Ferromagnetikum – die Ausbildung von ferroelektrischen Bezirken oder Domänen.

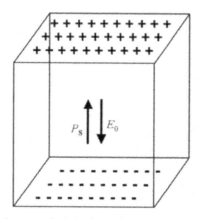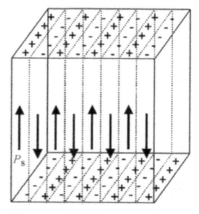

• Spontane Polarisation bei $T<T_c$ erzeugt Oberflächenladungen

• Bildung von 180°-Domänen, Minimierung der elektrostatischen Energie

Bild 4.19 Ferroelektrizität in $BaTiO_3$, spontane Polarisation und Domänenbildung bei $T < T_C$ [Moulson1990]

Der ferroelektrische Kristall (oder das Korn bei polykristallinen Werkstoffen) ist in Streifen unterteilt: Domänen unterschiedlicher Polarisationsrichtung (Bild 4.19). Die Grenzflächen zwischen zwei Bezirken entgegengesetzt gerichteter Polarisation P_s heißen 180°-Wände, Grenzflächen aufeinander senkrechter Polarisationsrichtung heißen 90°-Wände (Bild 4.20).

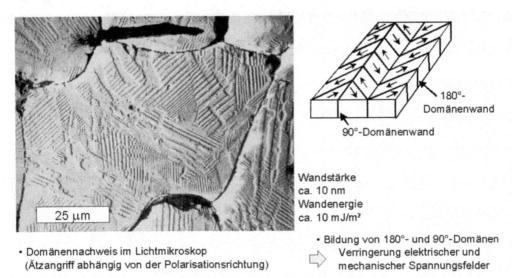

· Domänennachweis im Lichtmikroskop
  (Ätzangriff abhängig von der Polarisationsrichtung)

· Bildung von 180°- und 90°-Domänen
  Verringerung elektrischer und
  mechanischer Spannungsfelder

Bild 4.20 Ferroelektrizität in BaTiO₃, ferroelektrische Domänen in polykristallinem Material [Moulson1990]

Physikalische Ursache der Domänenstruktur ist ihre energetische Bevorzugung infolge des Gewinns an Depolarisationsenergie bei der Domänenbildung (vergleiche Bild 4.19 links und rechts); ein äußeres elektrisches Feld, parallel zu einer der Polarisationsrichtungen angelegt, vergrößert die in Richtung des äußeren Feldes polarisierten Domänen auf Kosten der entgegengesetzt polarisierten Domänen, bis nur noch ein einheitlich polarisierter Kristall übrig bleibt. Als Ursache der Hysterese sind hiermit irreversible Wandverschiebungsprozesse (analog zu Ferromagnetika) vorhanden, die aber auch Ursache des relativ hohen Verlustfaktors in ferroelektrischen Dielektrika sind.

4.2.6 Piezoelektrizität

4.2.6.1 Piezoelektrischer Effekt

Unter Piezoelektrizität und ihrem inversen Effekt versteht man die Erscheinung, dass sich in bestimmten dielektrischen Kristallen durch eine von außen angelegte mechanische Spannung eine elektrische Polarisation erzeugen lässt und umgekehrt (Bild 4.21).

Die Piezoelektrizität tritt in Ionenkristallen ohne Symmetriezentrum auf, nur dort entsteht durch Deformation eine elektrische Polarisation ohne Einwirken eines äußeren elektrischen Feldes.

Die Piezoelektrizität ist eng mit der Ferroelektrizität verwandt. Alle ferroelektrischen Kristalle sind auch piezoelektrisch, jedoch braucht ein piezoelektrischer Kristall nicht unbedingt ferroelektrisch zu sein.

- Bariumtitanat ist piezo- und ferroelektrisch.
- Quarz ist piezo-, aber nicht ferroelektrisch.

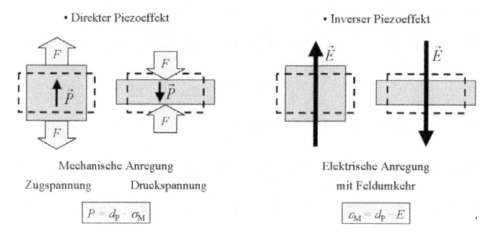

Bild 4.21 Direkter und indirekter (inverser) piezoelektrischer Effekt

Bild 4.22 zeigt zweidimensionale Gittermodelle mit und ohne Symmetriezentrum im unbelasteten Zustand (oben) und unter dem Einfluss einer Kraft (unten).

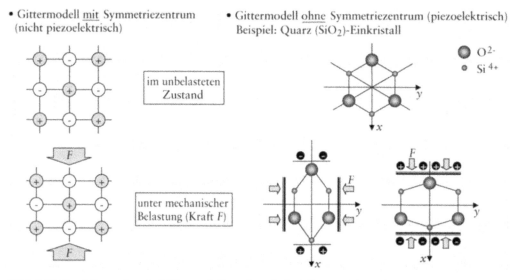

Bild 4.22 Zweidimensionale Gittermodelle mit und ohne Symmetriezentrum

Durch ein stark vereinfachtes Modell sei das Zustandekommen des Piezoeffektes auf Grund der Gittervorstellung veranschaulicht. In Bild 4.22 rechts sind die positiven und negativen

Ionen der Struktur (Beispiel: Quarz) schematisch dargestellt. Die Polarität der Achsen kommt dadurch zum Ausdruck, dass an den verschiedenen Enden einer Achse Ionen mit entgegengesetzten Vorzeichen sitzen.

Denkt man sich die Anordnung in Richtung einer polaren Achse zusammengedrückt (x-Achse), so tritt eine Ladungsverschiebung ein derart, dass auf der einen Seite ein Überschuss an positiver, auf der gegenüberliegenden Seite ein Überschuss an negativer Ladung auftritt. Übt man einen Druck senkrecht zur elektrischen Achse (y-Achse) aus, so bedingen die dabei entstehenden Ladungsverschiebungen wiederum das Auftreten von Ladungen auf den Flächen senkrecht zur polaren Achse. Man erkennt, dass dabei die Vorzeichen der Ladungen gegenüber dem ersten Fall (Zusammendrücken in Richtung der x-Achse) gerade vertauscht sind.

Auch der reziproke Piezoeffekt kann mit Hilfe des Modells veranschaulicht werden: Wird parallel zu einer polaren Achse ein elektrisches Feld angelegt, so müssen sich die Ladungen entsprechend der Richtung des Feldes verschieben, d. h. das Kristallgitter wird in Richtung der E-Achse gedehnt oder komprimiert. Wird das Feld umgepolt, so wird die Deformation je nachdem zur Kompression bzw. Dilatation. Senkrecht zur polaren Achse und senkrecht zur c-Achse treten die entsprechenden Deformationen auf.

4.2.6.2 Materialgleichungen

Piezoelektrische Werkstoffe zeigen eine Dehnung ε_M (oder auch eine Scherung) nicht allein durch eine mechanische Spannung σ_M, sondern auch durch ein elektrisches Feld E

$$\varepsilon_M = s^E \cdot \sigma_M + d_p \cdot E \qquad (4.56)$$

Analog erzeugt nicht allein ein elektrisches Feld E, sondern auch eine mechanische Spannung σ_M eine dielektrische Verschiebung D

$$D = d_p \cdot \sigma_M + \varepsilon^T \varepsilon_0 \cdot E \qquad (4.57)$$

d_p ist die piezoelektrische Ladungskonstante, s^E bezeichnet den Elastizitätskoeffizienten bei konstantem E. Wählt man anstelle von E die Größe D als unabhängige Variable, so lauten die piezoelektrischen Materialgleichungen:

$$\varepsilon_M = s^D \cdot \sigma_M + g_p \cdot D \qquad (4.58)$$

$$E = -g_p \cdot \sigma_M + \frac{D}{\varepsilon^T \varepsilon_0} \qquad (4.59)$$

s^D ist der Elastizitätskoeffizient bei konstantem D, ε^T ist die Dielektrizitätskonstante bei konstantem σ_M und g_p ist die piezoelektrische Spannungskonstante.

Die skalare Schreibweise der Gleichungen lässt zwar das physikalisch Wesentliche des piezoelektrischen Effekts erkennen, ist jedoch aufgrund des tensoriellen Charakters von d_p, g_p, ε^T und s^D für die Behandlung praktischer Aufgaben unzureichend.

Eine für viele Anwendungen wichtige Größe ist der piezoelektrische Kopplungskoeffizient k.

$$k^2 = \frac{d_p^2}{s^E \varepsilon_r \varepsilon_0} = \frac{g_p^2 \varepsilon_r \varepsilon_0}{s^E} = \frac{\text{in mechanische Energie umgewandelte elektrische Energie}}{\text{aufgenommene elektrische Energie}} \quad (4.60)$$

Es leuchtet unmittelbar ein, dass k möglichst groß (nahe 1) sein soll. Die wichtigsten piezoelektrischen Werkstoffe sind – neben Quarz-Einkristallen – vor allem polykristalline Ferroelektrika wie $BaTiO_3$ und $Pb(Zr,Ti)O_3$ (siehe Kap. 4.3.3).

Kristalle mit Symmetriezentrum und amorphe Stoffe zeigen zwar keinen piezoelektrischen Effekt, jedoch Elektrostriktion

$$\varepsilon_M = f_s \cdot E^2 \quad (4.61)$$

mit f_s als dem Elektrostriktionskoeffizienten. Im elektrischen Feld erfährt der Stoff eine zum Quadrat des elektrischen Feldes E proportionale Kontraktion ε_M.

4.2.6.3 Piezokeramik

Im Unterschied zu piezoelektrischen Einkristallen wie Quarz besteht Piezokeramik aus einer Vielzahl von kristallographisch zufällig orientierten Körnern. Voraussetzung für die Herstellung eines polykristallinen, piezoelektrischen Werkstoffs sind:

- Verwendung eines ferroelektrischen Werkstoffs (spontane Polarisation bei $T < T_C$)
- Polarisierbarkeit der statistisch verteilten Dipole durch ein äußeres elektrisches Feld

Die polare Achse in einer Piezokeramik wird durch die Ausrichtung der zuvor statistisch verteilten Dipole extern aufgeprägt (Polung). Bild 4.23 zeigt die Ausrichtung der statistisch verteilten Dipole durch ein äußeres elektrisches Feld E. Durch eine Krafteinwirkung F kann die Ausrichtung der Dipole teilweise oder vollständig zurückgeführt werden.

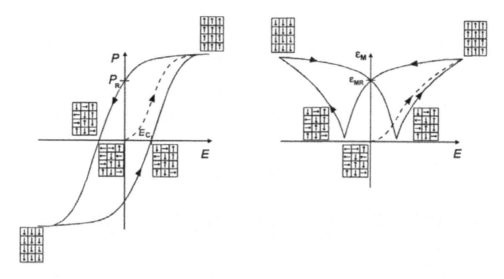

Bild 4.23
Dielektrische Hysterese $P(E)$ und mechanische Dehnung $\varepsilon_M(E)$ in ferroelektrischer Keramik

Ferroelektrische Keramik zeigt im elektrischen Wechselfeld eine Hysterese $P(E)$. Nach Einwirkung des elektrischen Feldes nimmt die Substanz nicht wieder den Ausgangszustand $P = 0$, sondern den Zustand der remanenten Polarisation P_R in Richtung des zuvor angelegten Feldes ein (Bild 4.23). Die Ursache liegt in der Dynamik der komplexen Domänenstruktur. Durch irreversible Domänenwandverschiebungen oder Polarisationssprünge wachsen günstig orientierte Domänen auf Kosten ungünstig orientierter (siehe Kap. 4.2.5). Im feldfreien Fall bleibt somit die piezoelektrische Eigenschaft erhalten. Eine sogenannte Schmetterlingskurve ist in Bild 4.23 rechts sehr vereinfacht dargestellt. Neben der dielektrischen Hysterese zeigen ferroelektrische Substanzen auch unter Einfluss eines mechanischen Wechselfeldes einen irreversiblen Verlauf $\varepsilon_M(E)$.

4.2.7 Pyroelektrische Werkstoffe

Eine weitere Eigenschaft bestimmter Kristallarten ist die Pyroelektrizität. Der Effekt wurde am Turmalin entdeckt und zeigt sich darin, dass durch gleichmäßige Erwärmung an den polaren Kristallenden elektrische Ladungen auftreten.

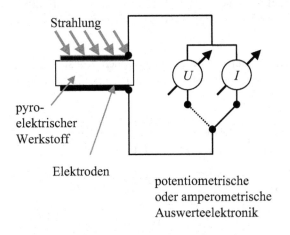

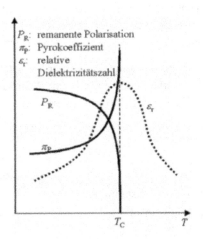

Bild 4.24 Schematische Darstellung eines pyroelektri-schen Empfängers

Bild 4.25 Spontane Polarisation, Pyrokoeffizient und Dielektrizi-tätszahl als Funktion der Temperatur

Die remanente Polarisation P_R des Materials ändert sich bei Erwärmung um ΔT. Die Konstante π_P wird als Pyrokoeffizient bezeichnet.

$$\pi_P = \frac{dP_R}{dT} \tag{4.62}$$

In **Bild 4.24** sind die wesentlichen Elemente eines pyroelektrischen Infrarotdetektors dargestellt. Eine pyroelektrische Scheibe mit Polarisationsrichtung senkrecht zur Scheibenebene ist an der Ober- und Unterseite mit Elektroden (Elektrodenfläche A, Kapazität der Anordnung C) versehen und u. U. auf der Vorderseite mit einer dünnen Infrarotabsorptions-schicht ausgestattet. Die Scheibe muss thermisch möglichst gut isoliert sein, was in der Praxis meist durch punktweise Aufhängung gewährleistet wird. Ebenso gewährleistet eine solche Aufhängung eine weitgehende mechanische Spannungsfreiheit des pyroelektrischen Körpers. Fällt nun auf die Scheibe eine zeitlich variable Wärmestrahlung, so führt dies zu einer zeitlich veränderlichen Temperatur. Diese verursacht eine entsprechende Änderung der Polarisation. Bei offenen Elektroden (potentiometrische Auswerteelektronik) ändert sich die Spannung aufgrund einer Temperaturänderung ΔT zwischen diesen um ΔU:

$$\Delta U = \pi_\mathrm{P} \cdot \frac{A \cdot \Delta T}{C} \tag{4.63}$$

Bei kurzgeschlossenen Elektroden fließt die Ladung ΔQ:

$$\Delta Q = \pi_\mathrm{P} \cdot A \cdot \Delta T \tag{4.64}$$

Bild 4.25 zeigt die spontane Polarisation, den Pyrokoeffizienten und die Dielektrizitätszahl als Funktion der Temperatur für einen ferroelektrischen Stoff. Für teure, hochempfindliche Systeme verwendet man ferroelektrische Triglycinsulfat (TGS)-Einkristalle, für robuste, preiswerte Empfänger gepolte Keramik auf $Pb(Zr,Ti)O_3$-Basis.

Tabelle 4.4 zeigt Werte der pyroelektrischen Koeffizienten, dielektrischen Konstanten und Verlustfaktoren (jeweils in Polarisationsrichtung gemessen) und der Curie-Temperaturen einiger pyroelektrischer Werkstoffe.

Material	Pyro-koeffizient π_P / $\mu Cm^{-2}K^{-1}$	Dielektrizi-tätszahl ε_r'	Verlust-faktor $\tan \delta$	Curie-Punkt T_C / °C
TGS, einkristallin 35 °C (Triglycinsulfat)	280	38	$1 \cdot 10^{-2}$	49
DTGS, einkristallin 40 °C (dotiertes Triglycinsulfat)	550	43	$2 \cdot 10^{-2}$	61
LiTaO$_3$, einkristallin	230	47	$\approx 10^{-4}$	665
(Sr,Ba)Nb$_2$O$_6$, einkristallin	550	400	$3{,}0 \cdot 10^{-3}$	121
PZT, modifiziert, polykristallin (Pb(Zr,Ti)O$_3$)	380	290	$2{,}7 \cdot 10^{-3}$	230
PVDF, Polymer (Polyvinylidenfluorid)	27	12	$\approx 10^{-2}$	≈ 80

Tabelle 4.4 Eigenschaften pyroelektrischer Werkstoffe [Moulson1990]

4.3 Anwendungen dielektrischer Werkstoffe

4.3.1 Isolatoren

Der Bereich der spezifischen Volumenleitfähigkeit dielektrischer Werkstoffe erstreckt sich von etwa $\sigma = 10^{-24}$ S/cm bis $\sigma = 10^{-10}$ S/cm. Aufgrund ihres hohen spezifischen Widerstandes können diese Werkstoffe als Isolatoren benutzt werden. Bild 4.26 zeigt eine Einteilung in passive und aktive Dielektrika.

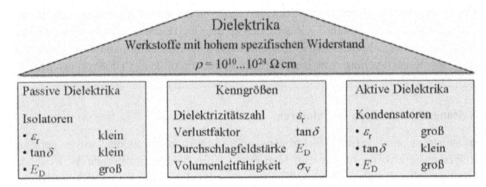

Bild 4.26 Einteilung in passive und aktive Dielektrika

4.3.1.1 Durchschlagfestigkeit

Beim Anlegen einer allmählich wachsenden Spannung an eine dielektrische Probe beobachtet man zunächst einen geringen Stromfluss, der weitgehend dem ohmschen Gesetz folgt. Der Strom wächst bei weiterer Erhöhung der Spannung allmählich überproportional an, bis zu einer kritischen Feldstärke E_D. Danach steigt der Strom plötzlich auf einen sehr hohen Wert, der nur durch die äußeren Widerstände der Messanordnung begrenzt ist.

Werkstoff	ε_r	E_D kV/mm	ρ Ωcm	$\tan\delta$
Luft	1,00059	3	$10^{16}...10^{17}$	
Glimmer	5 ... 8	10 ... 100		
Wasser	80			
Kunstharze	4 ... 10	8 ... 15	$10^{10}...10^{15}$	0,02 ... 0,5
Unpolare Kunststoffe (Polystyrol, PE)	2,0 ... 2,5	40	$> 10^{16}$	< 0,0005
Polare Kunststoffe (PVC, Polyester)	2,5 ... 6	15	$10^{12}...10^{16}$	0,001 ... 0,02
Technische Gläser	3,5 bis 12	10 ... 100	$10^{11}...10^{16}$	0,0005 ... 0,01
Silikatkeramiken (Porzellane)	4 ... 6,5	20 ... 40	$10^{11}...10^{12}$	0,001 ... 0,02
NDK-Kondensatorkeramiken	6 ... 200	10 ... 40	$10^{12}...10^{13}$	< 0,0006
HDK-Kondensatorkeramiken	200 ... 10^4	5	$> 10^{11}$	0,002 ... 0,02

Tabelle 4.5 Dielektrizitätszahlen, Durchschlagfestigkeiten und spezifische Widerstände (20 °C)

Die Feldstärke E_D ist ein Maß für die Durchschlagfestigkeit eines Isolators. Es ist im Allgemeinen nicht möglich, einen exakten Wert für die Durchschlagfestigkeit eines Materials anzugeben. Selbst bei Stoffen mit gleichem Herstellungsverfahren und bei gleicher Messanordnung können die Werte stark streuen. Inhomogenitäten und Verunreinigungen des Materials wirken sich stark aus. Dünne Schichten (Folien) weisen eine höhere Durchschlagfeldstärke als dicke Schichten auf. Daneben spielen äußere Einflüsse wie Feuchtigkeit, mechanische Spannungen, chemische Einwirkungen u. a. eine große Rolle. Die Durchschlagfeldstärke nimmt mit zunehmender Temperatur und steigender Frequenz ab. Tabelle 4.5 zeigt einige Richtwerte für Zimmertemperatur (Messfrequenz 50 Hz).

Für die Praxis ist auch das Verhalten an der Oberfläche, insbesondere in feuchter, elektrolythaltiger Atmosphäre von Bedeutung. Es dürfen sich an der Oberfläche keine leitenden Kanäle, z. B. durch Verkohlung, bilden („Kriechstromfestigkeit"). Für eine möglichst objektive Beurteilung und Klassifizierung von Isolatoren existieren besondere VDE-Prüfvorschriften (VDE 0303, DIN 53 480).

4.3.1.2 Leitungsmechanismen in Isolatoren

Für gute Isolatoren sind geringe Elektronen- und Löcherkonzentrationen sowie geringe Ladungsträgerbeweglichkeiten erwünscht. Man erhält einen hohen spezifischen Widerstand, indem man beispielsweise einen Werkstoff mit großem Bandabstand ($W_G > 3$ eV) wählt; die Beweglichkeit kann dabei von gleicher Größenordnung und gleichem Temperaturverhalten wie bei Metallen und Halbleitern sein; d. h. $\mu_n \sim T^{-a}$ (z. B. $a = 1{,}5$). Da der Anstieg der Ladungsträgerkonzentration mit der Temperatur viel stärker ausgeprägt ist als der Abfall der Beweglichkeit, resultiert ein negativer Temperaturkoeffizient des spezifischen Widerstandes (wie bei den meisten Eigenhalbleitern). Ferner kann die Beweglichkeit durch zeitweiligen Einfang von Ladungsträgern an „Haftstellen" erniedrigt werden. Die (scheinbare) Beweglichkeit nimmt mit steigender Temperatur exponentiell zu, so dass sich ebenfalls ein negativer Temperaturkoeffizient des spezifischen Widerstandes ergibt. Bei vielen Isolatorwerkstoffen muss neben der elektronischen Leitfähigkeit noch die Ionenleitfähigkeit berücksichtigt werden:

$$\sigma = e_0 \left(n\mu_n + p\mu_p \right) + e_0 \sum z_{ion} \, n_{ion} \, \mu_{ion} \tag{4.65}$$

(z_{ion} = Ionenladungszahl, n_{ion} = Ionenkonzentration, μ_{ion} = Ionenbeweglichkeit). Die Ionenbeweglichkeit nimmt mit steigender Temperatur zu (Abnahme der Zähigkeit des Werkstoffes). Tabelle 1.13 gibt eine vergleichende Übersicht über die Temperaturabhängigkeit der Ladungsträgerkonzentration und der Ladungsträgerbeweglichkeit.

Bei keramischen (polykristallinen) Isolatoren kann der Widerstand an den Korngrenzen wesentlich größer sein als im Volumeninnern, so dass bei niedrigen Frequenzen der Korngrenzwiderstand bestimmend ist. Durch kapazitive Überbrückung des Korngrenzenwiderstandes sinkt in diesem Fall der effektive Widerstand der Keramikprobe mit steigender Frequenz. In manchen Fällen weisen Korngrenzwiderstände eine starke Abhängigkeit von der angelegten Spannung oder von der Temperatur auf. Derartige Effekte können zur Herstellung von nichtlinearen und temperaturabhängigen Widerständen genutzt werden (Kap. 5).

4.3.1.3 Gase

Gase werden u. a. als Dielektrikum in Hochspannungskondensatoren, in Hochspannungskabeln und in Leistungsschaltern verwendet. Weitere Anwendungsgebiete sind die Lichttechnik (Glimmlampen, Leuchtröhren) und die Röhrentechnik (Hg-Dampf-Gleichrichter, Thyratron, Ignitron).

Die Leitfähigkeit von Gasen wird durch positive und negative Ionen und durch freie Elektronen bewirkt. In Luft beträgt die Ionenkonzentration bei Atmosphärendruck etwa 10^3 positive und 10^3 negative Ionen pro cm^3. Mit den Ionenbeweglichkeiten von 1,4 bzw. 1,8 cm^2/Vs ergibt sich eine Leitfähigkeit von etwa $5 \cdot 10^{-16}$ S/cm. Das ohmsche Gesetz wird nur bis zu einer Feldstärke von etwa 0,1 V/cm befolgt. Dann tritt eine Sättigung des Stromes ein, wobei der Sättigungsstrom $I_s = 2,5 \cdot 10^{-19} \cdot A \cdot d$ A/cm^3 von der Elektrodenkonfiguration abhängt (Elektrodenfläche A in cm^2, Elektrodenabstand d in cm). Bei etwa 40 kV/cm setzt die selbstständige Entladung durch Stoßionisation ein. Die Dielektrizitätszahl von Gasen lässt sich aus atomaren Daten und dem Druck berechnen. Tabelle 4.6 zeigt einige Werte für die wichtigsten Gase.

Gas		ε_r
Helium	He	1,00007
Wasserstoff	H_2	1,00025
Sauerstoff	O_2	1,00049
Stickstoff	N_2	1,00053
Kohlendioxid	CO_2	1,00095
Schwefel-		
hexafluorid	SF_6	1,00205
Luft		1,0006 -
		1,0008

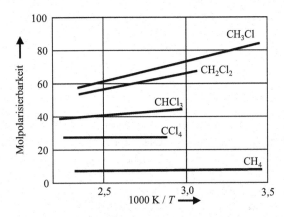

Tabelle 4.6 Dielektrizitätszahlen einiger Gase bei Raumtemperatur (20 °C) und 1 bar

Bild 4.27 Molpolarisierbarkeit von Gasen mit und ohne Dipolmoment in Abhängigkeit von der Temperatur

Die Dielektrizitätszahl ist von der Gasdichte, d. h. von Druck und Temperatur abhängig. Bezogen auf eine bestimmte Anzahl von Gasmolekülen (z. B. 1 Mol) ergibt sich eine temperaturabhängige Polarisierbarkeit, wenn die Gasmoleküle permanente Dipolmomente besitzen. Bei symmetrisch aufgebauten Gasmolekülen (z. B. CCl_4, CH_4) ist die „Molpolarisierbarkeit" temperaturunabhängig (Bild 4.27).

4.3.1.4 Flüssigkeiten

Isolieröle werden aus Mineralölen destilliert und raffiniert. Das mittlere Molekulargewicht von Isolierölen beträgt 260 - 300. Die Einteilung dieser Kohlenwasserstoffe in Paraffine, Naphthene und Aromate zeigt Bild 4.28.

Isolieröle werden in Transformatoren, Kondensatoren, Schaltern und Kabeln verwendet. Bei Leistungstransformatoren muss die in den Wicklungen erzeugte Wärme abgeführt werden. Von Transformatorenölen wird darum gute Wärmeleitfähigkeit gefordert. Die Verwendung im Freien verlangt einen niedrigen Stockpunkt (-40 °C oder -50 °C). Im Betrieb tritt u. U. starke Erwärmung auf (nach VDE max. 95 °C), die die Oxidation (Alterung) fördert. Daher werden vorzugsweise aromatenarme Naphthenöle verwendet. Die höchste Betriebsfeldstärke beträgt etwa 10 kV/cm.

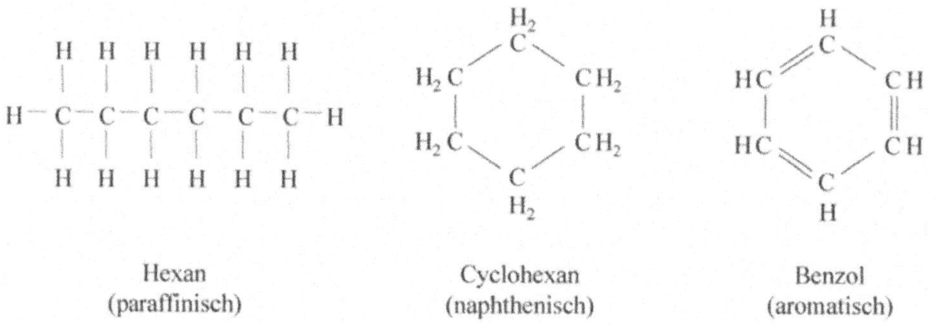

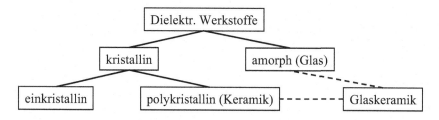

Hexan (paraffinisch)   Cyclohexan (naphthenisch)   Benzol (aromatisch)

Bild 4.28 Isolieröle

4.3.1.5 Kunststoffe

In Kap. 1.3.4.2 sind Kunststoffe schon ausführlich besprochen worden. Kunststoffe werden als Dielektrika für Substrate, Leiter- und Verbundplatten, Draht- und Kabelisolierungen, Gehäuse sowie als Vergussmasse und Kleber eingesetzt.

4.3.1.6 Anorganische Dielektrika

Die Verwendung anorganischer Dielektrika erfolgt vorwiegend dort, wo hohe Arbeitstemperaturen vorkommen oder spezielle mechanische Anforderungen zu stellen sind. Je nach Anordnung der Atome und Ionen unterscheidet man zwischen ein- und polykristallinen (keramischen) sowie amorphen Dielektrika. Zwischen den einzelnen Stoffgruppen kann es Übergänge geben (z. B. Glaskeramik).

Bild 4.29 Einteilung anorganischer dielektrischer Werkstoffe

In Kap. 1.3.4.1 sind Gläser schon ausführlich besprochen worden. Gläser werden als Dielektrika für Röhren, Elektrodendurchführungen, Glasfasern, isolierende Gewebe und Hochspannungsisolatoren eingesetzt.

In einkristalliner Form werden u. a. folgende Dielektrika verwendet:

- SiO_2 (Quarz): piezoelektrische Wandler (s. Kap. 4.2.6)
- Al_2O_3 (Saphir): Substrat für Siliziumschichten (integrierte Bauelemente)
- Al_2O_3:Cr (Rubin), $3Y_2O_3 \cdot 5Al_2O_3$ (Yttrium-Aluminium-Granat): Festkörperlaser
- $3Gd_2O_3 \cdot 5Ga_2O_3$ (Gadolinium-Gallium-Granat): Substrat für magnetische Schichten

Aluminiumoxid (α-Al_2O_3, Korund) ist das für die Elektrotechnik wichtigste polykristalline Substratmaterial. Es vereinigt günstige Wärmeleit- und elektrische Eigenschaften (geringer Verlustfaktor) mit hoher Temperaturbeständigkeit. Die höchste Wärmeleitfähigkeit (ca. 0,4 W/(cm·K)) ist allerdings nur mit extrem reinem Al_2O_3 zu erzielen; für manche Anwendungen ist dagegen ein gewisser Fremdstoffzusatz (z. B. zur Verbesserung der Haftfestigkeit metallischer Leiterbahnen) erforderlich.

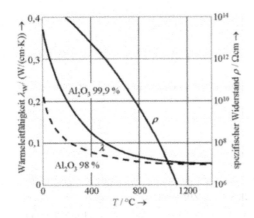

Bild 4.30 Wärmeleitfähigkeit und spez. Widerstand von Al_2O_3-Keramik

Bereits heute werden für besonders hoch integrierte und schnelle ICs sowie in Fällen, in denen hohe Anforderungen an die Zuverlässigkeit gestellt werden, ausschließlich keramische Substrate verwendet. Die stürmische Entwicklung zu immer höheren Integrationsdichten und Signalverarbeitungsgeschwindigkeiten wird dazu führen, dass der Anteil der keramischen Substrate weiter stark zunimmt. Dies ist auf mehrere Faktoren zurückzuführen:

- Die gute mechanische Stabilität wird für die steigende Anzahl von Außenanschlüssen benötigt.
- Der Anstieg der Verarbeitungsgeschwindigkeit geht einher mit größeren Verlustleistungen. Diese Leistungen können nur durch Substrate oder Beschichtungen mit einer sehr hohen Wärmeleitfähigkeit abgeführt werden.

Mit zunehmender Verarbeitungsgeschwindigkeit steigen bei gleichbleibendem Substratmaterial die Laufzeitverluste (bis zu 80 %). Durch Verringerung der Substratgröße und eine kleinere Dielektrizitätszahl kann eine Verbesserung erreicht werden, da sich die Signallaufzeit proportional zu $\varepsilon_r^{0,5}$ verhält. Für die künftige IC-Generation sind die gewünschten Substrateigenschaften hinsichtlich der Dielektrizitätszahl und der Wärmeleitfähigkeit sowie die Daten einiger Materialien in einem λ_W-ε_r-Diagramm eingezeichnet (Bild 4.31).

Es gibt noch kein Material, das in der gewünschten λ_W-ε_r-Region liegt. Diamant und kubisches BN, welche der gewünschten Region recht nahekommen, scheiden bisher aus Kostengründen aus. Keramiken wie AlN oder BeO haben ausreichende Wärmeleitfähigkeiten, jedoch keine hinreichend kleinen ε_r-Werte. Andererseits gibt es Polymere mit ε_r-Werten, die deutlich unter 4 liegen, allerdings mit unzulänglichen λ_W-Werten.

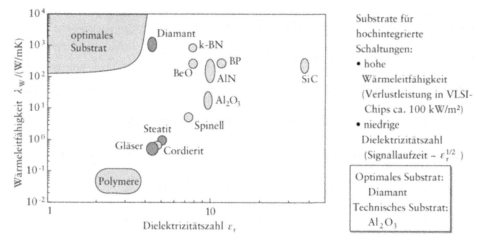

Bild 4.31 Wärmeleitfähigkeit λ_W und Dielektrizitätszahl ε_r für verschiedene Substratmaterialien [Schaumburg1994]

4.3.2 Technische Kondensatoren

Kondensatoren übernehmen unterschiedliche Aufgaben in elektrischen Schaltungen. Man kann sie zur Gleichstromunterdrückung (galvanische Trennung), zur Unterdrückung von Rauschen (Siebkondensatoren), als frequenzbestimmende Filter oder zur Ladungsspeicherung benutzen. Die Größe (im Bereich von 1 mm^3 bis 1 m^3) und Bauform (Körperform, Art und Form der Anschlüsse, Oberfläche) von Kondensatoren hängt naturgemäß vom Anwendungsgebiet ab. Die verschiedenen Kondensatortypen sind in Bild 4.32 zusammengestellt.

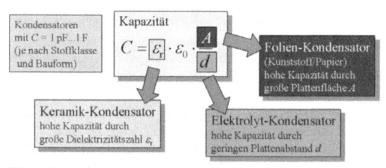

Bild 4.32 Kondensatortypen

Bild 4.33 gibt eine Übersicht über die Merkmale und Kenngrößen der verschiedenen Kondensatortypen.

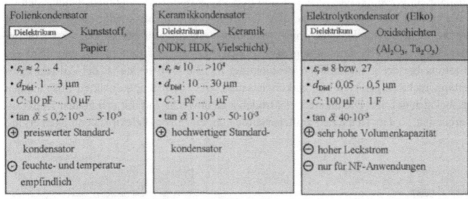

Folienkondensator	Keramikkondensator	Elektrolytkondensator (Elko)
Dielektrikum ➤ Kunststoff, Papier	**Dielektrikum** ➤ Keramik (NDK, HDK, Vielschicht)	**Dielektrikum** ➤ Oxidschichten (Al_2O_3, Ta_2O_5)
• $\varepsilon_r \approx 2 \dots 4$	• $\varepsilon_r \approx 10 \dots >10^4$	• $\varepsilon_r \approx 8$ bzw. 27
• d_{Diel}: 1 … 3 µm	• d_{Diel}: 10 … 30 µm	• d_{Diel}: 0,05 … 0,5 µm
• C: 10 pF … 10 µF	• C: 1 pF … 1 µF	• C: 100 µF … 1 F
• $\tan \delta \leq 0{,}2 \cdot 10^{-3} \dots 5 \cdot 10^{-3}$	• $\tan \delta$ $1 \cdot 10^{-3} \dots 50 \cdot 10^{-3}$	• $\tan \delta$ $40 \cdot 10^{-3}$
⊕ preiswerter Standard-kondensator	⊕ hochwertiger Standard-kondensator	⊕ sehr hohe Volumenkapazität
⊖ feuchte- und temperatur-empfindlich		⊖ hoher Leckstrom
		⊖ nur für NF-Anwendungen

d_{Diel}: Dicke des Dielektrikums

Bild 4.33 Kondensatoren: Übersicht

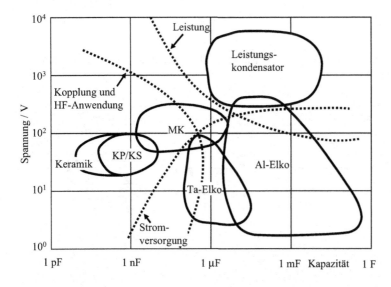

Bild 4.34
Spannungs- und Kapazitätsbereiche der verschiedenen Kondensatortypen
[Hering1994]

Auswahlkriterien	Detaillierte Charakterisierung
• Kapazität C (1 pF bis 1 F)	• Toleranz $C \pm \Delta C$
• Nennspannung (1,5 V … > 1 kV)	• Temperaturverlauf $C(T)$
• Betriebstemperatur (typ.: -55 … 125 °C)	• Frequenzverlauf $C(\omega)$
• Verlustfaktor (typ. Angabe bei 25 °C, 1 kHz)	• Spannungsabhängigkeit $C(U)$
• Bauform und Volumen	• Leckstrom bei Gleichspannung (RC-Zeit)
	• selbstheilende Eigenschaften
	• Lebensdauererwartung

Bild 4.35 Auswahlkriterien für Kondensatoren

Die zugehörigen Kapazitäts- und Spannungsbereiche sind in Bild 4.34 dargestellt. Bild 4.35 gibt eine Übersicht über die Auswahlkriterien für den Einsatz von Kondensatoren.

Zwei Beispiele für Keramikkondensatoren sind in Bild 4.36 skizziert, sie unterscheiden sich im inneren Aufbau als Ein- oder Vielschichtkondensator. Bild 4.36 links zeigt einen umhüllten, rechteckigen Scheibenkondensator mit parallelen Anschlussdrähten. Der Stauchteller unterstützt die definierte Positionierung des Kondensators auf der Leiterplatte und dient zur Kraftentlastung bei der automatischen Bestückung. In Bild 4.36 rechts ist der Aufbau eines unlackierten, rechteckigen Vielschichtkondensators mit den Kopfkontakten als axialen Anschlussbelägen gezeigt. Die inneren Elektroden sind abwechselnd mit den beiden Kopfkontakten verbunden, so dass sich eine Parallelschaltung der einzelnen dielektrischen Lagen ergibt.

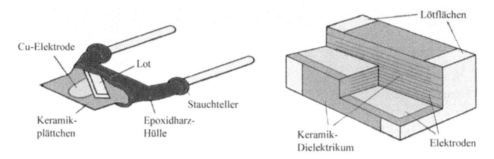

Bild 4.36 Aufbau eines Miniatur-Scheibenkondensators (links) und eines Vielschichtkondensators (rechts) [Hering1994]

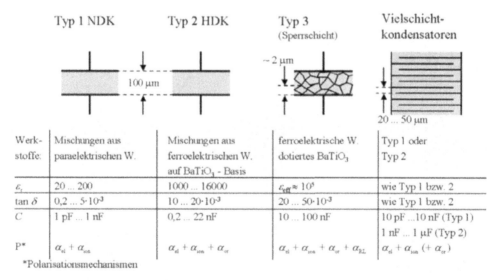

	Typ 1 NDK	Typ 2 HDK	Typ 3 (Sperrschicht)	Vielschicht- kondensatoren
Werk- stoffe:	Mischungen aus paraelektrischen W.	Mischungen aus ferroelektrischen W. auf BaTiO₃ - Basis	ferroelektrische W. dotiertes BaTiO₃	Typ 1 oder Typ 2
ε_r	20 ... 200	1000 ... 16000	$\varepsilon_{eff} \approx 10^5$	wie Typ 1 bzw. 2
$\tan \delta$	$0,2 ... 5 \cdot 10^{-3}$	$10 ... 20 \cdot 10^{-3}$	$20 ... 50 \cdot 10^{-3}$	wie Typ 1 bzw. 2
C	1 pF ... 1 nF	0,2 ... 22 nF	10 ... 100 nF	10 pF ...10 nF (Typ 1) 1 nF ... 1 µF (Typ 2)
P^*	$\alpha_{el} + \alpha_{ion}$	$\alpha_{el} + \alpha_{ion} + \alpha_{or}$	$\alpha_{el} + \alpha_{ion} + \alpha_{or} + \alpha_{RL}$	$\alpha_{el} + \alpha_{ion} (+ \alpha_{or})$

*Polarisationsmechanismen

Bild 4.37 Keramikkondensatoren

Die verschiedenen Keramikkondensatortypen sind in Bild 4.37 beschrieben. Keramik-kondensatoren des Typs 1 sind für Schwingkreise oder andere Anwendungen geeignet, bei denen geringe Verluste und große Konstanz der Kapazität wesentlich sind. Sie werden aus Werkstoffen hergestellt, deren Dielektrizitätszahl einen annähernd linearen, definierten Temperaturverlauf aufweist.

Der Temperaturkoeffizient lässt sich (für $\varepsilon_r < 500$) zwischen $-6 \cdot 10^{-3}$ und $+ 10^{-4}$ K^{-1} beliebig einstellen. Kondensatoren mit einem derartigen Temperaturverhalten werden oft in frequenzbestimmenden Schwingkreisen eingesetzt, um den Temperaturgang der Induktivität zu kompensieren.

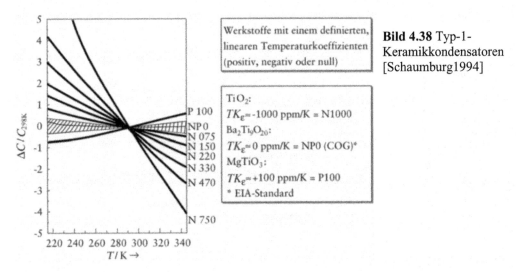

Bild 4.38 Typ-1-Keramikkondensatoren [Schaumburg1994]

Bild 4.38 zeigt die Kapazitätsänderung in Abhängigkeit von der Temperatur für **Typ-1-Kondensatoren** mit Temperaturkoeffizienten zwischen $+10^{-4}$ K^{-1} (P100) bis $-7,5 \cdot 10^{-4}$ K^{-1} (N750). Für das Material mit dem nominellen Temperaturkoeffizienten 0 (Bezeichnung NP0) ist der zulässige Toleranzbereich von max. $\pm 3 \cdot 10^{-5}$ K^{-1} eingezeichnet.

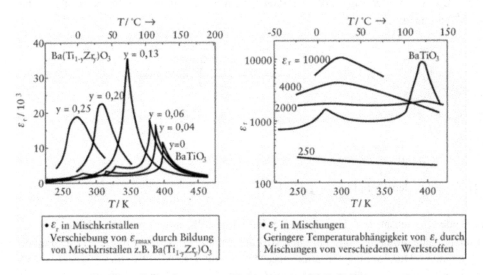

Bild 4.39 Typ-2-Keramikkondensatoren [Schaumburg1994] (links)

Typ-2-Kondensatoren (Bild 4.39) werden aus Werkstoffen mit $\varepsilon_r > 500$ gefertigt, um große Kapazitäten bei kleinen Abmessungen zu erhalten. Bei derartigen Kondensatoren ist mit höheren Verlusten (tan $\delta \cong 2 \cdot 10^{-2}$) und einer nichtlinearen Temperaturabhängigkeit der Kapazität zu rechnen; die Kapazität nimmt außerdem mit zunehmender Gleichspannung ab.

Bei den **Typ-3-Kondensatoren** nutzt man Sperrschichteffekte an den Korngrenzen aus (Bild 4.40). Hierdurch wird eine sehr hohe effektive Dielektrizitätszahl erreicht.

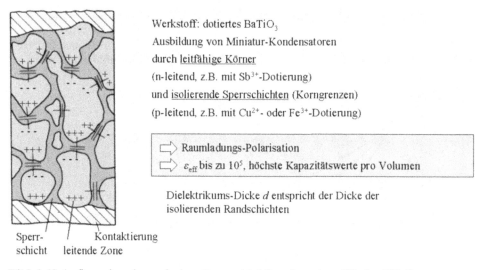

Werkstoff: dotiertes $BaTiO_3$

Ausbildung von Miniatur-Kondensatoren

durch leitfähige Körner

(n-leitend, z.B. mit Sb^{3+}-Dotierung)

und isolierende Sperrschichten (Korngrenzen)

(p-leitend, z.B. mit Cu^{2+}- oder Fe^{3+}-Dotierung)

⇨ Raumladungs-Polarisation

⇨ ε_{eff} bis zu 10^5, höchste Kapazitätswerte pro Volumen

Dielektrikums-Dicke d entspricht der Dicke der isolierenden Randschichten

Sperr-   Kontaktierung
schicht   leitende Zone

Bild 4.40 Aufbau eines keramischen Sperrschichtkondensators [Hering1994]

Zur Herstellung von Kunststofffolienkondensatoren (Bild 4.41) werden vorwiegend die Werkstoffe Polystyrol, Polypropylen, Polycarbonat und Polyester (Polyethylenterephthalat) verwendet. Durch sehr geringe Folienstärken ($\cong 2$ nm) lassen sich hohe Kapazitäten bei geringen Volumina erzielen.

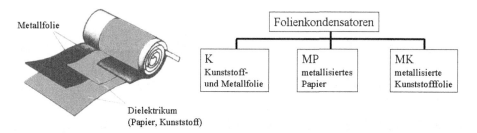

Metallfolie

Dielektrikum
(Papier, Kunststoff)

Folienkondensatoren		
K Kunststoff- und Metallfolie	MP metallisiertes Papier	MK metallisierte Kunststofffolie

Bild 4.41 Folienkondensatoren [Hering1994]

Selbstheilende Kondensatoren (Bild 4.42) werden hergestellt, indem man als Elektroden sehr dünne Metallbeläge aufdampft und ein Dielektrikum mit hohem Sauerstoffgehalt (z. B. Papier) einsetzt. Bei einem Durchschlag verdampft das Metall, und das Dielektrikum verbrennt zu CO_2 und H_2O; somit tritt nur eine örtlich begrenzte Zerstörung (ohne Kurzschluss) ein.

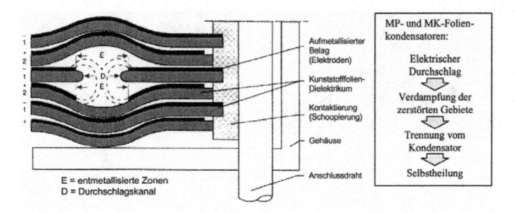

Bild 4.42 Folienkondensator: Selbstheilung nach Durchschlag [Schaumburg1990]

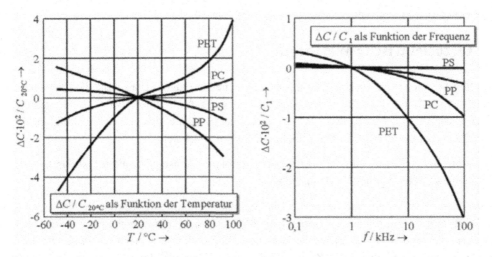

Bild 4.43 links: relative Kapazitätsänderung von Kunststofffolienkondensatoren als Funktion der Temperatur (PET: Polyester; PC: Polycarbonat; PS: Polystyrol; PP: Polypropylen), rechts: relative Kapazitätsänderung von Kunststofffolienkondensatoren als Funktion der Frequenz

Mit zunehmendem Sauerstoffanteil nehmen in der Regel die Dielektrizitätszahl und der Verlustfaktor zu. Bei den meisten organischen Dielektrika ist mit einer nichtlinearen Temperaturabhängigkeit der Dielektrizitätszahl zu rechnen (Bild 4.43 links). Bei einigen organischen Dielektrika ist auch eine ausgeprägte Frequenzabhängigkeit der Dielektrizitätszahl zu beobachten (Bild 4.43 rechts). Die günstigsten Hochfrequenzeigenschaften weist der Werkstoff Polystyrol auf.

Elektrolytkondensatoren zeichnen sich durch besonders hohe Kapazität bei geringem Volumen aus. Das Dielektrikum besteht aus einer sehr dünnen Metalloxidschicht (Al_2O_3 bzw. Ta_2O_5), die durch anodische Oxidation in einem Elektrolyten erzeugt wird („Formierprozess"). Elektrolytkondensatoren können flüssige oder feste Elektrolyte enthalten.

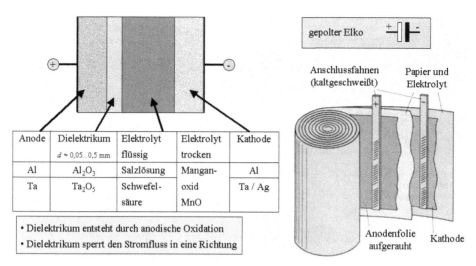

Anode	Dielektrikum $d \approx 0,05...0,5$ mm	Elektrolyt flüssig	Elektrolyt trocken	Kathode
Al	Al_2O_3	Salzlösung	Mangan-	Al
Ta	Ta_2O_5	Schwefel-säure	oxid MnO	Ta / Ag

- Dielektrikum entsteht durch anodische Oxidation
- Dielektrikum sperrt den Stromfluss in eine Richtung

Bild 4.44 Elektrolytkondensatoren (Al- bzw. Ta-Elko) [Hering1994]

4.3.3 Piezoelektrische Werkstoffe

Die wichtigsten piezoelektrischen Werkstoffe sind – neben Quarz als Einkristall – vor allem einkristalline und polykristalline ferroelektrische Werkstoffe wie $BaTiO_3$ und andere Perowskite wie $PbTiO_3$ und $KNbO_3$. Weitere Ferroelektrika, die aber nur in Sonderfällen als Einkristalle eingesetzt werden, sind in Tabelle 4.7 zusammengestellt.

Quarz als piezokristalliner Einkristall (orientiert zur polaren Achse geschnitten) ist durch seine Anwendung als „Schwingquarz" bestens bekannt.

Dennoch haben erst $BaTiO_3$ und vor allem Bleizirkonat-Bleititanat-Mischkristalle $Pb(Zr,Ti)O_3$ (Bild 4.45) und Natrium-Kalium-Niobat $((Na,K)NbO_3)$ dem piezoelektrischen Effekt zur technischen Anwendung in großem Ausmaß verholfen. Dies ist einerseits durch die hier besonders hohen piezoelektrischen Koeffizienten und Kopplungsfaktoren bedingt, vor allem aber aus wirtschaftlichen Gründen. Quarz und z. B. auch Seignette-Salz können nur als Einkristalle verwendet werden, denn in einem polykristallinen Körper würde sich der piezoelektrische Effekt infolge der statistischen Orientierungsverteilung der einzelnen Kristallite (Körner) herausmitteln. Dagegen ist ein Ferroelektrikum auch in polykristallinem Zustand piezoelektrisch, nämlich dann, wenn es sich im Remanenz-Zustand befindet (vergleiche Kap. 4.2.6.3, Bild 4.23).

Um eine möglichst hohe Remanenz zu erreichen (wegen $d \sim P_R$), wird das Bauelement aus polykristallinem ferroelektrischem Material bei Temperaturen dicht unterhalb der ferroelektrischen Umwandlungstemperatur T_C bei möglichst hoher Feldstärke (1 bis 2 kV/mm) polarisiert. Die Formgebung ist äußerst einfach, daher lassen sich nahezu beliebige Geometrien von piezoelektrischen Bauelementen aus ferroelektrischer Keramik herstellen. $BaTiO_3$ ist heute weitgehend durch $Pb(Zr,Ti)O_3$-Mischkristalle verdrängt aufgrund seines günstigeren Kopplungskoeffizienten und des Alterungsverhaltens. Die Stabilität gegenüber elektrischen, mechanischen und thermischen Störeinflüssen ist bei $Pb(Zr,Ti)O_3$ aufgrund des wesentlich höheren T_C-Wertes im Vergleich zu $BaTiO_3$ verbessert.

Substanz		Curie-Temperatur T_0 / K
Perowskite	$BaTiO_3$	393
	$KNbO_3$	708
	$PbTiO_3$	463
Seignettesalzgruppe	$NaK(C_4H_4O_6) \cdot 4H_2O$	297
	$NaK(C_4H_4D_2O_6) \cdot 4D_2O$	308
	$LiNH_4(C_4H_4O_6) \cdot H_2O$	106
KDP – Gruppe	KH_2PO_4 („KDP")	123
	KD_2PO_4	213
	RbH_2PO_4	147
	RbH_2AsO_4	111
	CsH_2AsO_4	143
	CsD_2AsO_4	212
TGS – Gruppe	Triglycinsulfat	322
	Triglycinselenat	295

Tabelle 4.7 Curie-Temperaturen verschiedener ferroelektrischer Substanzen

Durch unterschiedliche Zusammensetzung der Mischkristalle zwischen den beiden Endgliedern $PbTiO_3$ und $PbZrO_3$ (Bild 4.45) sowie durch Zusätze (Dotierungen) geringer Konzentration lässt sich der Werkstoff optimal den spezifischen Anforderungen anpassen.

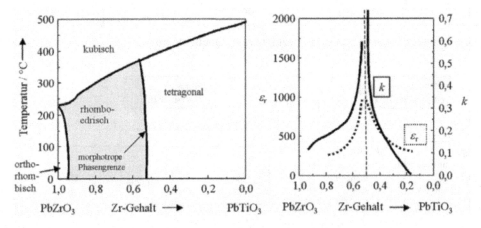

Bild 4.45 Phasendiagramm PZT: $Pb(Zr,Ti)O_3$ [Moulson1990]

In Tabelle 4.8 sind einige „Klassen" von PZT-Piezokeramiken angegeben. Bild 4.46 gibt eine Übersicht über die wichtigsten technischen Anwendungen der Piezoelektrizität. Die Hauptvorteile piezoelektrischer Aufnehmer für mechanische Größen (Kraft, Druck, Beschleunigung) sind

- hohe Steifheit (d. h. geringe Messwege)
- großer Messbereich
- gutes Linearitätsverhalten
- weiter Betriebstemperaturbereich

Als Nachteil ist zu erwähnen, dass mit piezoelektrischen Aufnehmern nur quasistatische Messungen möglich sind, da die von dem Bauelement abgegebene Ladung nur für eine begrenzte Zeit gespeichert werden kann. Für Präzisionsaufnehmer wird Quarz als piezoelektrischer Stoff bevorzugt. Mit Keramikwerkstoffen auf Basis von Bleizirkonat-Titanat (PZT) werden hohe Werte der piezoelektrischen Koeffizienten erreicht. Durch schlagartige mechanische Beanspruchung derartiger Werkstoffe lassen sich Hochspannungsimpulse erzeugen, welche bei geeigneter Elektrodenanordnung Zündfunken für Feuerzeuge, Heizungsanlagen usw. liefern.

	Undotiert	**„Weich"**	**„Hart"**
Dotierung (ca. 2 % Atomzahlanteil)	-	Donatoren (z. B. Nd auf A-Platz Nb auf B-Platz)	Akzeptoren (z. B. K auf A-Platz Mn auf B-Platz)
Permittivität	1000	2000	800
Radialer Kopplungsfaktor	0,5	0,7	0,5
Mechanische Güte	200	80	1000
Hystereseschleife			

Tabelle 4.8 Typische Klassen von PZT-Piezokeramik (Quelle: Siemens)

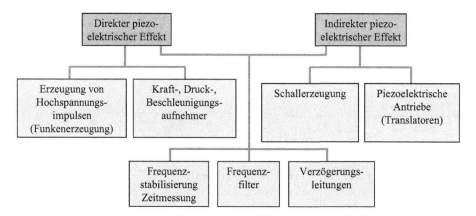

Bild 4.46 Anwendungen des direkten und indirekten piezoelektrischen Effekts [Münch1987]

Die Schallerzeugung insbesondere im Ultraschallbereich ist ein ausgedehntes Einsatzgebiet des inversen piezoelektrischen Effektes (Bild 4.47 links), hier verwendet man bevorzugt keramische Werkstoffe.

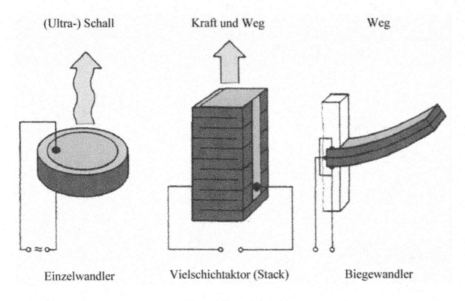

Bild 4.47 Technische Anwendungen (Quelle: Siemens)

Ferroelektrische Keramiken werden u.a. zur Präzisionspositionierung verwendet. Solche Bauelemente werden beispielsweise in der Produktion von Halbleiterchips, in automatisch fokussierenden Kameras, in Tintenstrahldruckern oder in Aufnahmeköpfen von Videorekordern eingesetzt. Verglichen mit elektromagnetisch betriebenen Stellgliedern zeichnen sich piezoelektrische Aktoren durch hohe Positionierungsgeschwindigkeiten, verbunden mit großer Kraftwirkung aus. Es ist zu beachten, dass Aktoren im nichtlinearen Bereich betrieben werden. Ein wesentlich günstigeres Verhältnis von Auslenkung zur Eingangsspannung lässt sich durch Stapeltechnik erzielen (Bild 4.47 Mitte). Elektrodisierte Platten aus piezoelektrischen Materialien werden in Schichten gestapelt, also mechanisch in Reihe geschaltet. Der elektrische Anschluss ist aber parallel.

Kraftsensoren werden mit piezoelektrischen Biegeelementen realisiert, die in Form dünner Streifen oder Platten gearbeitet werden (Bild 4.47 rechts). Dadurch wird eine hohe elastische Nachgiebigkeit des Materials und ein hohes elektrisches Ausgangssignal des Sensors gewährleistet.

4.3.4 Mikrowellen-Dielektrika

Dielektrische Keramiken bilden heute die Grundlage für miniaturisierte Mikrowellen-Bauelemente mit vielen technischen Anwendungen. Diese Materialien müssen drei wesentliche Eigenschaften aufweisen:

- eine möglichst hohe Dielektrizitätszahl ε_r zur Reduktion der Baugröße
- einen kleinen Temperaturkoeffizienten TK_ε, um eine weitgehend temperaturunabhängige Resonanzfrequenz zu erreichen
- geringe Verluste, d. h. möglichst hohe Güte für eine hohe Frequenzselektivität.

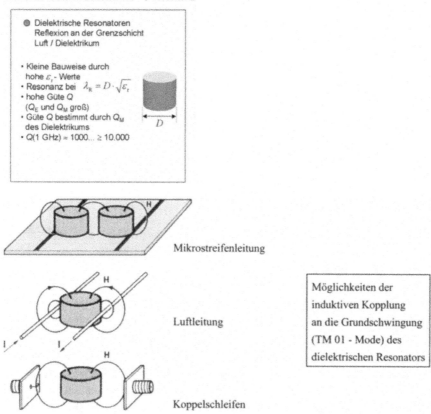

Bild 4.48 Dielektrische Resonatoren [Schaumburg1994]

Im einfachsten Fall besteht ein dielektrischer Resonator aus einem Keramikzylinder mit einer relativ hohen Dielektrizitätszahl ε_r, der zur Ausbildung einer stehenden elektromagnetischen Welle durch Reflexion an der Grenzschicht Dielektrikum-Luft führt. Für einen dielektrischen Resonator kann dann die Resonanzfrequenz f_r mit der Wellenlänge der stehenden Welle im Dielektrikum λ_d und der Vakuumlichtgeschwindigkeit c_0 durch

$$f_r = \frac{c_0}{\lambda_d \sqrt{\varepsilon_r}} \tag{4.66}$$

beschrieben werden. Da λ_d näherungsweise durch den Durchmesser des Resonators D bestimmt ist ($D \approx \lambda_d$), kann diese Gleichung umgeformt werden zu

$$D \approx \frac{c_0}{f_r \sqrt{\varepsilon_r}} \tag{4.67}$$

Aus dieser Gleichung ist ersichtlich, dass die Bauform des Resonators um so kleiner wird, je höher die Dielektrizitätszahl und die gewünschte Resonanzfrequenz ist. Die Resonanzfrequenz ist im Allgemeinen temperaturabhängig, da sich sowohl die Geometrie als auch die Dielektrizitätszahl mit der Temperatur ändert. Der Temperaturkoeffizient der Resonanzfrequenz TK_f folgt durch Differenzieren der vorherigen Gleichung:

$$TK_f := \frac{1}{f_r} \frac{\partial f_r}{\partial T} = -\frac{1}{D} \frac{\partial D}{\partial T} - \frac{1}{2\varepsilon_r} \frac{\partial \varepsilon_r}{\partial T} = -\alpha - \frac{1}{2} TK_\varepsilon \tag{4.68}$$

Die Frequenzselektivität einer Mikrowellenschaltung wird entscheidend durch die Güte des dielektrischen Resonators bestimmt und ist durch das Verhältnis $f_r/\Delta f$ festgelegt. Die Güte Q wird hierbei durch einen Verlustanteil des Materials Q_M und ggf. durch Beiträge von Leitungsverlusten der Elektroden Q_L bestimmt:

$$\tan\delta \approx \frac{1}{Q} = \frac{1}{Q_M} + \frac{1}{Q_L} \tag{4.69}$$

Aus einer Vielzahl verschiedener keramischer Materialsysteme haben sich einige wichtige und heute am meisten verwendete Materialgruppen für Mikrowellenanwendungen gebildet, die in Tabelle 4.9 mit ihren spezifischen elektrischen Kenndaten angegeben sind.

Chemische Zusammensetzung	ε_r	TK_f	Q_M 2 GHz	Q_M 20 GHz
$Ba_2Ti_9O_{20}$	40	2	15000	2000
$Zr_{0,8}TiSn_{0,2}O_4$	38	0	15000	3000
$BaTi_u[(Ni_xZn_{1-x})_{1/3}Ta_{2/3}]_{1-u}O_3$	30	-3 ... 3	26000	5000
$Ba[Sn_x(Mg_{1/3}Ta_{2/3})_{1-x}]O_3$	25	≈ 0	> 40000	10000
$Nd_2O_3\text{-}BaO\text{-}TiO_2\text{-}Bi_2O_3$	≈ 90	≈ 0	3000	-

Tabelle 4.9 Eigenschaften der technisch relevanten Stoffsysteme (Quelle: Siemens)

Die drei meistbenutzten Resonanz-Schwingungsformen in Mikrowellen-Resonatoren sind transversale elektromagnetische Schwingungen (TEM-Mode), transversal-elektrische Wellen (TE-Mode) und transversal-magnetische Wellen (TM-Mode).

Die Signaleinkopplung in einen dielektrischen Resonator erfolgt über das sich in den Außenraum ausbreitende Feld des Resonators. In Bild 4.48 sind verschiedene induktive Kopplungsmöglichkeiten an die TM01-Mode eines Resonators gezeigt. Das Verhältnis zwischen Länge und Durchmesser des Resonators bestimmt hierbei den Frequenzabstand zu benachbarten Störmoden.

4.4 Zusammenfassung

1. Wird ein Dielektrikum in ein elektrisches Feld gebracht (Plattenkondensator), so erhöht sich die Kapazität auf das ε_r-fache, während die elektrische Feldstärke auf den ε_r-ten Teil des Vakuumwerts abnimmt. Dieser Effekt beruht auf der Verschiebung von Ladungen (Polarisation) in dielektrischen (isolierenden) Werkstoffen.

2. Es gibt vier Polarisationstypen. Bei der Elektronenpolarisation entsteht ein elektrischer Dipol durch Auslenkung der Atomhülle (Elektronen) gegen den Atomkern. Bei der ionischen Polarisation werden positive und negative Ionen eines Materials gegeneinander ausgelenkt. In beiden Fällen spricht man von induzierten Dipolen. Bei der Orientierungspolarisation werden permanente Dipole ausgerichtet. Die Raumladungs-Polarisation beruht auf der Ansammlung von freien Ladungsträgern an isolierenden Grenzschichten im Dielektrikum. Während die Elektronen- und Ionenpolarisation kaum von der Temperatur abhängen, sinkt die Orientierungspolarisation linear mit dem Kehrwert der Temperatur.

3. Der Verlauf der komplexen Dielektrizitätszahl über der Frequenz gibt Auskunft über die im Material vorhandenen Polarisationsmechanismen, da die Mechanismen je nach Typ bei verschiedenen Frequenzen ausfallen. Bei der Raumladungspolarisation können die Ladungsträger schon oberhalb von 10^{-4} Hz dem elektrischen Wechselfeld nicht mehr folgen, permanente Dipole lassen sich oberhalb von 10 bis 100 GHz nicht mehr ausrichten. Die Einstellfrequenzen bei Ionen- und Elektronenpolarisation sind noch höher, sie liegen bei 10^{13} bzw. 10^{15} Hz. Bei den ersten beiden Polarisationsmechanismen treten bei den Einstellfrequenzen Relaxationen auf, da es sich hier um mechanische Umordnungsprozesse von Atomen bzw. Molekülen handelt, in den letzten beiden Fällen tritt Resonanz ein, da die Teilchen gegen das Gitter schwingen können, wobei die Resonanzfrequenz mit der Eigenfrequenz des Teilchens im Gitter zusammenfällt. In allen Fällen wird bei den entsprechenden Einstellfrequenzen ein Maximum des dielektrischen Verlustes erreicht.

4. Der Verlustwinkel δ eines Dielektrikums bestimmt sich aus dem Verhältnis von ohmschem zu kapazitivem Strom. Für einen idealen Kondensator beträgt er 0°. Die Verluste von Polarisationsmechanismen ergeben sich jeweils aus dem Verhältnis von imaginärer zu reeller Dielektrizitätszahl.

5. Ferroelektrische Werkstoffe zeigen spontane Polarisation ohne äußeres elektrisches Feld. Analog zu ferromagnetischen Werkstoffen existieren unterhalb der ferroelektrischen Curie-Temperatur gegenseitig wechselwirkende elektrische Dipolmomente, die aus einer Verschiebung positiv und negativ geladener Ionen relativ zueinander resultieren. Jede einzelne Elementarzelle enthält dabei (mindestens) einen elektrischen Dipol, die Gittersymmetrie wechselt dabei z. B. von kubisch zu tetragonal (Bariumtitanat bei $T_C = 120$ °C). Innerhalb bestimmter Bereiche (Bezirke oder Domänen) koppeln die elektrischen Dipole der einzelnen Elementarzellen des Kristallgitters aneinander. Der Kristall ist dann ferroelektrisch, wenn er mindestens zwei energetisch bevorzugte und gleichwertige Strukturen besitzt, die sich hinsichtlich der Dipolorientierung unterscheiden.

6. Durch Anlegen eines äußeren elektrischen Feldes können die vorher regellos orientierten Bezirke oder Domänen bis zur Sättigungspolarisation einheitlich ausgerichtet werden. Dabei wachsen jene Volumenbereiche, deren Polarisation im Vergleich zum Feld energetisch günstig liegt, auf Kosten der ungünstig orientierten Bereiche. Bei $E = 0$ bleibt eine remanente Polarisation erhalten, die nur durch ein entgegengesetztes Feld (Koerzitivfeldstärke) aufgehoben wird, eine weitere Vergrößerung des Gegenfeldes führt schließlich zu einer negativen Sättigung (Hysterese-Kurve).

7. Polykristalline Festkörper aus ferroelektrischen Werkstoffen zeigen den direkten und inversen Piezoeffekt nach einem Polungsvorgang, da sie dann auch makroskopisch eine polare Achse besitzen.

8. Piezoelektrizität ist ein Phänomen dielektrischer Werkstoffe, bei denen elektrische Felder mit mechanischen Deformationen verknüpft sind. Piezoelektrizität ist an Kristalle mit fehlendem Symmetriezentrum gebunden, nur dort entsteht durch Deformation eine elektrische Polarisation oder ein bestehender Polarisationsvektor wird zumindest in Betrag und Orientierung geändert. Der piezoelektrische Effekt in Einkristallen und polykristallinen ferroelektrischen Werkstoffen eröffnet viele Anwendungsgebiete in der Elektrotechnik (elektromechanische Wandler).

9. Pyroelektrizität ist ein Effekt, bei dem Temperaturänderungen an bestimmten Grenzflächen eines Kristalls elektrische Ladungen erzeugen.

5 Nichtlineare Widerstände

Nichtlineare Widerstände zeigen eine definierte Abhängigkeit ihres spezifischen Widerstandes von der Temperatur, der angelegten Spannung bzw. Feldstärke oder anderen Größen. Bei den temperaturabhängigen Widerständen unterscheidet man zwischen Heißleitern mit einem negativen Temperaturkoeffizienten des Widerstandes (NTC: $TK_\rho < 0$) und Kaltleitern mit einem positiven Temperaturkoeffizienten des Widerstandes (PTC: $TK_\rho > 0$).

Prinzipiell zeigen alle Halbleiter im Bereich der Störstellenreserve oder der Eigenleitung (Kap. 3.3.3) sowie Isolatoren (Kap. 1.4.4) ein NTC-Verhalten, da die Ladungsträgerkonzentration und damit die elektrische Leitfähigkeit mit der Temperatur steigt. Daneben besitzen verschiedene polykristalline Metalloxide, die in Kapitel 5.1 behandelt werden, einen negativen TK_ρ. Bei diesen NTC-Materialien steigt, im Gegensatz zu Metallen und Halbleitern, die Ladungsträgerbeweglichkeit mit der Temperatur.

Typ	Physikalischer Effekt	Werkstoff
Temperaturabhängige Widerstände (Thermistoren: thermally sensitive resistor)		
Heißleiter (NTC: negative temperature coefficient)	Hopping-Leitung in Metalloxiden	Spinelle $\sigma \approx 10^{-2}$ S/m
Kaltleiter (PTC: positive temperature coefficient)	Korngrenzphänomene in halbleitenden Ferroelektrika	n-dotiertes $BaTiO_3$ $\sigma \approx 10^2 \dots 10^3$ S/m
Spannungsabhängiger Widerstand (Varistor: variable resistor)	Korngrenzphänomene in halbleitenden Keramiken	SiC n-dotiertes ZnO

Tabelle 5.1 Widerstandseffekte in polykristallinen Metalloxiden (Keramik) [Schaumburg1994]

Metallische Leiter weisen fast immer ein PTC-Verhalten auf (Ausnahme: Legierungen für Präzisionswiderstände, Kap. 2.3.3), da bei temperaturunabhängiger Ladungsträgerkonzentration die Ladungsträgerbeweglichkeit mit steigender Temperatur sinkt. Der TK_ρ ist aber relativ gering (Kap. 2.1). Im Gegensatz dazu weisen PTC-Widerstände aus polykristallinen, halbleitenden Ferroelektrika im Bereich der Curietemperatur einen enorm hohen positiven Temperaturkoeffizienten des Widerstandes auf. Die diesem Effekt zugrundeliegenden Korngrenzphänomene werden in Kapitel 5.2 behandelt.

Bei den spannungsabhängigen Widerständen (Varistoren) handelt es sich ebenfalls um halbleitende Keramiken. Bei diesen führt der Durchbruch von isolierenden Barrieren an den Korngrenzen beim Überschreiten einer bestimmten Spannung zu einer drastischen Absenkung des spezifischen Widerstandes. Weitere spannungsabhängige Widerstände, bei denen ein einzelner Halbleiterübergang ausgenutzt wird (z. B. Zener-Dioden), werden in diesem Kapitel nicht behandelt. Tabelle 5.1 gibt einen Überblick über die polykristallinen (keramischen), nichtlinearen Widerstände.

5.1 NTC-Widerstände

NTC-Widerstände (Heißleiter oder NTC-Thermistor (Thermistor = thermally sensitive resistor)) werden vorwiegend als Temperatursensoren eingesetzt. Sie zeichnen sich durch einen großen Betrag des Temperaturkoeffizienten des spezifischen Widerstandes aus ($TK_\rho \approx$ -0,02... -0,06 K^{-1}) und ermöglichen mit geringem schaltungstechnischem Aufwand eine genaue Temperaturmessung. Im Vergleich zu resistiven Temperatursensoren aus metallischen Werkstoffen besitzen sie ein günstigeres Signal-Rausch-Verhältnis.

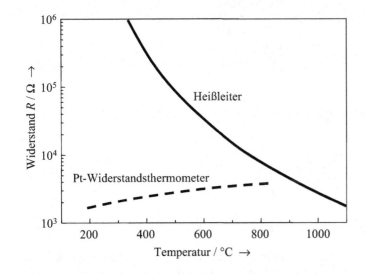

Bild 5.1 Widerstands-Temperatur-Kennlinie eines Heißleiters (NTC) [Heywang1984]

NTC-Widerstände bestehen aus polykristallinen (keramischen) Halbleitermaterialien, meist handelt es sich um Metalloxide der Übergangsmetalle mit der Zusammensetzung $A^{2+}B^{3+}_2O^{2-}_4$, die im Spinellgitter $(A^{2+}O^{2-})\cdot(B^{3+}_2O^{2-}_3)$ (A-Kation in Tetraeder-Umgebung, B-Kation in Oktaeder-Umgebung) oder im inversen Spinellgitter $B^{3+}(A^{2+}, B^{3+})O^{2-}_4$ (B-Kation in Tetraeder-Umgebung, A- und B-Kationen in Oktaeder-Umgebung) kristallisieren (Kap. 1.3.2). Diese Zusammensetzungen weisen einen meist stark ionischen Bindungscharakter auf. Im Gegensatz zu anderen Ionenkristallen (z. B. NaCl), bei denen der Bandabstand relativ groß, d. h. die Bindungselektronen fest an die jeweiligen Ionen gebunden sind, können die Übergangsmetalle aufgrund der nicht aufgefüllten 3d-Schale verschiedene Wertigkeiten oder Oxidationszustände annehmen (Bild 5.2).

Demzufolge können beispielsweise bei der Zusammensetzung Fe_3O_4, die im inversen Spinellgitter vorliegt ($Fe^{3+}(Fe^{2+}, Fe^{3+})O^{2-}_4$), die an den Fe^{2+}-Ionen lokalisierten 3d-Elektronen

zum nächsten Fe^{3+} überwechseln. Für den Wechsel zum nächsten Atom ist die Aktivierungsenergie W_A notwendig, die aus der thermischen Energie des Gitters (Phononen) aufgenommen
werden muss. Aufgrund der kristallographisch gleichwertigen Plätze der zwei- und dreiwertigen Fe-Ionen ist W_A in diesem Fall vergleichsweise gering. Sitzen hingegen unterschiedliche
Elemente auf kristallographisch gleichwertigen Plätzen, z. B. $CoFe_2O_4$: $Fe^{3+}(Co^{2+}, Fe^{3+})O^{2-}_4$, so
wird eine höhere Aktivierungsenergie für den Platzwechsel des Elektrons notwendig, da der
eine Zustand (Co^{2+}, Fe^{3+}) energetisch günstiger ist als der andere (Co^{3+}, Fe^{2+}). Der Ortswechsel
des Elektrons wird als Valenzaustausch (Hopping-Mechanismus) bezeichnet, die Elektronen
sind im Gegensatz zu Metallen und Elementhalbleitern an den Übergangsmetallionen
lokalisiert, können aber durch Aufnahme thermischer Energie die Potentialbarriere zum
nächsten Übergangsmetallion überwinden.

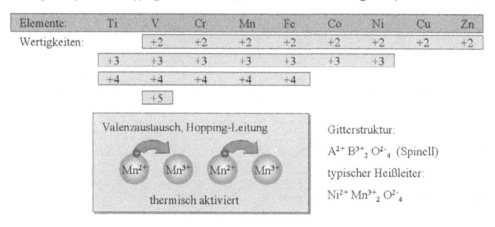

Bild 5.2 Hopping-Leitung in halbleitenden Metalloxiden

Der Ladungsträgertransport in oxidischen Halbleitern kann durch die aufgrund eines äußeren
elektrischen Feldes schrittweise vorrückenden Elektronen beschrieben werden. Die Elektronen
„diffundieren" unter dem Einfluss der elektrischen Kraft $-e_0E$ durch das Gitter. Die Wahrscheinlichkeit für einen Valenzaustausch zwischen zwei benachbarten Übergangsmetallionen
ist mit der Sprung- oder Platzwechselfrequenz f_H, deren Temperaturabhängigkeit mit der
Boltzmann-Verteilung beschrieben werden kann, gegeben. f_G entspricht dabei der charakteristischen Gitterfrequenz des Kristalls.

$$f_H = f_G \cdot e^{-\frac{W_A}{kT}} \tag{5.1}$$

Der Diffusionskoeffizient D ergibt sich mit der Sprungweite a_0 zu:

$$D = \tfrac{1}{2}a_0^{\ 2} \cdot f_H \tag{5.2}$$

Mit der Einsteinschen Beziehung (Kap. 3.3.4) kann die Beweglichkeit μ angegeben werden:

$$\mu = \frac{1}{2} \cdot e_0 \cdot a_0{}^2 \cdot \frac{f_G}{kT} e^{-\frac{W_A}{kT}} = \frac{K_1}{T} \cdot e^{-\frac{W_A}{kT}} \tag{5.3}$$

Für die elektrische Leitfähigkeit folgt daraus:

$$\sigma = e_0 \cdot \mu \cdot n = \frac{K_2}{T} \cdot e^{-\frac{W_A}{kT}} \tag{5.4}$$

Im Gegensatz zu den Elementhalbleitern, die eine hohe Elektronen- und Löcherbeweglichkeit (Tabelle 3.1) und eine geringe Ladungsträgerdichte aufgrund der relativ geringen Löslichkeit der Dotierstoffe aufweisen, besitzen NTC-Widerstände vergleichsweise hohe Ladungsträgerkonzentrationen, in Fe_3O_4 z. B. ein Ladungsträger pro Elementarzelle. Die Ladungsträgerbeweglichkeit ist hingegen wesentlich geringer, bei Fe_3O_4, das eine relativ geringe Aktivierungsenergie W_A aufweist, liegt sie im Bereich $10^{-5} \ldots 10^{-1}$ cm^2/Vs.

Neben den im (inversen) Spinellgitter kristallisierenden Zusammensetzungen, die aufgrund ihrer Kristallstruktur schon Übergangsmetallionen unterschiedlicher Wertigkeit besitzen, können auch andere Oxide der Übergangsmetalle Hopping-Leitung ermöglichen.

Dabei kann die elektrische Leitfähigkeit, wie bei den Elementhalbleitern, durch Dotierung beeinflusst werden. Wird beispielsweise ein Teil der Ni^{2+}-Ionen im NiO durch Li^+-Ionen ersetzt, so können diese das Sauerstoffgitter nicht absättigen. Die fehlenden Elektronen werden von den Ni-Atomen geliefert, die ihre Wertigkeit von Ni^{2+} nach Ni^{3+} ändern. Wird der x-te Teil der Ni-Gitterplätze mit Li^+-Ionen besetzt, ergibt sich die Zusammensetzung $Li_x^+ Ni_{1-x}^{2+} Ni_x^{3+} O^{2-}$. Somit sitzen wieder gleiche Übergangsmetallionen unterschiedlicher Wertigkeit auf energetisch gleichwertigen Plätzen und ermöglichen einen Valenzaustausch. Die Ni^{3+}-Ionen verhalten sich dabei wie Defektelektronen.

Neben einer Dotierung kann auch ein Mangel an O^{2-}- oder Metallionen bzw. überschüssige Metallionen auf Zwischengitterplätzen die Wertigkeit der Übergangsmetallionen verändern. Im Fall von Sauerstoffleerstellen oder Metallionen auf Zwischengitterplätzen, d. h. einem Metallionenüberschuss, wird ein Teil der Übergangsmetallionen M_T^{n+} einen niederwertigeren Oxidationszustand annehmen ($M_T^{n+} \rightarrow M_T^{(n-1)+}$), die Fehlstellen wirken wie Donatoren und verursachen n-Leitung. Im Fall von Metallionenleerstellen (Sauerstoff auf Zwischengitterplätzen ist in den meisten Kristallgittern aufgrund der Größe der Sauerstoffionen unmöglich) nimmt ein Teil der Übergangsmetallionen M_T^{n+} einen höheren Oxidationszustand an ($M_T^{n+} \rightarrow M_T^{(n+1)+}$), die Fehlstellen wirken wie Akzeptoren und verursachen p-Leitung.

Die Widerstands-Temperatur-Kennlinie von Heißleitern ergibt sich mit der Temperaturabhängigkeit der Leitfähigkeit bzw. des spezifischen Widerstandes:

$$\sigma(T) = \frac{K_2}{T} \cdot e^{-\frac{W_A}{kT}} \quad \text{bzw.} \quad \rho(T) = \frac{T}{K_2} \cdot e^{\frac{W_A}{kT}} \tag{5.5}$$

Der spezifische Widerstand wird meist in der Form $\rho(T) = A \cdot \exp(B/T)$ mit den (temperaturabhängigen) Größen A und B ausgedrückt. Die Temperaturabhängigkeit eines Heißleiters kann dann in der Form $R(T) = R_\infty \cdot \exp(B/T)$ mit $B = W_A/k$ [K] und dem Widerstandswert R_∞ für $T \to \infty$ ausgedrückt werden oder bezogen auf einen Nennwert R_N bei einer Nenntemperatur T_N:

$$R(T) = R_N \cdot e^{B\left(\frac{1}{T} - \frac{1}{T_N}\right)}$$

(5.6)

Die lineare Temperaturabhängigkeit der Größe $A = T/K_2$ kann bei den meisten Anwendungen von NTC-Widerständen vernachlässigt werden, da der Exponentialterm $\exp(B/T)$ die Temperaturabhängigkeit des Widerstandes maßgeblich bestimmt.

5.2 PTC-Widerstände

PTC-Widerstände (Kaltleiter) bestehen aus halbleitender Bariumtitanat-Keramik (Kap. 4.2.5), in der durch Donatordotierung mit Yttrium, Lanthan oder anderen 3-wertigen seltenen Erden (Lanthanoiden) auf dem A-Platz bzw. Niob oder Tantal (5-wertig) auf dem B-Platz sowie durch Sauerstoffleerstellen Leitungselektronen eingebracht werden. Die maximale, durch Dotierung einstellbare elektrische Leitfähigkeit liegt bei ca. 10 S/m. Wie für einen Halbleiter zu erwarten, weist die donatordotierte Bariumtitanat-Keramik in weiten Temperaturbereichen einen negativen Temperaturkoeffizienten des spezifischen Widerstandes auf. Im Bereich der Curietemperatur, d. h. beim Übergang vom ferroelektrischen in den paraelektrischen Zustand, zeigen diese Materialien hingegen einen sehr hohen positiven Temperaturkoeffizienten von bis zu 0,3 K^{-1}. Der spezifische Widerstand steigt in einem Temperaturintervall von ca. 100 K um mehrere Größenordnungen (Bild 5.3).

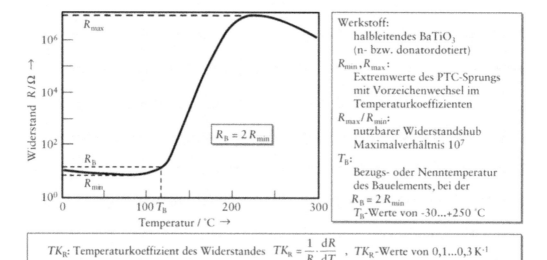

Bild 5.3 Widerstands-Temperatur-Kennlinie eines Kaltleiters [Heywang1984]

In Bild 5.3 sind die wichtigsten Kenngrößen von Kaltleitern angegeben: der minimale Widerstand R_{min} und der maximale R_{max} sowie die Bezugstemperatur T_B, bei der der Widerstand auf $2 \cdot R_{min}$ angestiegen ist. Der maximale nutzbare Widerstandshub R_{max}/R_{min} kann Werte von bis zu 10^7 annehmen. Die Bezugstemperatur T_B kann durch Variation der Zusammensetzung (Substitution von Barium durch Blei oder Strontium) in einem weiten Bereich eingestellt werden (Bild 5.4).

Für Kaltleiter existieren drei wesentliche Einsatzgebiete. Durch den extrem hohen Temperaturkoeffizienten in einem schmalen Temperaturbereich können Kaltleiter als Temperatursensoren für exakte Temperaturmessungen in diesem Bereich verwendet werden. Das Überschreiten einer durch die Zusammensetzung des PTC-Materials festgelegten Temperatur kann auf einfache Weise detektiert werden. So werden Kaltleiter beispielsweise als Übertemperaturschutz in Motorwicklungen eingesetzt.

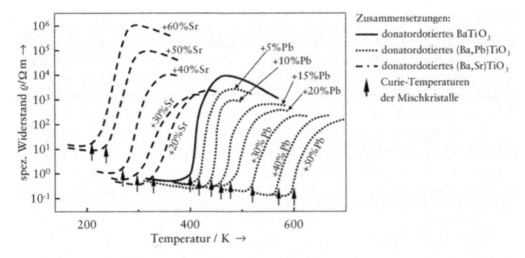

Bild 5.4 Temperaturabhängigkeit des spezifischen Widerstandes ρ von PTC-Keramik [Schaumburg1994]

Beim Anlegen einer Spannung führt die im Kaltleiter umgesetzte Leistung zu einer Eigenerwärmung. Ist die erzeugte Wärmemenge gleich der abgeführten, d. h. der Kaltleiter befindet sich im thermischen Gleichgewicht mit seiner Umgebung, so stellt sich eine konstante Temperatur ein. Wird die Wärmeabfuhr durch Veränderung des umgebenden Mediums oder dessen Strömungsgeschwindigkeit beeinflusst, so verändert sich die Temperatur und damit der Widerstand des Kaltleiters. Liegt die Gleichgewichtstemperatur im steilen Bereich der Kennlinie, so können Veränderungen des umgebenden Mediums exakt detektiert werden. Kaltleiter können auf diese Weise zur Füllstandsüberwachung und Strömungsmessung eingesetzt werden. Die mit der Eigenerwärmung verbundene Widerstandserhöhung kann auch zur Schaltverzögerung ausgenutzt werden. Bei Entmagnetisierungsschaltungen für Bildröhren wird mit der Entmagnetisierungsspule ein Kaltleiter in Reihe geschaltet. Beim Anlegen einer Wechselspannung fließt durch den mit der Eigenerwärmung ansteigenden Kaltleiterwiderstand ein abklingender Wechselstrom, der ein entsprechendes Magnetfeld in der Spule zur Folge hat.

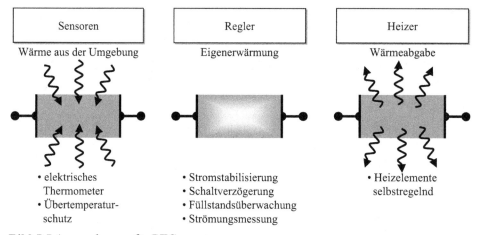

Bild 5.5 Anwendungen für PTC

Wird an den Kaltleiter eine ausreichend hohe, konstante Spannung angelegt, so heizt sich dieser auf. Nach Überschreiten der Bezugstemperatur steigt der Widerstand bei nur geringfügiger Temperaturerhöhung stark an, der Stromfluss und damit die im Kaltleiter umgesetzte Leistung sinken dementsprechend ab. Die Temperatur des Kaltleiters pendelt sich auf einen konstanten Wert ein und wird bei diesem, nahezu unabhängig von der abgeführten Wärmemenge, gehalten. Somit können Kaltleiter als selbstregelnde Heizelemente eingesetzt werden.

Der Kaltleiter- oder PTC-Effekt beruht auf temperaturabhängigen Potentialbarrieren an den Korngrenzen der halbleitenden Bariumtitanatkeramik. In Bild 5.6 ist der Verlauf der Dotierungskonzentration (La^{3+}-Ionen auf Ba^{2+}-Gitterplätzen als Donatoren) sowie der Barium-

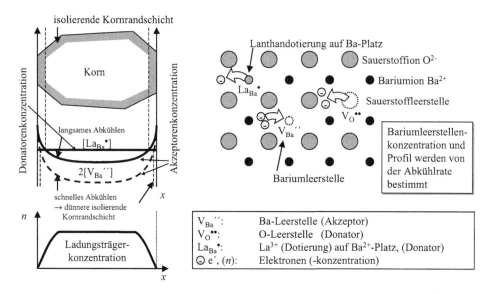

Bild 5.6 Leerstellen und Dotierungsprofile

leerstellen $[V_{Ba}'']$ über ein Korn dargestellt. Das Konzentrationsprofil der Bariumleerstellen stellt sich in Abhängigkeit von den Herstellungsbedingungen der Keramik ein. Da die Gleichgewichtskonzentration der Bariumleerstellen mit sinkender Temperatur ansteigt, „diffundieren" beim Abkühlen von der Sintertemperatur auf Raumtemperatur Bariumleerstellen von der Korngrenze in das Korn hinein (bzw. Bariumatome aus dem Korn heraus und hinterlassen die Leerstellen). Der Konzentrationsverlauf kann durch die Abkühlrate eingestellt werden.

Die Bariumleerstellen wirken als Akzeptoren, die jeweils 2 Leitungselektronen binden. Ist die Konzentration der Bariumleerstellen in einer dünnen Schicht entlang der Korngrenze größer als die halbe Donatorenkonzentration $[V_{Ba}''] > \frac{1}{2}[La_{Ba}^{\bullet}]$, so entsteht durch die überschüssigen Akzeptoren eine negative Raumladung innerhalb dieser dünnen Randschicht. Dies entspricht in etwa einer Belegung der Korngrenze mit negativ geladenen Akzeptoren.

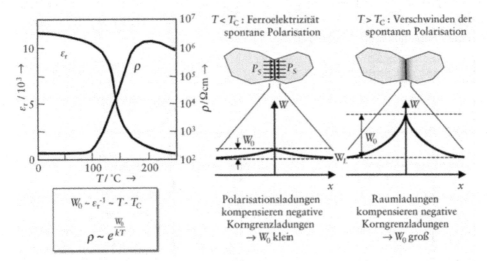

Bild 5.7 Temperaturabhängige Potentialbarrieren an Korngrenzen in $BaTiO_3$ [Heywang1976]

Die Elektronen, die an der Korngrenze von den Akzeptoren gebunden sind und die negative Grenzflächenladung erzeugen, sind Leitungselektronen aus einer positiven Raumladungszone, die sich zur Kompensation der Grenzflächenladung bildet (Bild 5.7, rechts). Der Verlauf der resultierenden Ladungsträgerkonzentration ist in Bild 5.6 dargestellt. Während die überschüssigen Elektronen in der negativen Grenzflächenladungsschicht an die Akzeptoren gebunden sind und nicht als Leitungselektronen zur Verfügung stehen, ist die darauffolgende positive Raumladungszone um eben diese Leitungselektronen verarmt.

Die Korngrenzen stellen in diesem Fall eine Potentialbarriere der Höhe φ_0 dar. Unter der Annahme, dass die positive Raumladungszone eine Raumladung $\rho = e_0 \cdot N_D = e_0 \cdot [La_{Ba}^{\bullet}]$ aufweist, d. h. alle Leitungselektronen aus diesem Bereich abgezogen wurden und die positive Ladung der ionisierten Donatoren übrig bleibt (Bild 5.8, rechts), kann die Höhe der Potentialbarriere φ_0 angegeben werden.

$$\varphi_0 = \frac{e_0}{2 \cdot N_D \cdot \varepsilon_r \cdot \varepsilon_0} \cdot \rho_F \qquad (5.7)$$

Dabei ist ρ_F die Anzahl der überschüssigen, negativ geladenen Akzeptoren pro Fläche im Bereich der Korngrenze. Die Potentialbarriere mit der Energiebarrierenhöhe $W_0 = e_0 \cdot \varphi_0$ beeinflusst die Leitfähigkeit bzw. den spezifischen Widerstand gemäß:

$$\sigma \propto \exp(-W_0 / kT) \text{ bzw. } \rho \propto \exp(W_0 / kT) \qquad (5.8)$$

Sinkt nun die Temperatur unter die Curietemperatur, so wird das Material ferroelektrisch. Die negative Grenzflächenladung wird nun nicht mehr durch eine positive Raumladung ionisierter Donatoren, sondern durch eine positive Flächenladung (Bild 5.8, links) aufgrund der entstehenden permanenten Dipole kompensiert. Die Potentialbarriere $\varphi_0 \propto \varepsilon_r^{-1}$ sinkt ab, da die relative Dielektrizitätszahl ε_r beim Übergang in den ferroelektrischen Zustand ansteigt (Bild 5.7). Aufgrund der fehlenden bzw. wesentlich geringeren Potentialbarrieren an den Korngrenzen steigt die Leitfähigkeit des Materials entsprechend an.

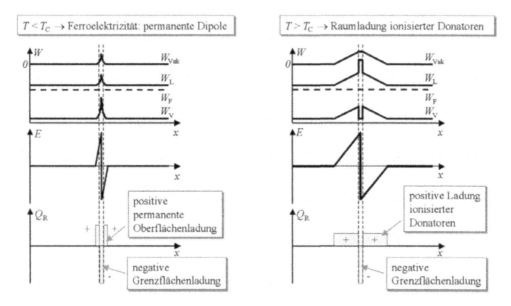

Bild 5.8 Bändermodell, elektrische Feldstärke und Raumladung an den Korngrenzen [Schaumburg1992]

5.3 Varistoren

Varistoren sind spannungsabhängige Widerstände aus halbleitender Siliziumkarbid- (SiC) oder Zinkoxid- (ZnO) Keramik. Bei geringen Spannungen verhindern Potentialbarrieren an den Korngrenzen einen Stromfluss, das Material ist isolierend. Wird die Spannung erhöht, kann bei einem bestimmten Spannungsabfall pro Korngrenze die Potentialbarriere von den Elektronen überwunden werden, der Strom steigt mit $I \propto |U|^{\alpha_{Var}}$, wobei die Nichtlinearitätskoeffizienten α_{Var} bei SiC zwischen 5 und 7 und bei ZnO zwischen 30 und 70 liegen.

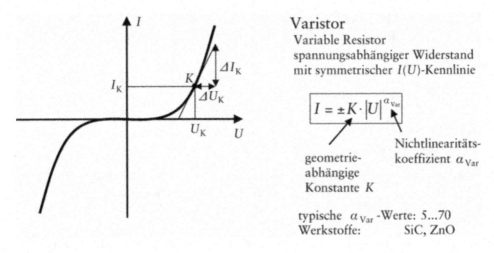

Bild 5.9 Strom-Spannungs-Kennlinie eines Varistors

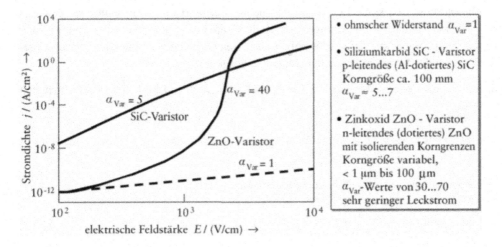

Bild 5.10 Strom-Spannungs-Kennlinien von SiC- und ZnO-Varistoren [Heywang1984]

Varistoren werden als Überspannungsschutz oder zur Spannungsregelung eingesetzt. Zum Schutz eines Verbrauchers vor Überspannungen, z. B. Blitzschutz, wird ein Varistor parallel geschaltet (Bild 5.11).

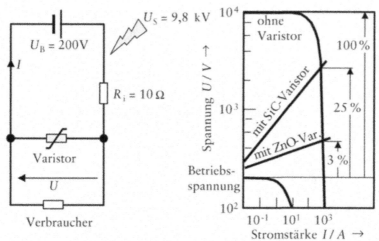

Durch eine Störspannung $U_S(t)$ wird
die Spannung U kurzzeitig erhöht.
$U(t) = U_S(t) + U_B - R_i \cdot I(t)$

Doppeltlogarithmische Darstellung $U(I)$
• bei normaler Betriebsspannung
• bei Überspannung $U_S = 9{,}8$ kV

Bild 5.11 Vergleich von SiC- und ZnO-Varistoren als Überspannungsschutz [Heywang1984]

Während bei normaler Betriebsspannung der Varistor einen hohen Widerstand aufweist, so
dass in diesem praktisch keine Leistung verbraucht wird, wird der Widerstand des Varistors
durch eine Überspannung $U_S(t)$ verringert, durch den Varistor fließt ein entsprechender Strom.
Der Varistor muss dabei kurzzeitig sehr hohe Leistungen aufnehmen können. Die Ansprechge-
schwindigkeiten des Varistors liegen bei einigen Nanosekunden.

Die Spannung am Verbraucher und Varistor $U = U_V = U_{Var}$ (s. Bild 5.11, links) berechnet sich
zu:

$$U = U_S + U_B - R_i \cdot I = \frac{R_{Var} \cdot R_V}{R_{Var} + R_V} \cdot I \tag{5.9}$$

Für kleine Spannungen $U \approx U_B$, d. h. keine Störspannung, gilt:

$$R_V \ll R_{Var} \Rightarrow \frac{R_{Var} \cdot R_V}{R_{Var} + R_V} \approx R_V \tag{5.10}$$

Für große Spannungen $U \approx U_S \gg U_B$, d. h. mit Störspannung, gilt:

$$R_V \gg R_{Var} \Rightarrow \frac{R_{Var} \cdot R_V}{R_{Var} + R_V} \approx R_{Var} \tag{5.11}$$

Die Ansprechspannung eines Varistors hängt von der Höhe der Potentialbarriere an der
Korngrenze und der Anzahl hintereinander geschalteter Körner und damit von der mittleren
Korngröße und den Abmessungen des Bauelements ab.

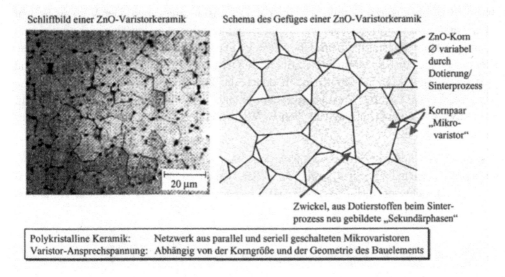

Bild 5.12 Polykristallines ZnO-Gefüge mit Sekundärphasen (Quelle: Siemens)

Jedes Kornpaar bildet einen Mikrovaristor, dessen Potentialbarriere bei Überschreiten der Durchbruchspannung, die bei ZnO-Varistoren zwischen 2,5 V und 3,5 V pro Korngrenze liegt, durchbrochen wird. Mit steigender Spannung fließt der Strom zuerst auf den Wegen durch den Varistor, auf denen er die wenigsten Korngrenzen zu überwinden hat. Ist die am Varistor anliegende Spannung so hoch, dass an allen Korngrenzen eine Spannung größer als die Durchbruchspannung anliegt, dann fließt überall Strom.

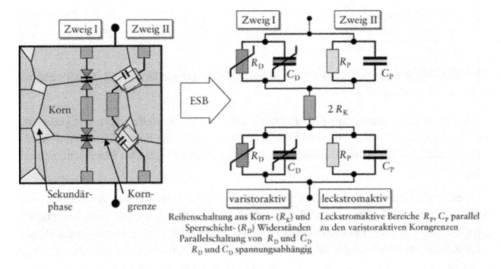

Bild 5.13 links: Schema des polykristallinen ZnO-Gefüges, rechts: Ersatzschaltbild für Mikrovaristoren (nach: *R. Einzinger, Nichtlineare elektrische Leitfähigkeit von dotierter Zinkoxid-Keramik, Dissertation TU München 1982*)

In Bild 5.13 ist ein Ersatzschaltbild für einen ZnO-Varistor angegeben. Der Varistor besteht aus den varistoraktiven Bereichen, der Reihenschaltung aus den leitfähigen Körnern und hochohmigen Korngrenzen, die beim Überschreiten der Durchbruchspannung leitend werden. Parallel dazu liegen die leckstromaktiven Bereiche. Der Leckstrom fließt durch die Körner und passiert die Korngrenzen in Bereichen, in denen die ZnO-Körner nicht direkt durch eine Korngrenze, sondern durch Sekundärphasen getrennt sind. Diese Bereiche sind nicht varistoraktiv, bei einem ausreichend hohen Widerstand der Sekundärphasen bleibt der Leckstrom aber gering.

ZnO ist ein II/VI-Halbleiter mit einem Bandabstand von 3,2 eV ($T = 300$ K). Eine nennenswerte intrinsische Leitfähigkeit tritt aufgrund des hohen Bandabstandes (zum Vergleich: Si 1,1 eV bei $T = 300$ K) nicht auf, da in dem Material Sauerstoffleerstellen als Donatoren vorhanden sind, ist es stets n-leitend.

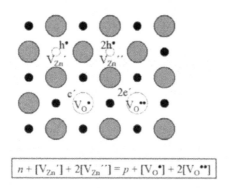

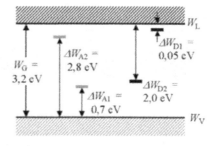

Bänderschema mit den Energieniveaus der Schottky-Defekte (ΔW_A, ΔW_D)

$$\boxed{n + [V_{Zn}'] + 2[V_{Zn}''] = p + [V_O^\bullet] + 2[V_O^{\bullet\bullet}]}$$

V_{Zn}', V_{Zn}'':	ein bzw. zweifach geladene Zn-Leerstelle	(ΔW_{A1}, ΔW_{A2})	A: Akzeptoren
$h^\bullet$, (p):	Defektelektronen (-konzentration)		
$V_O^\bullet$, $V_O^{\bullet\bullet}$:	ein bzw. zweifach geladene O-Leerstelle	(ΔW_{D1}, ΔW_{D2})	D: Donatoren
e', (n):	Elektronen (-konzentration)		

Bild 5.14 Schottky-Fehlstellen (links in 2-dimensionaler Darstellung) und Bänderschema (rechts) in ZnO [Heywang1984]

Die Ladungsträgerkonzentration im ZnO-Korn wird durch den Herstellungsprozess gesteuert. Bei hohen Temperaturen (Sintertemperatur 1300 °C) weist ZnO eine hohe Elektronenkonzentration entsprechend der Sauerstoffleerstellenkonzentration auf, es stellt sich das Hochtemperaturgleichgewicht ein.

Wird die gesinterte Keramik abgekühlt, verschieben sich die Leerstellenkonzentrationen vom Kornrand ausgehend in Richtung des Niedertemperaturgleichgewichts mit einer wesentlich geringeren Elektronenkonzentration. In Abhängigkeit von der Abkühlrate entsteht in den Randzonen der Körner ein isolierender Bereich, während im Korninneren das Hochtemperaturgleichgewicht „eingefroren" wird, d. h. die überschüssigen Leerstellen können nicht schnell genug aufgefüllt werden, die hohe Elektronenkonzentration bleibt erhalten. Die Verringerung der Leitfähigkeit wird im Bereich der Kornrandschichten durch Zugabe von Dotierstoffen, die als Akzeptor wirken, verstärkt.

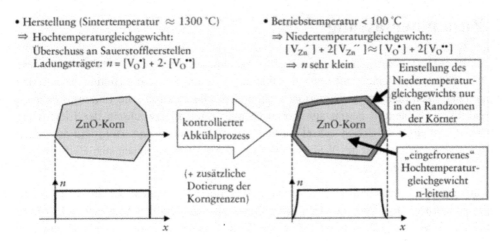

Bild 5.15 Einstellung des hochohmigen Bahngebietes an der Korngrenze

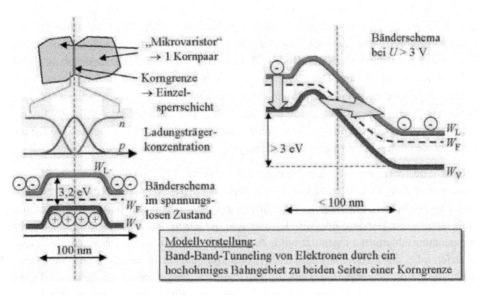

Bild 5.16 Bändermodell eines ZnO-Varistors an einer Korngrenze

Technische Varistorsysteme bestehen aus Zusammensetzungen $ZnO + Bi_2O_3 + MnO_2 + Co_3O_4$ $+ Sb_2O_3 + Cr_2O_3$ + weiteren Additiven, es sind bis zu 10 Komponenten üblich, um die Sekundäreigenschaften des jeweiligen Varistortyps zu optimieren.

Die Korngrenzen bilden in Abhängigkeit von den Konzentrationsprofilen der verschiedenen Fehlstellen einen n-p-n- bzw. n-i-n-Übergang (wobei der intrinsische Bereich mit $W_G = 3,2$ eV bei Raumtemperatur isolierend ist). Elektronen können diesen Bereich im spannungslosen Zustand nur schwer überwinden, da der Korngrenzbereich eine Potentialbarriere von ca. 0,6 eV bildet. Liegt eine Spannung von ca. 3 V an, so verschiebt sich der Bandverlauf entsprechend Bild 5.16, die Elektronen können nun durch einen Tunneling-Prozess die Korngrenze überwinden.

5.4 Zusammenfassung

1. Heißleiter (NTC) bestehen aus zumeist polykristallinen halbleitenden Metalloxiden. Diese Materialien zeigen eine stark ionische Bindung, allerdings sind die Bindungselektronen nur relativ schwach an die Gitterionen gebunden. Die elektronische Leitung in diesen oxidischen Halbleitern beruht auf thermisch aktivierten Platzwechseln der Elektronen, dabei findet ein Wertigkeitswechsel der beteiligten Gitterionen statt. Aufgrund des hohen Temperaturkoeffizienten des Widerstands von -2 bis -6 %/K eignen sich Heißleiter als Temperatursensoren.

2. Kaltleiter (PTC) bestehen aus halbleitender dotierter Bariumtitanat-Keramik. In weiten Temperaturbereichen verhalten sich diese Werkstoffe wie Heißleiter, in einem Temperaturintervall von ca. 100 K in der Nähe der Curie-Temperatur zeigt sich jedoch ein sehr hoher positiver Temperaturkoeffizient von bis zu 30 %/K. Der Kaltleiter-Effekt beruht darauf, dass an den Korngrenzen innerhalb der Bariumtitanat-Keramik temperaturabhängige Potentialbarrieren existieren, die bei der Herstellung der Keramik durch Diffusion von Bariumleerstellen in eine dünne Korn-Randschicht entstehen. Die Leerstellen fungieren als Akzeptoren, es bildet sich eine Raumladungszone aus, die eine Potentialbarriere für die Elektronen darstellt. Sinkt nun die Temperatur unter die Curie-Temperatur, wird das Material ferroelektrisch. Die negative Ladung auf der Grenzfläche kann nun durch permanente Dipole kompensiert werden. Das Potential über der Grenzfläche sinkt nun ähnlich wie in einem Kondensator, in den ein Dielektrikum eingeführt wird, ab. Mit sinkender Temperatur nimmt folglich der Widerstand stark ab. Kaltleiter werden häufig als Heizelemente eingesetzt, da sie bei Erwärmung den Stromfluss begrenzen.

3. Varistoren bestehen aus ferroelektrischer halbleitender SiC- oder ZnO-Keramik. Bei geringen Spannungen ist der Strom durch Potentialbarrieren an den Korngrenzen blockiert. Erst bei hohen Spannungen, wenn über den Korngrenzen eine bestimmte Spannung abfällt, kann diese Barriere überwunden werden, der Strom steigt schlagartig an, was in Überspannungsableitern ausgenutzt wird. Ähnlich wie bei Kaltleitern entstehen die Potentialbarrieren bei der Herstellung durch Diffusion von Sauerstoffleerstellen aus dem Material hinaus. Da die Sauerstoffleerstellen im Korninnern „eingefroren" werden, besteht ein Konzentrationsgefälle von innen nach außen, was eine Elektronenverarmung der Korngrenzen bedeutet. Dieser isolierende Bereich kann von Elektronen etwa ab einer Spannung von 3 V überwunden werden.

6 Magnetische Werkstoffe

Beim Magnetismus treten ähnliche Effekte wie in Dielektrika auf, die hier allerdings etwas komplizierter sind. Atome besitzen zum einen wegen der Bewegung der Elektronen um den Kern ein permanentes magnetisches Dipolmoment, das sogenannte Bahnmoment, zudem haben auch die Elektronen selbst aufgrund ihres Spins ein permanentes magnetisches Moment (Spinmoment). Das gesamte magnetische Moment eines Atoms als Summe von Bahn- und Spinmoment wird damit von seiner Elektronenkonfiguration bestimmt. Anders als bei elektrischen Dipolen führt die Ausrichtung eines permanenten magnetischen Dipols in einem äußeren magnetischen Feld zu einer Verstärkung dieses Feldes.

Je nach ihrem Verhalten in einem äußeren Magnetfeld lassen sich die Werkstoffe in fünf Kategorien einteilen: in dia-, para-, ferro-, ferri- und antiferromagnetische Werkstoffe. Para-, ferro-, ferri- und antiferromagnetische Werkstoffe besitzen permanente magnetische Dipol-momente. In paramagnetischem Material ist die Wechselwirkung der magnetischen Dipole aber so schwach ausgebildet, dass es keine Vorzugsrichtung gibt, die Dipole sind zufällig verteilt. Ein äußeres Feld orientiert die Dipole teilweise in Feldrichtung, was zu einer Verstärkung des Feldes führt. Dieser Effekt ist bei Raumtemperatur bei einem Magnetfeld gewöhnlicher Stärke nur gering, da die vollständige Orientierung der Dipole durch deren thermische Bewegung verhindert wird. Anders sieht die Sache bei ferro- und ferrimagneti-schem Material aus. Hier sind die magnetischen Dipole stark gekoppelt. Schon schwache äußere Felder werden daher enorm verstärkt. Die magnetischen Dipole sind häufig auch ohne äußeres Magnetfeld über makroskopische Bereiche, die sogenannten Weißschen Bezirke, hinweg vollständig ausgerichtet (spontane Magnetisierung), wie etwa in Permanentmagneten. Diamagnetismus tritt in allen Materialien auf. Das äußere Magnetfeld induziert ein magneti-sches Moment, das gegen das äußere Feld gerichtet ist, das Magnetfeld wird leicht geschwächt. Diamagnetismus ist nur in Materialien messbar, deren Atome durch Kompensation ihrer Spin- und Bahnmomente kein permanentes magnetisches Moment besitzen.

6.1 Feld- und Materialgleichungen

Zur Beschreibung magnetischer Erscheinungen dienen die Feldgrößen H (magnetische Feldstärke, magnetische Erregung) und B (magnetische Induktion, magnetische Flussdichte). Dabei sind H die der Ursache (Bewegung von Ladungsträgern), B die der Wirkung (Kraft auf bewegte Ladungsträger) zugeordneten Größen. Weitere magnetische Größen sind das magnetische Moment μ_m eines magnetischen Dipols und der magnetische Fluss Φ (Produkt aus Flussdichte und Querschnittsfläche). Beim SI-Einheitensystem werden die magnetischen Größen in den Einheiten V, A, m, s angegeben. Gelegentlich werden auch noch die Einheiten G (Gauß) und Oe (Oersted) verwendet.

Magnetische Feldstärke H	Magnetisches Moment μ_{m}	Magnetische Induktion B	Magnetischer Fluss Φ
$1\dfrac{A}{m}$	$1\,\mathrm{Am}^2$	$1\dfrac{Vs}{m^2}=1\,\mathrm{T}\ \ (\mathrm{T}=\mathrm{Tesla})$	$1\,\mathrm{Vs}=1\,\mathrm{Wb}$ (Wb = Weber)
$1\dfrac{A}{cm}=100\dfrac{A}{m}$	$1\,\mathrm{Acm}^2=10^{-4}\,\mathrm{Am}^2$	$1\dfrac{Vs}{cm^2}=10^4\,\mathrm{T}$	
$1\,\mathrm{Oe}=\dfrac{10^3}{4\pi}\dfrac{A}{m}$		$1\,\mathrm{G}=10^{-8}\dfrac{Vs}{cm^2}=10^{-4}\,\mathrm{T}$	

Tabelle 6.1 Einheiten magnetischer Größen

Für den Zusammenhang zwischen B und H gilt im Vakuum

$$B = \mu_0 \cdot H \tag{6.1}$$

Hierin ist $\mu_0 = 4\pi \cdot 10^{-7}$ Vs/Am $= 1{,}26 \cdot 10^{-6}$ Vs/Am die magnetische Feldkonstante (Induktionskonstante). Bei Anwesenheit von magnetisch isotroper Materie gilt die Beziehung

$$B = \mu_r \mu_0 H \tag{6.2}$$

mit der Permeabilitätszahl (relativen Permeabilität) μ_r.

Allgemein erfolgt die Beschreibung des Werkstoffeinflusses durch Addition einer Feldgröße:

$$B = \mu_0 H + J \tag{6.3}$$

oder

$$B = \mu_0(H + M) \tag{6.4}$$

Man nennt J die magnetische Polarisation (gleiche Dimension wie B), M die Magnetisierung (gleiche Dimension wie H). Für die magnetische Suszeptibilität gilt:

$$\chi_{\mathrm{m}} = \frac{M}{H} = \frac{1}{\mu_0}\frac{J}{H} \quad \text{in magnetisch isotroper Materie:} \quad \chi_{\mathrm{m}} = \mu_r - 1 \tag{6.5}$$

Nach der Größe der Permeabilitätszahl bzw. der magnetischen Suszeptibilität unterscheidet man folgende Fälle:

$\mu_r < 1$, $\chi_{\mathrm{m}} < 0$	$\mu_r = 1$, $\chi_{\mathrm{m}} = 0$	$\mu_r > 1$, $\chi_{\mathrm{m}} > 0$	$\mu_r \gg 1$, $\chi_{\mathrm{m}} \gg 0$
Diamagnetismus	magnetisch neutrale Stoffe (Grenzfall)	Para- und Antiferromagnetismus	Ferrimagnetismus Ferromagnetismus

Dia-, para- und ferromagnetisches Verhalten ist bei Elementen und Verbindungen (bzw. Legierungen) zu finden. Die Erscheinungen des Antiferromagnetismus und des Ferrimagnetismus sind auf spezielle Kristallstrukturen beschränkt.

Bild 6.1 gibt eine Übersicht über die magnetischen Eigenschaften der Elemente (ohne Seltene Erden) bei Raumtemperatur. Diamagnetisch sind insbesondere die Edelgase, die Halogene und die Halbleiter Bor, Silizium, Germanium und Selen, sowie die Metalle Kupfer, Silber und Gold. Der höchste Wert von $|\chi_m|$ ist bei Wismut zu finden. Werkstoffe im supraleitenden Zustand sind durch $\chi_m = -1$ gekennzeichnet, d. h. im Innern eines Supraleiters kann kein magnetischer Fluss existieren.

Paramagnetisch sind insbesondere die Alkalimetalle, die meisten Übergangsmetalle und die Seltenen Erden. Paramagnetisch ist auch als einziges Gas der Sauerstoff; hiervon wird in der Gasanalytik Gebrauch gemacht. Ferromagnetisch sind bei Raumtemperatur nur die Elemente Eisen, Kobalt und Nickel; bei tiefen Temperaturen weisen auch einige Metalle aus der Gruppe der Seltenen Erden (Gd, Dy, Er) ferromagnetisches Verhalten auf.

Bei Verbindungen, insbesondere bei Ionenkristallen und Stoffen mit kovalenter Bindung, ist diamagnetisches Verhalten vorherrschend. Paramagnetisch sind u. a. Salze, die Seltenerdmetalle enthalten. Oxide der Übergangsmetalle können antiferromagnetische oder ferrimagnetische Kristallstrukturen bilden. Ferromagnetismus tritt auch bei einigen Legierungen auf, die frei von Eisen, Kobalt und Nickel sind.

Die Suszeptibilität dia- und paramagnetischer Stoffe wird ermittelt, indem man die Substanz in ein inhomogenes Magnetfeld einbringt. Auf ein Volumen V der Probe wirkt eine Kraft

$$F = \chi_m V \frac{B}{\mu_0} \frac{dB}{dx} \tag{6.6}$$

Je nach Vorzeichen von χ_m ergibt sich eine Kraft in Richtung niedrigerer bzw. höherer Feldstärke. Diamagnetische Substanzen werden vom Magnetfeld abgestoßen, paramagnetische Substanzen angezogen.

1	2	3	4	5	6	7	8	9	10	11	12	13	14	15	16	17	18
H (-2,5)																	He (-1,1)
Li 24	Be -23											B -19	C -22	N (-6,3)	O 7,9	F	Ne (-4,0)
Na 8,1	Mg 5,7											Al 21	Si -3,4	P -23	S -12	Cl (-22)	Ar (-11)
K 5,7	Ca 21	Sc 264	Ti 181	V 383	Cr 267	Mn 828	Fe 2,16	Co 1,76	Ni 0,61	Cu -9,7	Zn -12	Ga -23	Ge -7,3	As -5,4	Se -18	Br -16	Kr (-16)
Rb 4,4	Sr 36	Y 122	Zr 109	Nb 236	Mo 119	Tc 373	Ru 66	Rh 170	Pd 783	Ag -25	Cd -19	In -8,2	Sn 2,4	Sb -67	Te -24	I -22	Xe (-24)
Cs 5,3	Ba 6,7	La 63	Hf 71	Ta 175	W 78	Re 96	Os 15	Ir 37	Pt 264	Au -34	Hg -28	Tl -36	Pb -16	Bi -153	Po	At	Rn

diamagnetisch	paramagnetisch	ferromagnetisch	Zahlen ohne (): $\cdot 10^{-6}$ Zahlen in (): $\cdot 10^{-9}$

Bild 6.1 Magnetische Suszeptibilität χ_m der Elemente bei Raumtemperatur

6.2 Magnetische Polarisationsmechanismen

Ein magnetischer Dipol lässt sich durch einen Kreisstrom I, der eine Fläche A umschließt, definieren. Das zugehörige magnetische Dipolmoment ist

$$\mu_\text{M} = I \cdot A \tag{6.7}$$

Der atomare Kreisstrom $I = e_0 / \tau = e_0 \omega / 2\pi$ (τ = Zeit pro Umlauf, ω = Winkelgeschwindigkeit des Umlaufs) eines um den Kern rotierenden Elektrons erzeugt ein magnetisches Moment der Größe (r = Bahnradius)

$$\mu_\text{Bahn} = \frac{e_0 \omega}{2\pi} \cdot \pi r^2 \tag{6.8}$$

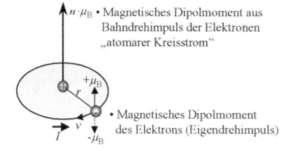

$n \cdot \mu_\text{B}$ • Magnetisches Dipolmoment aus Bahndrehimpuls der Elektronen „atomarer Kreisstrom"

• Magnetisches Dipolmoment des Elektrons (Eigendrehimpuls)

Bild 6.2
Berechnung des magnetischen Bahnmomentes

Für die magnetische Polarisation (Magnetisierung) der Materie existieren zwei Ursachen:

• das mit dem Spin verknüpfte magnetische Dipolmoment μ_e des Elektrons. Der Betrag dieser physikalischen Größe wird Bohrsches Magneton μ_B genannt; es gilt

$$\mu_\text{e} = -\mu_\text{B} \qquad \mu_\text{B} = \frac{e_0 h}{4\pi m_\text{e}} = 9{,}27 \cdot 10^{-24}\,\text{Am}^2 \tag{6.9}$$

• das aus dem Bahndrehimpuls der Elektronen resultierende Dipolmoment μ_Bahn.

Letzteres ist nach dem Bohrschen Atommodell wie folgt zu berechnen.

Nach der Bohrschen Quantenbedingung ist das Produkt aus dem Impuls der Elektronen ($m_\text{e} v = m_\text{e} \omega r$) und der Bahnlänge ($2\pi r$) eines Umlaufs ein ganzzahliges Vielfaches (n = 1, 2, ...) des Planckschen Wirkungsquantums, d. h.

$$m_\text{e} \omega r \cdot 2\pi r = n \cdot h \tag{6.10}$$

Durch Einsetzen in μ_Bahn folgt für das magnetische Moment

$$\mu_\text{Bahn} = \frac{e_0 \omega}{2\pi} \cdot \pi r^2 = \frac{n e_0 h}{4\pi m_\text{e}} = n \cdot \mu_\text{B} \tag{6.11}$$

D. h. nach dem Bohrschen Atommodell ist das magnetische Bahnmoment ein ganzzahliges Vielfaches des Bohrschen Magnetons.

Der Quotient aus dem magnetischen Moment und dem Drehimpuls der Elektronen wird gyromagnetisches Verhältnis genannt. Für das Bahnmoment ergibt sich

$$\gamma_{\text{Bahn}} = \frac{n \cdot \mu_{\text{B}}}{m_{\text{e}} \omega r^2} = \frac{e_0}{2m_{\text{e}}} \tag{6.12}$$

während für den Elektronenspin ($h/4\pi$) das gyromagnetische Verhältnis

$$\gamma_{\text{Spin}} = \frac{\mu_{\text{B}}}{h/4\pi} = \frac{e_0}{m_{\text{e}}} \tag{6.13}$$

ist. Durch magnetomechanische Experimente lässt sich daher feststellen, ob in einer Substanz Bahn- oder Spinanteile der Magnetisierung überwiegen.

Das klassische Atommodell gibt die Energie der Elektronen richtig an. Bei den Drehimpulsen (Bahnmomenten) ist jedoch zu berücksichtigen, dass die Elektronenverteilung für s-Elektronen kugelsymmetrisch ist und somit bei Elektronen in dieser Konfiguration kein Bahnmoment existiert. Dagegen besitzen p-Elektronen, d-Elektronen usw. Vorzugsebenen der Elektronenkonfiguration und damit ein Bahnmoment. Jede vollständige Schale ist kugelsymmetrisch, d. h. ohne magnetisches Moment.

6.2.1 Diamagnetismus

Ein messbarer Diamagnetismus tritt bei solchen Werkstoffen auf, bei denen sich alle Spin- und Bahnmomente gegenseitig kompensieren. Bringt man derartige Substanzen in ein Magnetfeld, so werden magnetische Momente induziert, die dem äußeren Magnetfeld entgegengesetzt gerichtet sind (Bild 6.3).

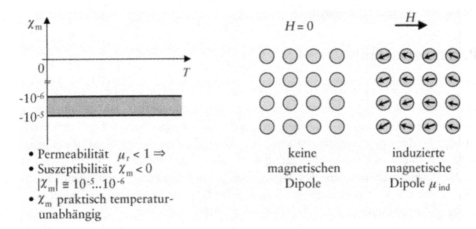

- Permeabilität $\mu_r < 1 \Rightarrow$
- Suszeptibilität $\chi_m < 0$
  $|\chi_m| \cong 10^{-5}..10^{-6}$
- χ_m praktisch temperaturunabhängig

keine magnetischen Dipole

induzierte magnetische Dipole μ_{ind}

Bild 6.3 Diamagnetismus

Zur Berechnung der induzierten Momente wird ein Elektron betrachtet, welches sich auf einer Kreisbahn mit dem Radius r bewegt und dabei ein magnetisches Moment erzeugt. Auf diesen magnetischen Dipol wirkt im Magnetfeld ein Drehmoment, welches zu einer Präzessionsbewegung mit der Kreisfrequenz

$$\omega_L = \gamma_{Bahn} \cdot B \qquad (6.14)$$

führt (ω_L = Larmor-Frequenz). Aus dieser Bewegung resultiert das induzierte Moment

$$\mu_{ind} = -\pi r_1^2 \frac{\omega_L}{2\pi} e_0 = -\frac{e_0^2}{4m_e} r_1^2 B \qquad (6.15)$$

Dabei ist r_1 die Projektion des Bahnradius r auf die Feldrichtung. Da die Orientierung der Elektronenbahnen in bezug auf die Feldrichtung statistisch verteilt ist, muss eine Mittelwertbildung durchgeführt werden. Mit $\overline{r_1}^2 = \tfrac{2}{3} r^2$ ergibt sich

$$\overline{\mu}_{ind} = -\frac{e_0^2 r^2}{6m_e} B \; . \qquad (6.16)$$

Mit der Konzentration N der diamagnetischen Atome folgt die Magnetisierung

$$M = N \cdot \overline{\mu}_{ind} = -\frac{N e_0^2 r^2}{6m_e} B \qquad (6.17)$$

und damit die magnetische Suszeptibilität

$$\chi_{mD} = \mu_0 \frac{M}{B} = -\mu_0 N \frac{e_0^2 r^2}{6m_e} \; . \qquad (6.18)$$

Aus dieser Gleichung ist zu entnehmen, dass bei Atomen mit großer Ausdehnung der Elektronenhülle eine hohe diamagnetische Suszeptibilität zu erwarten ist. Die diamagnetische Suszeptibilität ist temperaturunabhängig.

6.2.2 Paramagnetismus

Bei paramagnetischen Substanzen (z. B. Übergangsmetalle und seltene Erden) sind die Spin- und Bahnmomente nicht kompensiert, d. h. das Einzelatom besitzt ein resultierendes magnetisches Moment. Dennoch ist diese Materie bei Abwesenheit äußerer Erregung unmagnetisch, da die Dipolmomente wegen der Wärmebewegung in allen Richtungen statistisch verteilt sind. Ein äußeres Magnetfeld wird durch Ausrichtung der Dipole verstärkt ($\chi_m > 0$). Die Ausrichtung magnetischer Dipole durch das Magnetfeld kann quantitativ in gleicher Weise wie bei der Orientierungspolarisation der Dielektrika beschrieben werden. Es ergibt sich die Magnetisierung

$$M = N\mu_B \cdot L(\mu_B \cdot B/kT) \qquad (6.19)$$

wobei N die Konzentration der Dipole (mit dem Dipolmoment μ_B) und $L(\mu_B \cdot B/kT)$ die Langevin-Funktion sind (Bild 6.4).

Die Langevin-Funktion ist zu $L(x) = \coth(x) - 1/x$ definiert. Für $x \ll 1$ lässt sie sich in eine Potenzreihe entwickeln. Bei niedriger Feldstärke ($\mu_B B/kT \ll 1$) resultiert in linearer Näherung eine Magnetisierung

$$M = \frac{N\mu_B^2 B}{3kT} \qquad (6.20)$$

und damit die paramagnetische Suszeptibilität

$$\chi_{mP} = \mu_0 \frac{M}{B} = \mu_0 \frac{N\mu_B^2}{3kT} \qquad (6.21)$$

Die Gleichung kann auch als Curie-Gesetz (C = Curie-Konstante)

$$\chi_{mP} = \frac{C}{T} \qquad (6.22)$$

geschrieben werden. Hiernach ist die paramagnetische Suszeptibilität umgekehrt proportional zur absoluten Temperatur T.

Bei hoher Feldstärke bzw. niedriger Temperatur kann Sättigung eintreten. Zahlenmäßig übertrifft, bei gleicher Konzentration N, die paramagnetische Suszeptibilität den Betrag der diamagnetischen Suszeptibilität um etwa den Faktor 500, d. h. bei Vorhandensein permanenter Dipole herrscht der Paramagnetismus vor; die diamagnetischen Anteile sind in diesem Falle zu vernachlässigen.

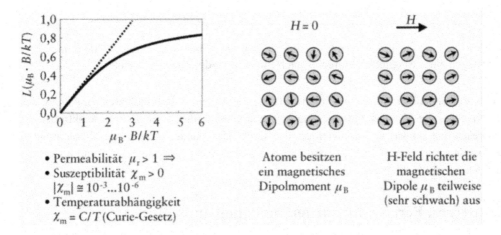

- Permeabilität $\mu_r > 1 \Rightarrow$
- Suszeptibilität $\chi_m > 0$
  $|\chi_m| \cong 10^{-3} ... 10^{-6}$
- Temperaturabhängigkeit
  $\chi_m = C/T$ (Curie-Gesetz)

Atome besitzen ein magnetisches Dipolmoment μ_B

H-Feld richtet die magnetischen Dipole μ_B teilweise (sehr schwach) aus

Bild 6.4 Paramagnetismus, Langevin-Funktion

Bei Metallen kann außerdem paramagnetisches Verhalten durch die Leitungselektronen hervorgerufen werden (Pauli-Paramagnetismus). In Bild 6.5 links ist die Elektronenverteilung im Leitungsband bei Abwesenheit eines Magnetfeldes für die beiden Orientierungsmöglichkeiten des Spins dargestellt. Die Zustände sind bis zur Fermi-Energie W_F mit Elektronen besetzt. Unmittelbar nach Anlegen eines Magnetfeldes herrscht eine Verteilung gemäß Bild 6.5 Mitte, da die antiparallel zum Feld orientierten Elektronen eine Erhöhung der Energie um $+\mu_B B$ erfahren, während die Energie der parallel orientierten Elektronen um $-\mu_B B$ erniedrigt wird. Antiparallel orientierte Elektronen müssen Arbeit gegen das Feld verrichten, während parallel orientierte Elektronen Energie an das Feld abgeben. Durch Konzentrationsausgleich zwischen den beiden Teilbändern entsteht anschließend die in Bild 6.5 rechts dargestellte Verteilung; es liegen dann mehr Elektronen mit parallel orientiertem Spin vor.

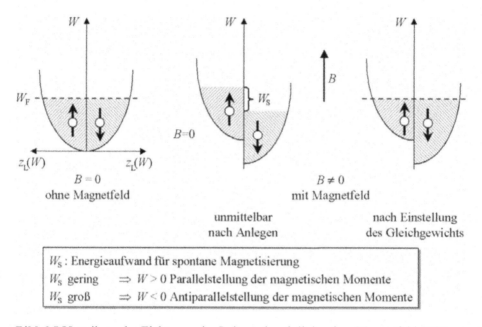

Bild 6.5 Verteilung der Elektronen im Leitungsband: links ohne Magnetfeld, Mitte unmittelbar nach Anlegen eines Magnetfeldes, rechts nach Einstellung des Gleichgewichts

Davon betroffen sind allerdings nur relativ wenige Elektronen in unmittelbarer Umgebung des Fermi-Niveaus, die Verstärkung des magnetischen Flusses durch die Leitungselektronen ist somit wesentlich schwächer als diejenige, die durch permanente magnetische Dipolmomente (Ferromagnetismus) hervorgerufen wird ($\chi_m > 0$ und zwischen 10^{-3} und 10^{-6}) und außerdem nahezu temperaturunabhängig.

6.2.3 Ferro-, Ferri- und Antiferromagnetismus

Die Orientierung der Elektronenspins in den inneren Schalen, die nicht an der chemischen Bindung beteiligt sind, gehorcht der Hundschen Regel (Gesetz der maximalen Spinmultiplizität). Diese Regel ist insbesondere bei Elementen, welche nichtabgeschlossene 3d- und 4f-Schalen aufweisen (Übergangs- und Seltenerdmetalle), wirksam. Für die Gruppe der 3d-

Übergangsmetalle (Sc bis Ni) ergibt sich beispielsweise die in Bild 6.6 dargestellte Ausrichtung der Elektronenspins. Bei Atomen der Übergangselemente können atomare magnetische Momente bis zu 5 μ_B auftreten (Mn, Mn^{2+}, Fe^{3+}). Bei Elementen mit einem atomaren magnetischen Moment von mindestens 2 μ_B kann es unter geeigneten Bedingungen zu einer vollständigen Orientierung aller Elektronenspins in bestimmten räumlichen Bereichen, den Weißschen Bezirken, kommen. Die drei grundsätzlich möglichen Arten der Ordnungszustände sind in Bild 6.6 rechts zusammengestellt.

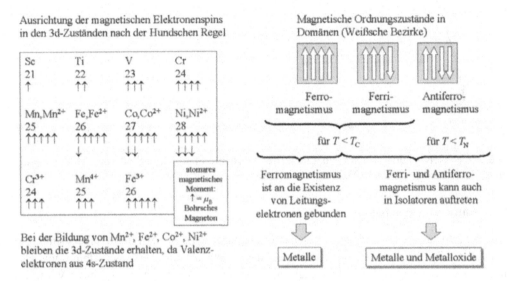

Bild 6.6 Magnetische Ordnungszustände [Münch1987]

6.2.3.1 Ferromagnetismus

Ferromagnetische Werkstoffe sind durch vollständige Parallelorientierung der atomaren Momente gekennzeichnet (Bild 6.10 rechts). Das Auftreten des Ferromagnetismus ist an bestimmte Bedingungen geknüpft, von denen ein geeigneter Atomabstand (in Relation zur Ausdehnung der 3d-Schale) und die Struktur des Leitungsbandes am wichtigsten sind. In Bild 6.7 ist die quantenmechanische Wechselwirkung („Austauschenergie") atomarer magnetischer Momente in Abhängigkeit vom Atomabstand (normiert auf den Radius der 3d-Schale) dargestellt. Wie aus Bild 6.7 hervorgeht, haben die Elemente Eisen (α-Fe), Kobalt, Nickel und Gadolinium eine positive Austauschenergie ($W > 0$); sie sind daher ferromagnetisch. Chrom und Mangan bilden dagegen, trotz hoher atomarer magnetischer Momente, infolge der negativen Wechselwirkung ($W < 0$) als reine Metalle kein ferromagnetisches Gitter. Durch geeignete Legierungsbildung können aber z. B. Mn-Atome in einer nichtmagnetischen Matrix so verteilt werden, dass eine ferromagnetische Substanz entsteht (Heusler-Legierung: 76 % Cu, 14 % Mn, 10 % Al). Bestimmte Edelstähle (Austenite, z. B. V2A mit 64 % Fe, 18 % Cr und 8 % Ni) sind nichtmagnetisch.

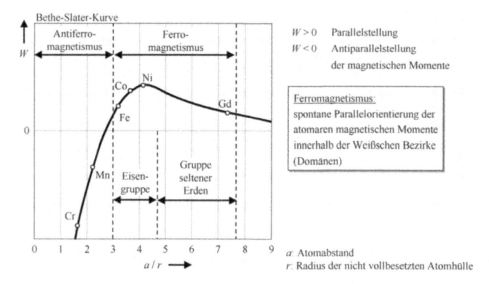

Bild 6.7 Wechselwirkung atomarer magnetischer Momente in Abhängigkeit vom Atomabstand (Bethe-Slater-Kurve) [Hahn1983]

6.2.3.2 Antiferromagnetismus

Der dem Ferromagnetismus entgegengesetzte Ordnungszustand des Antiferromagnetismus ist durch vollständige Kompensation der atomaren magnetischen Momente (innerhalb bestimmter Bereiche) gekennzeichnet. Die antiparallele Ausrichtung der Momente erfolgt durch Vermittlung nichtmagnetischer Ionen („indirekte Austauschwechselwirkung", „Superaustausch"). Bild 6.8 links zeigt als Beispiel den Gitteraufbau des antiferromagnetischen Manganoxids. Die in gerader Linie über ein Sauerstoffion verbundenen Manganionen besitzen jeweils antiparallelen Spin.

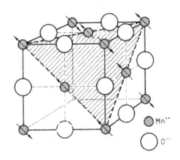

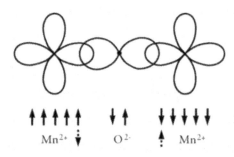

- Gitteraufbau und Spinorientierung bei Manganoxid (MnO)
- antiparallele Ausrichtung der Momente in Mn^{2+} durch nichtmagnetische O^{2-}-Ionen

- Verteilung und Spinorientierung 3d-Elektronen von Mn^{2+} und 2p-Elektronen des O^{2-}
- teilweise Überlappung von 3d- und 2p-Orbitalen bewirkt (Hundsche Regel) eine antiparallele Orientierung der magnetischen Momente

Bild 6.8 Antiferromagnetismus am Beispiel Manganoxid

In Bild 6.8 rechts sind schematisch die 3d-Elektronenkonfiguration des Mangans und die Verteilung der 2p-Elektronen des Sauerstoffs mit den dazugehörigen Spinorientierungen dargestellt. Die beiden 2p-Elektronen des Sauerstoffions besitzen, da es sich um Valenzelektronen handelt, antiparallele Spins. Die teilweise Überlappung der 2p-Elektronen mit den 3d-Schalen der benachbarten Mn-Ionen bewirkt bei letzteren entsprechend der Hundschen Regel eine antiparallele Orientierung der magnetischen Momente. Es ist aus Bild 6.8 rechts ersichtlich, dass eine indirekte Austauschwechselwirkung über Sauerstoffionen eine lineare Anordnung der Ionen erfordert.

6.2.3.3 Ferrimagnetismus

Technisch besonders wichtig sind die ferrimagnetischen Werkstoffe, bei denen im Gegensatz zu den antiferromagnetischen Werkstoffen die Orientierung der magnetischen Momente in einer Richtung stark überwiegt (z. B. 3 : 1, 4 : 1 etc.). Eine typische Gruppe der ferrimagnetischen Werkstoffe hat die allgemeine Formel $MeO \cdot Fe_2O_3$ („Ferrite"), wobei Me für ein zweiwertiges Ion der Übergangselemente (Mn, Ni, Co, Cu, Zn etc.) steht.

Die ferrimagnetischen Werkstoffe weisen in der Regel eine geringere Sättigungsmagnetisierung als die Ferromagnetika auf. Sie besitzen jedoch den Vorteil, dass für die Spinorientierung keine Leitungselektronen benötigt werden (geringere Wirbelstromverluste).

Die kubischen Ferrite besitzen eine Struktur, die derjenigen des Spinells ($MgO \cdot Al_2O_3$ bzw. $MgAl_2O_4$) verwandt ist. Die Elementarzelle des Spinells besteht aus 32 Sauerstoffionen in dichtester Kugelpackung; darin eingelagert sind 8 Magnesiumionen und 16 Aluminiumionen.

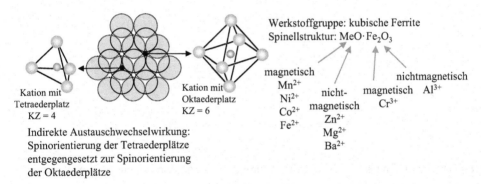

Bild 6.9 Tetraeder- und Oktaederplätze im Spinellgitter [Münch1987]

6.2.3.4 Temperaturabhängigkeit der magnetischen Suszeptibilität

Alle magnetischen Ordnungszustände werden beim Überschreiten einer materialabhängigen Grenztemperatur zerstört. Man nennt die Grenztemperatur bei ferro- und ferrimagnetischen Werkstoffen die (ferro- bzw. ferrimagnetische) Curie-Temperatur T_C, bei antiferromagnetischen Substanzen die Néel-Temperatur T_N.

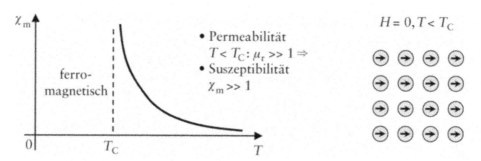

Bild 6.10 Temperaturabhängigkeiten der Suszeptibilitäten bei ferromagnetischen Werkstoffen

Oberhalb T_C bzw. T_N ist paramagnetisches Verhalten vorherrschend, wobei für die Temperaturabhängigkeit der Suszeptibilitäten das Curie-Weißsche Gesetz in der Form

$$\chi_{mP} = \frac{C}{T - T_C} \quad \text{(bei Ferromagnetika)} \tag{6.23}$$

$$\chi_{mP} = \frac{C}{T - \Theta} \quad \text{(bei ferri- und antiferromagnetischen Substanzen)} \tag{6.24}$$

gilt (C ist die Curie-Konstante des betreffenden Materials). Die Extrapolation der paramagnetischen Suszeptibilität auf $1/\chi_{mP} \to 0$ ergibt bei ferri- und antiferromagnetischen Stoffen in der Regel einen negativen Temperaturwert Θ (Bild 6.10 - Bild 6.12).

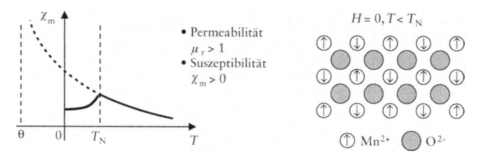

Bild 6.11 Temperaturabhängigkeiten der Suszeptibilitäten bei antiferromagnetischen Werkstoffen

6.2.3.5 Domänenprozesse

Die hohe Permeabilität ferro- und ferrimagnetischer Werkstoffe ist auf die spontane Ausrichtung der magnetischen Dipole in bestimmten räumlichen Bereichen, den Domänen bzw. Weißschen Bezirken, zurückzuführen. Die Ausbildung der Domänen erfolgt derart, dass die Gesamtenergie des Systems minimiert wird, wie es in Bild 6.13 links dargestellt ist. Der Übergang von einem Bezirk zum anderen erfolgt innerhalb einer dünnen Schicht, der Bloch-Wand, von ca. 60 nm (entsprechend etwa 250 Atomlagen). Bild 6.13 rechts zeigt schematisch zwei Weißsche Bezirke mit antiparalleler Spinorientierung sowie die dazwischenliegende Bloch-Wand.

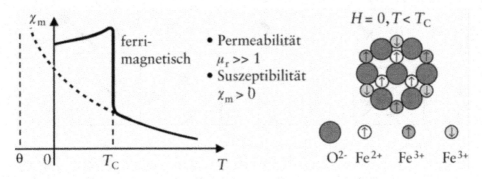

Bild 6.12 Temperaturabhängigkeiten der Suszeptibilitäten bei ferrimagnetischen Werkstoffen [Callister2000]

In einem magnetisierbaren Körper sind die Magnetisierungsrichtungen der einzelnen Domänen im Allgemeinen statistisch verteilt, und zwar derart, dass nach außen keine Gesamtmagnetisierung in Erscheinung tritt. Bild 6.14 zeigt als Beispiel einen Körper mit vier gleich großen Weißschen Bezirken unterschiedlicher Magnetisierungsrichtung; für $H = 0$ ist die makroskopisch wirksame Magnetisierung gleich null. Mit wachsender Feldstärke H vergrößern sich diejenigen Bezirke, deren Magnetisierung einen spitzen Winkel gegen die Richtung des Feldes bildet (Wandverschiebungsprozesse). Die Größe der übrigen Bezirke wird reduziert; es entsteht eine resultierende Magnetisierung (magnetische Polarisation) in Feldrichtung. Bei hohen Feldstärken kann auch eine Drehung der magnetischen Dipole innerhalb eines Weißschen Bezirkes erfolgen (Drehprozesse).

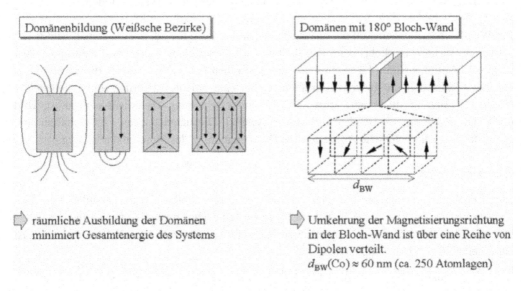

Bild 6.13 Domänen (Weißsche Bezirke)

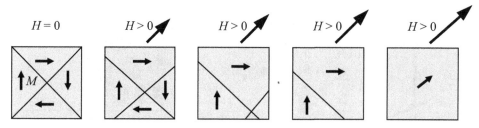

Bild 6.14 Veränderung der Weißschen Bezirke beim Anlegen eines Magnetfeldes

Für verschiedene Eigenschaften magnetischer Werkstoffe ist das Verhalten der Bloch-Wände bestimmend. Bei ungehinderter Ausbreitung erfolgt die Wandverschiebung mit einer Geschwindigkeit von ca. 100 m/s. Die Wandbewegung wird jedoch im Werkstoff durch Gitterfehlstellen behindert. Hierbei kann ein Modell von punktweise an den Gitterfehlstellen hängenbleibenden Membranen angesetzt werden (Bild 6.15).

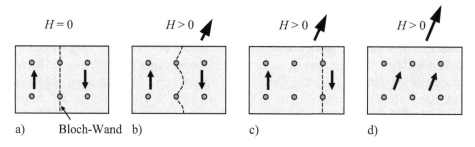

a)   Bloch-Wand b)   c)   d)

Bild 6.15 Reversible und irreversible Verschiebungen einer Bloch-Wand (Modell)

Die Wandverschiebungen sind bei niedriger Feldstärke reversibel, d. h. eine gemäß Bild 6.15b verformte Bloch-Wand kehrt beim Abschalten des Magnetfeldes wieder in die Ausgangslage (Bild 6.15a) zurück. Beim Überschreiten einer kritischen Feldstärke löst sich die Bloch-Wand von den Fehlstellen; sie bewegt sich solange, bis eine erneute Fixierung durch Fehlstellen eintritt. Hieraus resultiert eine irreversible Wandverschiebung (Barkhausen-Sprung), Bild 6.15c. Die Drehprozesse (Bild 6.15d) sind reversibel. Die magnetischen Eigenschaften sind somit stark von der Fehlstellenkonzentration (Vorbehandlung des Materials) abhängig.

6.2.3.6 Hysterese

Durch das Zusammenwirken der oben beschriebenen reversiblen und irreversiblen Verschiebungsprozesse ergibt sich die in Bild 6.16 dargestellte Hystereseschleife der magnetischen Induktion bei ferro- und ferrimagnetischen Werkstoffen. Die magnetische Polarisation J ist darin gemäß $B = \mu_0 H + J$ enthalten.

Bei der „Neukurve" sind drei Bereiche zu unterscheiden. Im Anfangsbereich herrschen reversible Wandverschiebungen vor; der Anstieg der Polarisation ist verhältnismäßig gering. Der darauffolgende starke Anstieg der Polarisation ist vorwiegend auf irreversible Wandverschiebungen (Bildung und Umordnung von Domänen) zurückzuführen. Bei großer Aussteuerung bewirken reversible Drehprozesse einen weiteren Anstieg der Polarisation, bis die Sättigungsinduktion B_S erreicht ist. Die Induktion steigt hier nur noch mit dem Vakuumanteil $\mu_0 H$ an, da die Polarisation J nicht größer als die Sättigungspolarisation J_S werden kann.

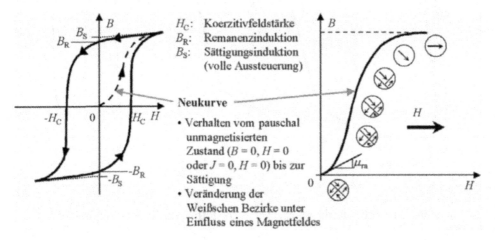

Bild 6.16 Magnetisierungskurve einer ferro- oder ferrimagnetischen Substanz [Callister2000]

Eine typische Hystereseschleife nach Bild 6.16 weist vier Schnittpunkte (H_C, $-H_C$, B_R und $-B_R$) mit der H- und B-Achse auf. Die Koerzitivfeldstärke H_C ist diejenige Feldstärke, die erforderlich ist, um eine vorher existierende Induktion zum Verschwinden zu bringen. Die Remanenzinduktion B_R ist diejenige Induktion, die nach vollständigem Verschwinden des äußeren Magnetfeldes erhalten bleibt. Des Weiteren kann man noch die Sättigungsinduktion B_S angeben; sie ergibt sich durch Extrapolation der bei hohen Feldstärken gemessenen Induktionswerte auf $H = 0$.

Nach der Koerzitivfeldstärke H_C kann eine Grobeinteilung der ferro- und ferrimagnetischen Werkstoffe vorgenommen werden. Werkstoffe mit geringer Koerzitivfeldstärke (Bild 6.17 links) bezeichnet man als weichmagnetisch, während eine hohe Koerzitivfeldstärke kennzeichnend für einen hartmagnetischen Werkstoff ist (Bild 6.17 Mitte). Bei ferro- oder ferrimagnetischen Werkstoffen, die der Informationsspeicherung dienen sollen, ist neben einer hinreichenden Koerzitivfeldstärke eine möglichst rechteckförmige Hystereseschleife erwünscht. Hierbei ist die Remanenzinduktion nahezu gleich der Sättigungsinduktion (Bild 6.17 rechts).

Die Form der Hystereseschleifen ist vom Grad der Aussteuerung abhängig. Bild 6.18 zeigt als Beispiel die Hystereseschleifen einer Eisenprobe. Der unmagnetische Zustand wird erreicht, indem man den Werkstoff in ein magnetisches Wechselfeld mit abnehmender Amplitude bringt ("Wechselfeldabmagnetisierung"). Alternativ kann man den Werkstoff auch abmagnetisieren, indem man ihn über die Curie-Temperatur erhitzt ("thermische Abmagnetisierung").

6.2.3.7 Magnetische Permeabilität

Infolge des nichtlinearen Zusammenhanges zwischen B und H ist es bei ferro- und ferrimagnetischen Werkstoffen nicht möglich, die Werkstoffeigenschaften durch nur eine Permeabilitäts-

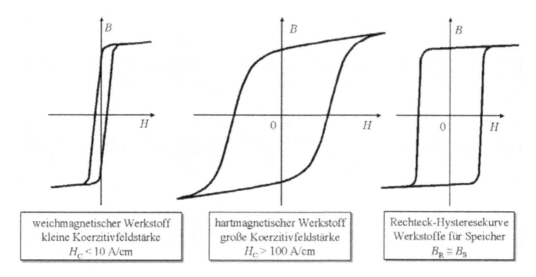

Bild 6.17 Einteilung ferro- oder ferrimagnetischer Werkstoffe nach Koerzitivfeldstärke H_C [Münch1987]

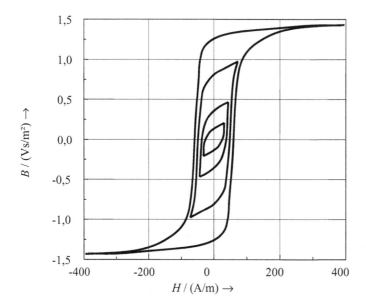

Bild 6.18 Hystereseschleifen von Eisen

zahl μ_r vollständig zu beschreiben. Je nach Anwendungsfall rechnet man mit einer der folgenden Größen (siehe Bild 6.19): Die (relative) Anfangspermeabilität

$$\mu_{ra} = \frac{1}{\mu_0} \cdot \frac{dB}{dH}\bigg|_{H=0} \tag{6.25}$$

ist ein Maß für die Steigung der Neukurve im (pauschal) unmagnetischen Zustand des Werkstoffes. Die Amplitudenpermeabilität

$$\hat{\mu}_r = \frac{1}{\mu_0} \cdot \frac{B}{H}\Bigg|_{H=\hat{H}} \qquad (6.26)$$

gibt den Quotienten zweier zugeordneter Induktions- und Feldstärkewerte auf der Neukurve an, $\hat{H}$ ist dabei der höchste Wert der Feldstärke bei der Aussteuerung aus dem unmagnetischen Zustand. Die Amplitudenpermeabilität ist für $\hat{H} = 0$ mit der Anfangspermeabilität identisch; sie durchläuft ein Maximum $\hat{\mu}_{r,max}$ und nähert sich bei großen Feldstärken dem Wert 1 (Bild 6.19 rechts).

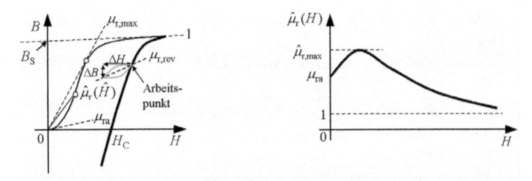

Werkstoff	Zusammensetzung in Gew.% (Rest Fe)	B_R / T	H_C / (A/m)	μ_{ra}	$\hat{\mu}_{r,max}$
Dynamoblech	2Si		60	500	6000
Trafoblech	4Si		40	300	7000
Permalloy	78Ni, 3Mo	0,6	1	10^4	$8 \cdot 10^4$
Mumetall	76Ni, 5Cu, 2Cr	0,4	2	$3 \cdot 10^4$	10^5

Bild 6.19 Permeabilitätszahl μ_r [Münch1987]

Bei sehr geringer Feldstärkeänderung am Arbeitspunkt (AP) wird die reversible Permeabilität über die Werte von ΔB und ΔH ermittelt.

$$\mu_{r,rev} = \frac{1}{\mu_0} \cdot \frac{\Delta B}{\Delta H}\Bigg|_{AP} \qquad (6.27)$$

6.3 Einsatz magnetischer Werkstoffe

6.3.1 Ideale und verlustbehaftete Spulen

6.3.1.1 Komplexe Permeabilitätszahl

Für die Elektrotechnik besonders wichtig sind die ferri- und ferromagnetischen Werkstoffe, da sich hiermit die Induktivität von Spulen

$$L = \mu_r \mu_0 \frac{n^2 A}{l} \qquad (6.28)$$

und der Wirkungsgrad von Übertragern drastisch steigern lässt (n = Windungszahl, A = Fläche, l = Länge der Spule).

Bei einer verlustfreien Spule ist der induktive Spannungsabfall

$$u_L = L \frac{di}{dt} \qquad (6.29)$$

d. h. es tritt bei sinusförmiger Stromeinprägung eine Spannung auf, die dem Strom um 90° ($\pi/2$) vorauseilt (Bild 6.20).

Ist die Spule in ein Material mit hinreichend großer Ausdehnung eingebettet, so steigt die Induktivität (und damit der induktive Widerstand ωL) um den Faktor μ_r (Gl. 6.28). Außerdem tritt ein zusätzlicher Spannungsabfall auf, der in Phase mit dem eingeprägten Strom ist; diesem Spannungsabfall wird im Ersatzschaltbild durch einen Serienwiderstand Rechnung getragen.

Im Zeigerdiagramm setzt sich die Gesamtspannung u vektoriell aus dem induktiven Anteil u_L und dem ohmschen Verlustanteil u_R zusammen:

$$u = u_L + u_R \qquad (6.30)$$

Als Verlustfaktor bezeichnet man den Wert

$$\tan \delta = \frac{u_R}{u_L} \qquad (6.31)$$

In der Praxis resultiert der Verlustfaktor aus einem Anteil, der von den ohmschen Verlusten der Spule herrührt, und aus verschiedenen Verlustmechanismen des Kernmaterials. Die Permeabilitätszahl und der Verlustfaktor können mit einer komplexen Größe

$$\mu_r = \mu_r' - j \cdot \mu_r'' \qquad (6.32)$$

beschrieben werden. Der Imaginärteil der komplexen Permeabilität beschreibt dabei die ohmschen Verluste. Für den Verlustfaktor gilt dann

$$\tan \delta = \frac{\mu_r''}{\mu_r'} \qquad (6.33)$$

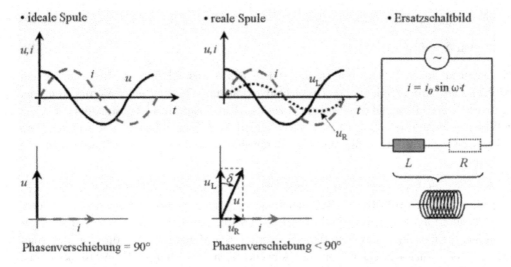

Bild 6.20 Strom und Spannung bei verlustfreier (idealer) und verlustbehafteter Spule

Die Verluste in einer Spule (Induktivität, Übertrager) können auf Verluste im Leitermaterial (Kupferverluste) und auf Verluste im Kernmaterial zurückgeführt werden. Bei den Verlusten in Kernwerkstoffen unterscheidet man im Wesentlichen folgende Mechanismen:

- Hysterese (irreversible Wandverschiebungen),
- Wirbelströme (Leitfähigkeit des Kernmaterials),
- Restverluste (Platzwechsel von Kohlenstoff- oder Stickstoffatomen in Eisen bzw. Elektronenplatzwechsel in Ferriten).

6.3.1.2 Frequenzabhängigkeit der magnetischen Verlustmechanismen

Die Kupferverluste sind, solange der Skineffekt in den Wicklungen vernachlässigbar ist, frequenzunabhängig. Die Hystereseverluste werden bei periodischer Ummagnetisierung mit der Frequenz f durch eine Hystereseverlustleistung pro Volumeneinheit

$$w_{\mathrm{H}} = f \oint H dB \tag{6.34}$$

gekennzeichnet; das Integral bedeutet die von einer Hystereseschleife umschlossene Fläche. Die durch die endliche Leitfähigkeit hervorgerufenen Wirbelstromverluste steigen mit dem Quadrat der Frequenz an. Unter Vernachlässigung der Restverluste kann der resultierende Verlustfaktor einer Spule bei geringer Aussteuerung näherungsweise durch

$$\tan \delta = \tan \delta_{\mathrm{Cu}} + \tan \delta_{\mathrm{H}} + \tan \delta_{\mathrm{W}} \tag{6.35}$$

beschrieben werden (Cu = Kupfer, H = Hysterese, W = Wirbelstrom). Wegen $u_{\mathrm{L}} \sim \omega L$ gilt für die Frequenzabhängigkeit der einzelnen Verlustfaktoranteile

$$\tan \delta_{\mathrm{Cu}} \sim f^{-1} \tag{6.36}$$

$$\tan \delta_{\mathrm{H}} = \text{const.} \tag{6.37}$$

$$\tan \delta_{\mathrm{W}} \sim f \tag{6.38}$$

Bei genügend hohen Frequenzen ist das Innere des Kerns feldfrei; es fließt nur an der Oberfläche ein Strom (Skineffekt). Diese Feldverdrängung führt zu einer Verringerung der effektiven Permeabilität und damit zu einem zusätzlichen Anstieg des Verlustfaktors $\tan \delta$. Um die Wirbelstromverluste und den Einfluss des Skineffektes klein zu halten, teilt man den Kern in elektrisch isolierte Einzelteile auf, z. B. durch die Verwendung dünner Bleche oder von Eisenpulver.

Die Tauglichkeit von Ferriten bei hohen Frequenzen ist durch Resonanzerscheinungen begrenzt, denn bei einer kritischen Resonanzfrequenz steigen μ_{r} und die Verluste zunächst an; anschließend erfolgt ein steiler Abfall. Die Resonanzfrequenz liegt um so höher, je niedriger die Anfangspermeabilität des betreffenden Ferrites ist. Maßgebend für die Qualität eines Kernwerkstoffes für nachrichtentechnische Anwendungen ist der bezogene Verlustfaktor $\tan \delta$ / μ_{r}, der möglichst klein sein soll.

6.3.2 Materialsysteme

6.3.2.1 Mischkristalle

Der Mischkristallreihe Eisen/Nickel entstammen zahlreiche magnetische Werkstoffe. Legierungen mit 36 % Ni besitzen eine Anfangspermeabilität von 2000 bis 3000, sie weisen im Bereich der reversiblen Wandverschiebung einen linearen Verlauf der Magnetisierungskurve auf (Anwendung für Übertrager in der Nachrichtentechnik). Die Eigenschaften der Legierung 50 % Fe - 50 % Ni können durch mechanische und thermische Behandlung in weiten Grenzen verändert werden. Es ist hierbei insbesondere möglich, Werkstoffe mit rechteckiger Hystereseschleife zu erhalten (Bild 6.21 links unten).

Die Fe/Ni-Legierungen mit hoher Anfangspermeabilität sind unter verschiedenen Handelsnamen wie „Mumetall", „Hyperm 766", „Supermalloy", „Ultraperm" etc. bekannt. Die Magnetostriktion (mechanische Verformung von Ferromagnetika bei angelegtem magnetischen Feld) weist ein (relatives) Minimum bei ca. 30 % Nickel und einen Nulldurchgang bei etwa 83 % Nickel auf.

In dem System Fe/Ni lassen sich auch Legierungen mit speziellem Wärmeausdehnungsverhalten herstellen. Das Minimum des thermischen Ausdehnungskoeffizienten tritt bei 36 % Ni auf. Derartige Werkstoffe („Invar") werden bei der Konstruktion von Präzisionsmessgeräten eingesetzt.

Der für nachrichtentechnische Bauelemente (Übertrager) erforderliche lineare Zusammenhang zwischen B und H kann auch mit Dreistofflegierungen des Systems Eisen/Nickel/Kobalt realisiert werden. Die für diese Werkstoffgruppe typischen Magnetisierungskurven sind in Bild 6.21 oben rechts und unten in der Mitte dargestellt. Bei kleiner Aussteuerung ist die Induktion proportional zur Feldstärke (Bild 6.21 oben rechts). Bei stärkerer Aussteuerung (oberhalb der „Öffnungsfeldstärke") ergeben sich die „Perminvar"-Schleifen (Bild 6.21 unten in der Mitte).

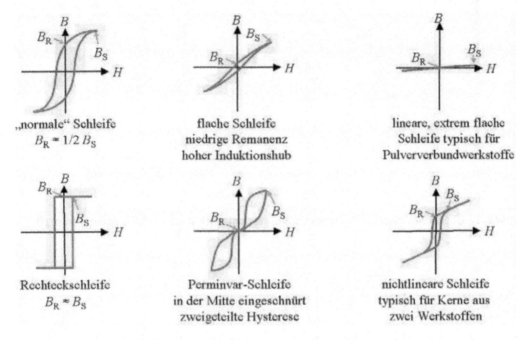

„normale" Schleife
$B_R \approx 1/2\, B_S$

flache Schleife
niedrige Remanenz
hoher Induktionshub

lineare, extrem flache
Schleife typisch für
Pulververbundwerkstoffe

Rechteckschleife
$B_R \approx B_S$

Perminvar-Schleife
in der Mitte eingeschnürt
zweigeteilte Hysterese

nichtlineare Schleife
typisch für Kerne aus
zwei Werkstoffen

Bild 6.21 Die sechs Grundtypen der Hystereseschleife [Boll1990]

Form und Größe der Hystereseschleife sind weitgehend durch Remanenz und Koerzitivfeldstärke gegeben. Dabei bestimmen das Verhältnis von Sättigung zu Remanenz im Wesentlichen die Form, die Koerzitivfeldstärke die Breite und die Sättigung die Höhe der Schleife. In Bild 6.21 sind die sechs Grundtypen dargestellt.

6.3.2.2 Hart- und Weichmagnete

Die Koerzitivfeldstärke in ferro- und ferrimagnetischen Werkstoffen kann je nach Zusammensetzung, Gefüge und Herstellungsverfahren um 6 bis 7 Größenordnungen variiert werden (Bild 6.22).

Bild 6.23 zeigt typische Unterschiede zwischen Metallen, Ferriten und Pulververbundwerkstoffen (Metalle bzw. Metallgemische, die nicht aus der Schmelze hergestellt werden, sondern über Verpressen von feinkörnigen Ausgangspulvern; Vorteil: Herstellung komplexer Geometrien möglich). Die vier wichtigsten Größen sind in Skalen gegenübergestellt: Sättigung, Anfangspermeabilität, Curietemperatur und spezifischer elektrischer Widerstand.

Der augenfälligste Unterschied besteht im spezifischen Widerstand bzw. in der Leitfähigkeit. Hier unterscheiden sich Metalle gegenüber Ferriten, die zu den keramischen Werkstoffen zählen, je nach Sorte um etwa 6 bis 10 Zehnerpotenzen.

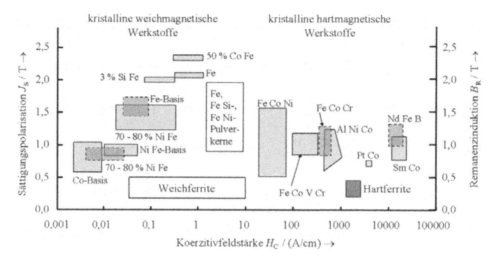

Bild 6.22 Übersichtsdiagramm weich- und hartmagnetischer Werkstoffe (kristallin, amorph) [Boll1990]

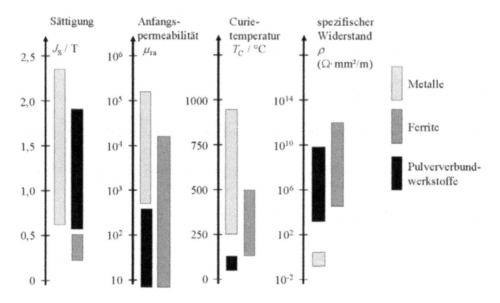

Bild 6.23 Typische Unterschiede zwischen Metallen, Ferriten und Pulververbundwerkstoffen [Boll1990]

Wegen ihrer hohen Leitfähigkeit müssen weichmagnetische Legierungen bei Wechselstromanwendungen in Form dünner Bleche und daraus hergestellter lamellierter Kerne eingesetzt werden, um so die Wirbelstromverluste klein zu halten: Ferrite und Pulververbundwerkstoffe können dagegen in kompakten Kernformen verwendet werden, z. B. als Schalenkerne oder Antennenstäbe. Der hohe spezifische Widerstand der Pulververbundwerkstoffe (meist Fe oder FeNi) ergibt sich durch ihre Gefügeeigenschaften. Feinkristalline Metallpulver werden voneinander isoliert mit Bindemitteln verpresst. Durch die Materialunterteilung können Wirbelströme dreidimensional und nicht eindimensional wie bei Bändern und Blechen unterdrückt werden. Der relativ hohe (isotrope) elektrische Widerstand liegt um den Faktor 10^4 bis 10^{10} höher als bei metallischen Legierungen, so dass die Pulververbundwerkstoffe vor allem für höherfrequente Anwendungen in Betracht kommen.

Weitere wesentliche Unterschiede zwischen beiden Stoffgruppen bestehen in der Sättigung, die bei Metallen etwa 1,5- bis 5-mal höher ist als bei Ferriten. Bei den erreichbaren Anfangspermeabilitäten beträgt dieser Faktor etwa 5 bis 10. Auch die Curietemperaturen der weichmagnetischen Legierungen liegen meist deutlich höher, z. B. bis 950 °C.

6.3.2.3 Einsatz als Dauermagnet

Inwieweit sich hartmagnetische Werkstoffe für den Einsatz als Dauermagnet z. B. in elektrischen Maschinen eignen, wird nach dem Verlauf der Entmagnetisierungskurve (IV. Quadrant der Hystereseschleife bei Vollaussteuerung) beurteilt. Dabei ist zwischen den Werten der Koerzitivfeldstärke in der $J(H)$- und in der $B(H)$-Kurve zu unterscheiden, d. h. es ist eine Kennzeichnung durch einen zusätzlichen Index erforderlich: $_JH_C$ bzw. $_BH_C$. Als besonders charakteristische Größe wird bei Dauermagnetwerkstoffen häufig die Energiedichte $|B{\cdot}H|_{max}$ angegeben (Tabelle 6.2).

Werkstoff	Zusammensetzung Gew.%	remanente Induktion B_R / T	Koerzitivfeldstärke H_C / (A/m)	Güteprodukt $(BH)_{max}$	Curietemperatur T_C / °C	ρ / Ωm
martensit. Stahl	98,1Fe 0,9C 1Mn	0,95	4.000	1.600	-	-
Wolfram-Stahl	92,8Fe 6W 0,5Cr 0,7C	0,95	5.900	2.600	760	$3{\cdot}10^{-7}$
Cunife	20Fe 20Ni 60Cu	0,54	44.000	12.000	410	$1,8{\cdot}10^{-7}$
Cunico	29Co 21Ni 50Cu	0,34	54.000	6.400	860	$2,4{\cdot}10^{-7}$
Alnico 8 (gesintert)	34Fe 7Al 15Ni 35Co 4Cu 5Ti	0,76	123.000	36.000	860	-
Ferroxdur orientiert	BaO · $6Fe_2O_3$	0,32	240.000	20.000	450	$\sim 10^4$

Tabelle 6.2 Eigenschaften typischer hartmagnetischer Werkstoffe [Callister2000]

6.3.2.4 Weitere Anwendungen

Weitere wichtige Anwendungen von Magnetwerkstoffen in der Elektrotechnik und die dafür eingesetzten Werkstoffe sind in Tabelle 6.3 zusammengestellt. Besonders hervorzuheben sind die ferro- und ferrimagnetischen Werkstoffe für den Einsatz als Kernmaterial in Transformatoren, Übertragern und Drosselspulen. Hierbei sind die (meist frequenzabhängigen) Verluste zu berücksichtigen. In der Starkstromtechnik werden die Verluste im Kernmaterial (bei 50 Hz und vollständiger Aussteuerung) in W/kg angegeben.

Bei den in Drehspulinstrumenten verwendeten Werkstoffen ist vor allem eine hohe Stabilität und Unempfindlichkeit gegen Temperatur- und Fremdfeldeinflüsse zu fordern. Bevorzugt werden sogenannte Alnico-Werkstoffe (z.B. 50 Fe, 24 Co, 14 Ni, 9 Al, 3 Cu). In der Nachrichtentechnik werden Dauermagnete u. a. beim Bau von Mikrophonen und Lautsprechern benötigt. Als Werkstoffe dienen bevorzugt Bariumferrit ($BaO \cdot 6Fe_2O_3$) und Alnico-Legierungen. In der Fernseh- und Mikrowellentechnik dienen Dauermagnete zur Fokussierung und Ablenkung von Elektronen.

Anwendungen	Anforderungen	Werkstoffe
Transformatoren Motoren, Generatoren	hohes J_S geringes H_C und σ	Fe + 0,7 ... 4 Si Fe + 35 ... 50 Co
NF-Übertrager	lineare $B(H)$-Kennlinie geringes σ	Fe + 36 Ni ca. 20 Fe + 40 Ni / Co
HF-Übertrager	lineare $B(H)$-Kennlinie sehr geringes σ	Ni-Zn-Ferrite
Abschirmungen	sehr hohes μ_{ra}	Fe + 76 ... 79 Ni (+ Cu, Cr, Mo)
Speicher	rechteckige $B(H)$-Kennlinie	Fe + 50 Ni, Mg-Zn-Ferrite, Granatschichten
Dauermagnete	Produkt $|B \cdot H|$ hoch	50Fe 24Co 14Ni 9Al 3Cu $BaO \cdot 6Fe_2O_3$, Sm_2Co_{17}, NdFeB

Tabelle 6.3 Magnetische Werkstoffe und ihre Anwendungen

6.4 Zusammenfassung

1. Die magnetische Polarisation wird zum einen durch das Bahnmoment der sich um den Atomkern bewegenden Elektronen und zum anderen durch die Eigenrotation (Spin) der Elektronen selbst hervorgerufen. Vollständig besetzte Elektronenschalen besitzen kein magnetisches Moment, da sich die einzelnen Momente kompensieren. Das von der Kernbewegung herrührende Kernspinmoment kann vernachlässigt werden.

2. Der Diamagnetismus ist eine Eigenschaft aller Körper, kann aber durch andere magneti-
    sche Erscheinungen überdeckt werden. Bei rein diamagnetischen Werkstoffen kompensie-
    ren sich die magnetischen Bahn- und Spinmomente aller Elektronen eines Atoms (Ele-
    mente mit abgeschlossenen Elektronenschalen). In einem Magnetfeld werden jedoch
    magnetische Momente induziert, die das äußere Magnetfeld leicht schwächen. Die magne-
    tische Suszeptibilität ist daher negativ mit Absolutbeträgen zwischen 10^{-5} und 10^{-6}.

3. Paramagnetische Werkstoffe bestehen aus Atomen mit unaufgefüllten Elektronenschalen
    (bzw. besitzen eine ungerade Anzahl von Elektronen). Dies verursacht permanent vorhan-
    dene magnetische Momente, die regellos verteilt sind, durch ein äußeres Magnetfeld
    ausgerichtet werden und dieses verstärken. Die magnetische Suszeptibilität ist positiv mit
    Absolutbeträgen zwischen 10^{-3} und 10^{-6}, der immer vorhandene diamagnetische Anteil ist
    dagegen zu vernachlässigen. Die thermische Bewegung wirkt der Ausrichtung entgegen,
    der Effekt ist daher reziprok von der Temperatur abhängig (Curie-Gesetz).

4. Ferromagnetische Werkstoffe (Metalle, Legierungen) bestehen aus Atomen mit
    unaufgefüllten inneren Elektronenschalen, die vor allem bei den Übergangsmetallen vor-
    kommen. Gleichgerichtete Spinmomente existieren in bestimmten Bereichen, den Weiß-
    schen Bezirken, und verursachen spontane Magnetisierung. Da diese im unmagnetisierten
    Zustand regellos verteilt sind, erscheint der Werkstoff ohne externes Magnetfeld nach
    außen unmagnetisch. Die parallele Ausrichtung der Spinmomente wird mit zunehmender
    Temperatur zerstört, oberhalb der ferromagnetischen Curie-Temperatur T_C wird nur noch
    paramagnetisches Verhalten beobachtet. ($T > T_C$: Curie-Weiß-Gesetz). Ferromagnetika
    weisen ein nichtlineares Verhalten der magnetischen Induktion in Abhängigkeit von der
    magnetischen Feldstärke auf, bei $H = 0$ bleibt eine Restinduktion (Remanenz) übrig
    (Hysterese-Kurve).

5. Bei antiferromagnetischen Werkstoffen (Metalloxide) sind die magnetischen Momente in
    antiparallel eingestellten Untergittern gleich groß, d. h. sie kompensieren sich vollständig,
    es resultiert nur eine schwach positive Suszeptibilität. Bei ferrimagnetischen Werkstoffen
    (Metalloxide) sind die magnetischen Momente der antiparallel eingestellten Untergitter
    nicht gleich groß, daher ist ein resultierendes magnetisches Moment vorhanden. Diese
    Werkstoffe (Ferrite) sind von großer technischer Bedeutung, da sie im Gegensatz zu den
    ferromagnetischen Metallen einen hohen spezifischen Widerstand besitzen und daher nur
    kaum messbare Wirbelströme aufweisen.

6. Ferro- und ferrimagnetische Werkstoffe zeigen eine Hysterese, wenn man die magneti-
    sche Flussdichte gegen die magnetische Feldstärke darstellt. Bei vollständiger Magnetisie-
    rung (entspricht Sättigungspolarisation) sind alle Weißschen Bezirke in Feldrichtung
    ausgerichtet, bei $H = 0$ bleibt eine Restinduktion (Remanenz) übrig, einen unmagneti-
    schen Materialzustand erreicht man nur durch Anlegen einer Gegenfeldstärke (Koerzitiv-
    feldstärke $_JH_C$). Die eingeschlossene Fläche der Hysteresekurve ist ein Maß für die Ener-
    gie, die zur Ummagnetisierung erforderlich ist, sie wird als Wärme freigesetzt.

7. Magnetische (ferro- und ferrimagnetische) Werkstoffe werden je nach Koerzitivfeldstärke
    in Hauptgruppen eingeteilt:

- Weichmagnetische Werkstoffe mit $0,1 < {_J}H_C < 10$ A/cm
- Hartmagnetische Werkstoffe mit ${_J}H_C > 100$ A/cm

Je nach technischer Anwendung werden kristalline oder amorphe Metalle/Legierungen (Ferromagnetika) oder polykristalline Ferrite (Ferrimagnetika) eingesetzt. Wichtige Auswahlkriterien sind: Remanenzinduktion B_R, Koerzitivfeldstärke ${_J}H_C$, Form der Hysteresekurve, maximales Energieprodukt $B \cdot H$, Formbarkeit.

7 Anhang

7.1 Literaturverzeichnis

- [Arlt1989]   Arlt, G., Werkstoffe der Elektrotechnik. Skript RWTH Aachen, Aachen, 1989.
- [Atkins1987]   Atkins, Peter W., Physikalische Chemie. Weinheim: VCH, 1987.
- [Atkins1993]   Atkins, Peter W., Quanten: Begriffe und Konzepte für Chemiker. Weinheim: VCH, 1993.
- [Boll1990]   Vacuumschmelze GmbH (Hrsg.), Weichmagnetische Werkstoffe. Einführung in den Magnetismus, VAC-Werkstoffe und ihre Anwendungen. Bearb. von Richard Boll, Berlin/München: Siemens AG, 4. Auflage 1990.
- [Braithwaite1990]   Braithwaite, Nicholas; Weaver, Graham (eds.), Electronic Materials. London [u. a.]: Butterworths, 1990.
- [Buchanan1991]   Buchanan, Relva C. (ed.), Ceramic Materials for Electronics: Processing, Properties and Applications. New York: Marcel Dekker, 2. Auflage 1991.
- [Callister2000]   Callister Jr., William D., Materials Science and Engineering. An Introduction. New York [u. a.]: John Wiley & Sons, 5. Auflage 2000.
- [Chiang1997]   Chiang, Yet-Ming; Birnie III, Dunbar P.; Kingery, W. David, Physical Ceramics. New York [u. a.]: John Wiley & Sons, 1997.
- [Cox1987]   Cox, Paul A., The Electronic Structure and Chemistry of Solids. Oxford [u.a.]: Oxford University Press, 1987.
- [Enderlein1993]   Enderlein, Rolf, Mikroelektronik: eine allgemeinverständliche Einführung in die Welt der Mikrochips, ihre Funktion, Herstellung und Anwendung. Heidelberg/Berlin/Oxford: Spektrum Akademischer Verlag, 2. Auflage 1993.
- [Fasching1994]   Fasching, Gerhard, Werkstoffe für die Elektrotechnik: Mikrophysik, Struktur, Eigenschaften. Wien: Springer-Verlag, 3. Auflage 1994.
- [Fischer1987]   Fischer, Hans, Werkstoffe in der Elektrotechnik. München/Wien: Carl Hanser Verlag, 3. Auflage 1987.
- [Frölich1991]   Frölich, Dieter, Elektronische Bauelemente kurz erklärt: Technologien, physikalische Grundlagen, Anwendungen. Berlin/München: Siemens AG, 1991.
- [Hahn1983]   Hahn, Lothar; Munke, Irene [u.a.], Werkstoffkunde für die Elektrotechnik und Elektronik. Berlin: VEB Verlag Technik, 3. Auflage 1983.
- [Hänsel1977]   Hänsel, H.; Neumann, W., Physik VII: Festkörper. Thun/Frankfurt: Verlag Harri Deutsch, 1977.
- [Heime]   Heime, Klaus, Elektronische Bauelemente. Skript RWTH Aachen, o. O., o. J.
- [Hering1994]   Hering, Ekbert; Bressler, Klaus; Gutekunst, Jürgen, Elektronik für Ingenieure. Düsseldorf: VDI-Verlag, 2. Auflage 1994.
- [Heywang1976]   Heywang, Walter; Pötzl, Hans W., Bänderstruktur und Stromtransport. Berlin/Heidelberg: Springer-Verlag, 1976.
- [Heywang1984]   Heywang, Walter, Amorphe und polykristalline Halbleiter. Berlin/Heidelberg: Springer-Verlag, 1984.

- [Jaffe1971]   Jaffe, Bernard; Cook Jr., William R.; Jaffe, Hans, Piezoelectric Ceramics. London: Academic Press, 1971.

- [Kingery1976]   Kingery, W. D.; Bowen, H. K.; Uhlmann, D. R., Introduction to Ceramics. New York [u. a.]: John Wiley & Sons, 2. Auflage 1976.

- [Kittel1969]   Kittel, Charles, Einführung in die Festkörperphysik. München: R. Oldenbourg Verlag, 2. Auflage 1969.

- [Kleber1977]   Kleber, Will, Einführung in die Kristallographie. Berlin: VEB Verlag Technik, 13. Auflage 1977.

- [Michalowsky1994] Michalowsky, Lothar (Hrsg.), Neue keramische Werkstoffe. Leipzig/Stuttgart: Dt. Verlag für Grundstoffindustrie, 1994.

- [Mortimer1973]   Mortimer, Charles E., Chemie. Das Basiswissen der Chemie in Schwerpunkten. Stuttgart: Georg Thieme Verlag, 1973.

- [Moulson1990]   Moulson, A. J.; Herbert, J. M., Electroceramics: Materials, properties, applications. London: Chapman and Hall, 1990.

- [Münch1987]   von Münch, W., Elektrische und magnetische Eigenschaften der Materie. Stuttgart: B. G. Teubner, 1987.

- [Oel]   Oel, H. J.; Gläser. Vorlesungsskript, Universität Erlangen-Nürnberg, Erlangen o. J.

- [Schaumburg1990]   Schaumburg, Hanno, Werkstoffe. Stuttgart: B. G. Teubner, 1990.

- [Schaumburg1991]   Schaumburg, Hanno, Halbleiter. Stuttgart: B. G. Teubner, 1991.

- [Schaumburg1992]   Schaumburg, Hanno, Sensoren. Stuttgart: B. G. Teubner, 1992.

- [Schaumburg1993]   Schaumburg, Hanno, Einführung in die Werkstoffe der Elektrotechnik. Stuttgart: B. G. Teubner, 1993.

- [Schaumburg1994]   Schaumburg, Hanno (Hrsg.), Keramik. Stuttgart: B. G. Teubner, 1994.

- [Scholze1988]   Scholze, Horst, Glas: Natur, Struktur und Eigenschaften. Berlin/Heidelberg: Springer-Verlag, 3. Auflage 1988.

- [Sze1981]   Sze, S. M., Physics of Semiconductor Devices. New York [u. a.]: John Wiley & Sons, 2. Auflage 1981.

- [Tipler1994]   Tipler, Paul A., Physik. Heidelberg/Berlin/Oxford: Spektrum Akademischer Verlag, 1994.

- [Wijn1967]   Wijn, H. P. J.; Dullenkopf, P., Werkstoffe der Elektrotechnik: Physikalische Grundlagen der technischen Anwendungen. Berlin/Heidelberg: Springer-Verlag, 1967.

- [Zinke1982]   Zinke, Otto; Seither, Hans, Widerstände, Kondensatoren, Spulen und ihre Werkstoffe. Berlin/Heidelberg/New York: Springer-Verlag, 2. Auflage 1982.

7.2 Formelzeichen, Symbole und Konstanten

Formelzeichen	Bezeichnung	Wert	Einheit
α_V	Volumenausdehnungskoeffizient	-	K^{-1}
α_L	Längenausdehnungskoeffizient	-	K^{-1}
α	Mischkristallphase im Phasendiagramm	-	-
α	Polarisierbarkeit	-	Am^2s/V
α_{el}	elektronische Polarisierbarkeit	-	Am^2s/V
α_{ion}	ionische Polarisierbarkeit	-	Am^2s/V
α_{Var}	Nichtlinearitätskoeffizient (Varistor)	-	-
$\left\| B \cdot H \right\|_{max}$	Güteprodukt, Energiedichte	-	VAs/m^3
χ_e	elektrische Suszeptibilität	-	-
χ_{el}	elektronische Suszeptibilität	-	-
χ_{ion}	ionische Suszeptibilität	-	-

χ_{or}	orientierungspolarisationsbedingte Susz.	-	-
χ_m	magnetische Suszeptibilität	-	-
χ_{mD}	diamagnetische Suszeptibilität	-	-
χ_{mP}	paramagnetische Suszeptibilität	-	-
ΔX	Differenz der Größe X	$\Delta X = X_1 - X_2$	-
ε_0	elektrische Feldkonstante	$8{,}85 \cdot 10^{-12}$	As/Vm
ε_M	mechanische Dehnung	-	-
ε_r	relative Dielektrizitätszahl	-	-
ε^T	Dielektrizitätskonstante bei konst. σ_M	-	-
Φ	magnetischer Fluss	-	Vs
γ_M	Scherung	-	-
γ	gyromagnetisches Verhältnis (allg.)	-	As/kg
γ_{Bahn}	gyromagnetisches Verhältnis	$e_0/2m_e$	As/kg
γ_{Spin}	gyromagnetisches Verhältnis	e_0/m_e	As/kg
η_{AB}	Seebeck-Koeffizient	-	V/K
φ_0	Potentialbarriere (PTC)	-	V
λ_W	Wärmeleitfähigkeit	-	W/(m·K)
λ_d	Wellenlänge im Dielektrikum	-	m
μ_m	magnetisches Moment	-	Am²
$\mu_B = e_0 h/4\pi m_e$	Bohrsches Magneton	$9{,}3 \cdot 10^{-24}$	Am²
μ_e	magn. Moment Elektron	$-9{,}3 \cdot 10^{-24}$	Am²
μ_P	magn. Moment Proton	$1{,}4 \cdot 10^{-26}$	Am²
μ_N	magn. Moment Neutron	$-1 \cdot 10^{-26}$	Am²
μ_{Bahn}	magn. Dipolmoment (Bahndrehimpuls)	-	Am²
μ_{ind}	induziertes Moment (diamagn.)	-	Am²
μ_0	magnetische Feldkonstante (Induktionsk.)	$4\pi \cdot 10^{-7}$	Vs/Am
μ_r	rel. magn. Permeabilität	-	-
μ_{ra}	Anfangspermeabilität	-	-
$\hat{\mu}_r(H)$	Amplitudenpermeabilität	-	-
$\mu_{r,rev}$	reversible Permeabilität	-	-
$\hat{\mu}_{r,max}$	maximale Amplitudenpermeabilität	-	-
μ_n	Ladungsträgerbeweglichkeit Elektronen	-	cm²/Vs
μ_p	Ladungsträgerbeweglichkeit Löcher	-	cm²/Vs
ν_M	Querkontraktionszahl, Poisson-Zahl	-	-
ν	Frequenz (Lichtquanten)	-	1/sec
π_{AB}	Peltier-Koeffizient	-	V
π_P	Pyrokoeffizient	-	$\mu Cm^{-2}K^{-1}$
Θ_D	Debye-Temperatur	-	K
Θ_H	Hall-Winkel	-	-
ρ	spezifischer Widerstand	-	Ωm
$\rho^T(T)$	spez. Widerstand (temperaturabhängig)	-	Ωm
$\rho^r(N_F)$	spez. Widerstand (Verunreinigungen)	-	Ωm
σ	elektrische Leitfähigkeit	-	$\Omega^{-1}m^{-1}$
σ_i	intrinsische Leitfähigkeit	-	S/m
σ_s	Oberflächenleitfähigkeit	-	
σ_M	mechanische (Zug-) Spannung	-	N/m²
τ_M	mechanische Schubspannung	-	N/m²
τ_{Th}	Thomson-Koeffizient	-	Vs/Km²

τ	Stoßzeit	-	sec
τ_{n}	Stoßzeit Elektronen	-	sec
τ_{p}	Stoßzeit Löcher	-	sec
τ_0	dielektrische Relaxationszeit	-	sec
ω_0	Kreisfrequenz (Resonanz, Relaxation)	-	s^{-1}
$\Psi_{\mathrm{n}}(x)$	atomare Wellenfunktion		$\mathrm{m}^{-1/2}$
$\Psi_{\mathrm{n}}^2(x)$	Wahrscheinlichkeitsdichte		m^{-1}
A	Massenzahl	$A=Z+N$	-
A	Fläche	-	m^2
a_0	Bohrscher Radius	$5{,}292{\cdot}10^{-11}$	m
$a_0{\cdot}E_{\mathrm{h}}/h$	a. E. der Geschwindigkeit	$2{,}188{\cdot}10^6$	m/s
B	magnetische Induktion	-	T
B_{R}	Remanenzinduktion	-	T
B_{S}	Sättigungsinduktion	-	T
C	Kapazität	-	F = As/V
$C_{(\mathrm{e,m})}$	Curiekonstante (elektrisch oder magnetisch)	-	K
c bzw. [...]	Konzentration	-	$1/\mathrm{m}^3$
c_0	Vakuumlichtgeschwindigkeit	$2{,}998{\cdot}10^8$	m/s
C_{W}	Wärmekapazität	-	J/K
c_{W}	spezifische Wärmekapazität	-	J/(kg·K)
$C_{\mathrm{W,m}}$	molare Wärmekapazität	-	J/(mol·K)
D	Diffusionskoeffizient	-	m^2/s
d	Dichte	-	$\mathrm{g/cm}^3$
d_{P}	piezoelektrische Ladungskonstante	-	m/V
D_{n}	Diffusionskoeffizient Elektronen	-	$1/\mathrm{cm}^2\mathrm{s}$
D_{p}	Diffusionskoeffizient Löcher	-	$1/\mathrm{cm}^2\mathrm{s}$
D	Dielektrische Verschiebungsdichte	-	$\mathrm{As/m}^2$
$e_0{\cdot}a_0$	a. E. des elektrischen Dipols	$8{,}478{\cdot}10^{-30}$	Cm
$e_0{\cdot}h/m_{\mathrm{e}}$	a. E. des magnetischen Dipols	$1{,}855{\cdot}10^{-23}$	J/T
E_{h}	Hartree (atomare Energieeinheit)	$4{,}360{\cdot}10^{-18}$	J
E_{M}	Elastizitätsmodul	-	Nm^{-2}
e^-	Elektronen	-	-
e_0	Elementarladung	$1{,}602{\cdot}10^{-19}$	As
E_{B}	Bindungsenergie	-	J
E	elektrische Feldstärke	-	V/m
E_0	Depolarisationsfeldstärke	-	V/m
E_{D}	Durchschlagfeldstärke	-	V/m
E_{H}	Hallfeldstärke	-	V/m
E_{lok}	lokale Feldstärke	-	V/m
F	Kraft	-	N
f	Frequenz	-	Hz
$f(W)$	Fermi-Verteilungsfunktion	-	-
f_0	Frequenz (Resonanz, Relaxation)	$\omega_0/2\pi$	Hz
$f_{\mathrm{B}}(W)$	Boltzmann-Verteilung	-	-
f_{G}	charakteristische Gitterfrequenz	-	Hz
F_{H}	elektrische Feldkraft (Halleffekt)	-	N
f_{H}	Sprung- oder Platzwechselfrequenz	-	Hz
F_{L}	Lorentzkraft	-	N
f_{r}	Resonanzfrequenz (MW-Diel.)	-	Hz
f_{p}	Parallelresonanz	-	Hz
f_{s}	Serienresonanz	-	Hz
f_{s}	Elektrostriktionskoeffizient	-	$\mathrm{m}^2/\mathrm{V}^2$

Symbol	Bedeutung	Wert	Einheit
G_M	Schubmodul	-	$\mathrm{Nm^{-2}}$
G	Leitwert	$G = 1/R$	S
g_P	piezoelektrische Spannungskonstante	-	Vm/N
G_n	Generationsrate für Elektronen	-	$\mathrm{cm^{-3}\,s^{-1}}$
G_p	Generationsrate für Löcher	-	$\mathrm{cm^{-3}\,s^{-1}}$
h	Plancksches Wirkungsquantum	$6{,}626 \cdot 10^{-34}$	Js
h	Millerscher Index	-	-
$\hbar = h/2\pi$		$1{,}054 \cdot 10^{-34}$	Js
h/a_0	atomare Einheit des Impulses	$1{,}993 \cdot 10^{-24}$	kgm/s
h/E_h	atomare Einheit der Zeit	$2{,}419 \cdot 10^{-17}$	s
h^+	Löcher	-	-
HV	Vickers-Härte		
HB	Brinell-Härte		
H_c	kritische Feldstärke (Supraleiter)	-	A/m
H	magnetische Feldstärke	-	A/m
H_C	Koerzitivfeldstärke	-	A/m
i	Strom	-	A
i_C	kapazitiver Stromanteil	-	A
i_R	ohmscher Stromanteil	-	A
j_W	Wärmestromdichte	-	$\mathrm{W/m^2}$
J_n	Partikelstromdichte	-	$\mathrm{1/(m^2 s)}$
j	elektrische Stromdichte	-	$\mathrm{A/m^2}$
j_n	Elektronenstromdichte	-	$\mathrm{A/cm^2}$
j_p	Löcherstromdichte	-	$\mathrm{A/cm^2}$
j_{Diff}	el. Diffusionsstromdichte	-	$\mathrm{A/cm^2 s}$
$j_{Diff,n}$	el. Elektronendiffusionsstromdichte	-	$\mathrm{A/cm^2 s}$
$j_{Diff,p}$	el. Löcherdiffusionsstromdichte	-	$\mathrm{A/cm^2 s}$
j_{Feld}	gesamte el. Feldstromdichte	-	$\mathrm{A/cm^2}$
$j_{Diff,n}$	el. Elektronenfeldstromdichte	-	$\mathrm{A/cm^2 s}$
$j_{Diff,p}$	el. Löcherfeldstromdichte	-	$\mathrm{A/cm^2 s}$
J	magnetische Polarisation	-	$\mathrm{T=Vs/m^2}$
J_S	Sättigungspolarisation	-	$\mathrm{T=Vs/m^2}$
k	Millerscher Index	-	-
K	Faktor (Dehnmessstreifen)	-	-
k	Rückstellkraft („Federkonstante")	-	$\mathrm{Ws/m^2}$
k_P	piezoelektrischer Kopplungsfaktor	-	-
k_{eff}	effektiver Kopplungsfaktor	-	-
k	Boltzmann-Konstante	$1{,}381 \cdot 10^{-23}$	J/K
k	Boltzmann-Konstante	$8{,}617 \cdot 10^{-5}$	eV/K
kT	thermische Energie (bei 300 K)	0,025	eV
l	Quantenzahl	-	-
l	Millerscher Index	-	-
L	Lorenzzahl	-	$\mathrm{V^2 K^{-2}}$
L	Schmelze (Phasendiagramm)	-	-
L	Induktivität	-	$\mathrm{H=Vs/A}$
L_n	Diffusionslänge der Elektronen	-	m
L_p	Diffusionslänge der Löcher	-	m
m_l	Quantenzahl	-	-
m_s	Quantenzahl	-	-
m	Masse	-	kg
m_e	Ruhemasse des Elektrons	$9{,}109 \cdot 10^{-31}$	kg
m_n	effektive Masse Elektron	-	kg
m_p	effektive Masse Loch	-	kg
m_N	Ruhemasse des Neutrons	$1{,}675 \cdot 10^{-27}$	kg
m_P	Ruhemasse des Protons	$1{,}673 \cdot 10^{-27}$	kg

M	Magnetisierung	-	A/m
M_{sr}	Magnetostriktionskonstante	-	-
N	Neutronenzahl im Atom	-	-
n	Quantenzahl	-	-
n	Konzentration, allgemein	-	1/m³
n	Konz. der freien Elektronen	-	1/m³
n_i	Eigenleitungskonzentration	-	1/cm³
N_A	Konzentration der Akzeptoren	-	1/cm³
N_D	Konzentration der Donatoren	-	1/cm³
N_A^-	Konz. der ionisierten Akzeptoren	-	1/cm³
N_D^+	Konz. der ionisierten Donatoren	-	1/cm³
N_{eff}	mittlere effektive Zustandsdichte	-	1/cm³
N_L	effektive Zustandsdichte Leitungsband	-	1/cm³
N_F	Flächenbelegung	-	1/m²
N_V	effektive Zustandsdichte Valenzband	-	1/cm³
n_I	Interstitial-Konzentration	-	1/m³
n_S / n_{Fr}	Schottky- / Frenkel-Defektkonzentration	-	1/m³
N_{ion}	Ionenkonz. (bewegliche Ionen)	-	1/m³
p	Druck	-	bar
p	Löcherkonzentration	-	1/cm³
p	Dipol, Dipolmoment	-	Asm
P	elektrische Polarisation	-	As/m²
P_R	remanente Polarisation	-	As/m²
P_S	Sättigungspolarisation	-	As/m²
P_s	Spontane Polarisation	-	As/m²
P_P	Peltier-Wärme	-	W
P_{th}	Wärmeleistung	-	W
q	Ladung	-	C, As
Q	Güte	-	-
Q_L	Güte (Leitungsverluste der Elektroden)	-	-
Q_M	Güte (Material)	-	-
R	elektrischer Widerstand	-	Ω
R_∞	Widerstandswert für $T \rightarrow \infty$ (NTC)	-	Ω
R_B	Bahnwiderstand	-	Ω
R_H	Hallkonstante	-	$(Asm^3)^{-1}$
R_m	Zugfestigkeit (Zugversuch)	-	N/mm²
R_{max}	maximaler Widerstand (PTC)	-	Ω
R_{min}	minimaler Widerstand (PTC)	-	Ω
R_N	Widerstandsnennwert (NTC)	-	Ω
R_n	Rekombinationsrate für Elektronen	-	$cm^{-3} s^{-1}$
R_p	Rekombinationsrate für Löcher	-	$cm^{-3} s^{-1}$
R_{eH}	obere Streckgrenze (Zugversuch)	-	N/mm²
$R_{p0.01}$	technische Elastizitätsgrenze (Zugversuch)	-	N/mm²
$R_{p0.2}$	mechanische Spannung (Zugversuch)	-	N/m²
s^D	Elastizitätskoeffizient D konst. (Piezo)	-	m²/N
s^E	Elastizitätskoeffizient E konst. (Piezo)	-	m²/N
s_p /s_n /s_e	Spin	$5,3 \cdot 10^{-35}$	Js
T_{smp}	Schmelzpunkt	-	K
T_S	Sprungtemperatur Supraleiter	-	K
T_0	Curietemperatur (Curie-Weiß-Temp.)	-	K
T_C	Curie-Punkt	-	K
T_N	Néel-Temperatur	-	K
$\tan \delta$	Verlustfaktor	-	-
$T_{N,NTC}$	Nenntemperatur (NTC)	-	K

T_B	Bezugstemperatur (PTC)	-	K
U	innere Energie	-	J
U_D	Durchbruchspannung	-	V
U_H	Hall-Spannung	-	V
u_L	induktiver Spannungsabfall	-	V
u_R	ohmscher Spannungsabfall	-	V
U_{th}	Potentialdifferenz, Thermospannung	-	V
V	Potential (Energie)	-	J
v_{th}	thermische Geschwindigkeit	$\approx 10^7$ (300 K)	cm/s
v_F	Fermi-Geschwindigkeit	$1{,}6 \cdot 10^8$	cm/s
v_{Mk}	Kriechgeschwindigkeit	-	cm/s
W	Energie	-	J, eV
W_n	Energie des Elektrons (Bahn n)	-	J, eV
ΔW	Aktivierungsenergie	-	eV
W_A	Aktivierungsenergie	-	eV
W_{Ai}	Austrittsarbeit	-	eV
W_{th}	thermische Energie	0,025 (300 K)	eV
W_F	Fermi-Energie	-	eV
W_{Fi}	intrinsisches Fermi-Niveau	-	eV
W_G	Bandabstand	-	eV
W_L	Energie (Unterkante LB)	-	eV
W_V	Energie (Oberkante VB)	-	eV
ΔW_D	Ionisierungsenergie von Donatoren	-	eV
ΔW_A	Ionisierungsenergie von Akzeptoren	-	eV
$W_{0,PTC}$	Energiebarrierenhöhe (PTC)	$e_0 \cdot \varphi_0$	eV
w_H	Hystereseverlustleistung	-	W/m³
Z	Protonen-/Elektronenzahl, Ordnungszahl	-	-
$z_L(W)$	Zustandsdichte der Elektronen im LB	-	$(Wm^3)^{-1}$
$z_V(W)$	Zustandsdichte der Löcher im VB	-	$(Wm^3)^{-1}$

7.3 Formelsammlung

7.3.1 Aufbau und Eigenschaften der Materie

7.3.1.1 Aufbau der Atome und Periodensystem der Elemente

Bohrsches Atommodell und Wasserstoffatom

Gleichgewichtsbedingung (Zentrifugalkraft ist gleich der Coulomb-Kraft):

$$F = \frac{1}{4\pi\varepsilon_0}\frac{Ze_0^{\ 2}}{r^2} = \frac{m_e v^2}{r} \tag{1.1}$$

Bohrsche Postulate:

- In einem Atom bewegen sich die Elektronen auf diskreten Kreisbahnen.

- Die Bewegung des Elektrons erfolgt strahlungslos, Bahnübergänge sind strahlend.

- Der Bahndrehimpuls eines Elektrons ist quantisiert:

$$m_e vr = \frac{nh}{2\pi} = n\hbar, \ n = 1, \ 2, \ 3, \ \dots \tag{1.2}$$

Diskrete Energiewerte des Wasserstoffatoms:

$$W_n = -\frac{m_e e_0^{\ 4}}{8\varepsilon_0^{\ 2}h^2}\cdot\frac{1}{n^2} = -W_1\frac{1}{n^2}, \ n = 1, \ 2, \ 3, \ \dots \tag{1.6}$$

Der Nullpunkt der Energieskala entspricht der Energie eines freien und ruhenden Elektrons ($n = \infty$).

Quantenmechanik und Konfiguration der Elektronenhülle

Wellenfunktion eines Teilchens in einem Kastenpotential:

$$\Psi_n = \sqrt{\frac{2}{L}}\sin\left(\frac{n\pi x}{L}\right), \ n = 1, \ 2, \ 3, \ \dots \tag{1.9}$$

Erlaubte Energiezustände des Teilchens:

$$W_n = \frac{n^2 h^2}{8mL^2}, \ n = 1, \ 2, \ 3, \ \dots \tag{1.10}$$

Anzahl der besetzbaren Elektronenzustände (maximale Elektronenzahl pro Hauptschale):

$$\sum_{l=0}^{n-1} m_l \cdot m_s = \sum_{l=0}^{n-1}(2l+1)\cdot 2 = 2n^2 \tag{1.12}$$

Das Periodensystem der Elemente

	1	2	3	4	5	6	7	8	9	10	11	12	13	14	15	16	17	18
1	1 1.008 H Wasserstoff																	2 4.003 He Helium
2	3 6.941 Li Lithium	4 9.012 Be Beryllium											5 10.81 B Bor	6 12.01 C Kohlenstoff	7 14.01 N Stickstoff	8 16.00 O Sauerstoff	9 19.00 F Fluor	10 20.18 Ne Neon
3	11 22.99 Na Natrium	12 24.31 Mg Magnesium											13 26.98 Al Aluminium	14 28.09 Si Silizium	15 30.97 P Phosphor	16 32.06 S Schwefel	17 35.45 Cl Chlor	18 39.95 Ar Argon
4	19 39.10 K Kalium	20 40.08 Ca Calcium	21 44.96 Sc Scandium	22 47.87 Ti Titan	23 50.94 V Vanadium	24 52.00 Cr Chrom	25 54.94 Mn Mangan	26 55.85 Fe Eisen	27 58.93 Co Cobalt	28 58.69 Ni Nickel	29 63.55 Cu Kupfer	30 65.41 Zn Zink	31 69.72 Ga Gallium	32 72.64 Ge Germanium	33 74.92 As Arsen	34 78.96 Se Selen	35 79.90 Br Brom	36 83.80 Kr Krypton
5	37 85.47 Rb Rubidium	38 87.62 Sr Strontium	39 88.91 Y Yttrium	40 91.22 Zr Zirkonium	41 92.91 Nb Niob	42 95.94 Mo Molybdän	43 (98) Tc Technetium	44 101.1 Ru Ruthenium	45 102.9 Rh Rhodium	46 106.4 Pd Palladium	47 107.9 Ag Silber	48 112.4 Cd Cadmium	49 114.8 In Indium	50 118.7 Sn Zinn	51 121.8 Sb Antimon	52 127.6 Te Tellur	53 126.9 I Jod	54 131.3 Xe Xenon
6	55 132.9 Cs Cäsium	56 137.3 Ba Barium	57 138.9 La Lanthan	72 178.5 Hf Hafnium	73 180.9 Ta Tantal	74 183.8 W Wolfram	75 186.2 Re Rhenium	76 190.2 Os Osmium	77 192.2 Ir Iridium	78 195.1 Pt Platin	79 197.0 Au Gold	80 200.6 Hg Quecksilber	81 204.4 Tl Thallium	82 207.2 Pb Blei	83 209.0 Bi Bismut	84 (209) Po Polonium	85 (210) At Astat	86 (222) Rn Radon
7	87 (223) Fr Francium	88 (226) Ra Radium	89 (227) Ac Actinium	104 (261) Rf Rutherfordium	105 (262) Db Dubnium	106 (266) Sg Seaborgium	107 (264) Bh Bohrium	108 (277) Hs Hassium	109 (268) Mt Meitnerium	110 (271) Ds Darmstadtium	111 (272) Rg Roentgenium							

Ordnungszahl → 29 63.55 ← molare Masse / (g/mol)
Cu ← Elementsymbol
Kupfer ← Element

Lanthanoide	58 140.1 Ce Cer	59 140.9 Pr Praseodym	60 144.2 Nd Neodym	61 (145) Pm Promethium	62 150.4 Sm Samarium	63 152.0 Eu Europium	64 157.3 Gd Gadolinium	65 158.9 Tb Terbium	66 162.5 Dy Dysprosium	67 164.9 Ho Holmium	68 167.3 Er Erbium	69 168.9 Tm Thulium	70 173.0 Yb Ytterbium	71 175.0 Lu Lutetium
Actinoide	90 232.0 Th Thorium	91 231.0 Pa Protactinium	92 238.0 U Uran	93 (237) Np Neptunium	94 (244) Pu Plutonium	95 (243) Am Americium	96 (247) Cm Curium	97 (247) Bk Berkelium	98 (251) Cf Californium	99 (252) Es Einsteinium	100 (257) Fm Fermium	101 (258) Md Mendelevium	102 (259) No Nobelium	103 (262) Lr Lawrencium

Bild 1.10 Periodensystem der Elemente

Symbole

Z :	Kernladungszahl	m_e :	Ruhemasse des Elektrons
h :	Plancksches Wirkungsquantum	L :	Breite des Kastenpotentials
n :	Kreisbahn/Hauptquantenzahl/Hauptschale	l :	Bahndrehimpulsquantenzahl
m_l :	Magnetische Quantenzahl	m_s :	Eigendrehimpulsquantenzahl (Spin)

7.3.1.2 Chemische Bindungen

Bindungsarten:

- ionische Bindung: Aufnahme/Abgabe von Elektronen (Ionisierung) gemäß Edelgaskonfiguration.
- kovalente Bindung: Überlappung von Elektronenwolken, Bildung von Hybridorbitalen.
- metallische Bindung: delokalisierte Bindungselektronen, quasifreies Elektronengas.

7.3.1.3 Die Aggregatzustände der Materie

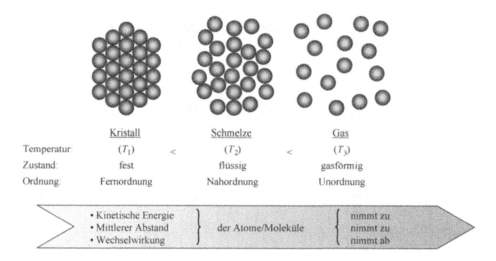

Bild 1.22 Aggregatzustände der Materie

Kristallbaufehler

Konzentration von Punktdefekten:

- Frenkel-Defekte:

$$n_{Fr} = n_I = N_0 \cdot e^{\frac{-W_{Fr}}{kT}} \qquad (1.15)$$

- Schottky-Defekte in kovalenten Kristallen:

$$n_S = N_0 \cdot e^{\frac{-W_S}{kT}} \qquad (1.16)$$

- Schottky-Defekte in ionischen Kristallen:

$$n_S^+ = n_S^- = N_0 \cdot e^{\frac{-W_S}{2kT}} \qquad (1.17)$$

Symbole

n_I :	Atome/Ionen auf Zwischengitterplätzen	N_0 :	Gitterplätze pro Volumeneinheit
W_{Fr} :	Fehlordnungsenergie von Frenkel-Defekten	W_S :	Fehlordnungsenergie von Schottky-Defekten
k :	Boltzmann-Konstante	T :	Temperatur

7.3.1.4 Werkstoffeigenschaften

Thermische Eigenschaften

Innere Energie (thermisch angeregte Gitterschwingungen):

$$U(T) \;=\; \underbrace{3/2\, N_A \cdot kT}_{\text{kin. Energie}} \;+\; \underbrace{3/2\, N_A \cdot kT}_{\text{pot. Energie}} \;=\; 3\, N_A \cdot kT \qquad (1.22)$$

Definition der molaren Wärmekapazität:

$$C_{W,m} = \frac{\partial U}{\partial T}$$ (1.23)

Energie eines Phonons (Quantum einer Gitterschwingung):

$$E = \hbar\omega \quad \text{mit } \hbar = \frac{h}{2\pi}; \ \omega = 2\pi f$$ (1.25)

Molare Wärmekapazität von Phononen:

$$C_{W,m} = 3N_A k \left(\frac{\hbar\omega_E}{kT}\right)^2 \frac{e^{(\hbar\omega_E)/(kT)}}{(e^{(\hbar\omega_E)/(kT)}-1)^2}$$ (1.27)

Debyetemperatur:

$$\Theta_D = \frac{\hbar\omega_D}{k}$$ (1.28)

Debyesches T^3-Gesetz für molare Wärmekapazität von Festkörpern bei tiefen Temperaturen $T \ll \Theta_D$:

$$C_{W,m} \approx 234 N_A k \left(\frac{T}{\Theta_D}\right)^3$$ (1.29)

Thermische Ausdehnung

Definitionen:

Volumenausdehnungskoeffizient α_V: $\quad \dfrac{\Delta V}{V_0} = \alpha_V \cdot \Delta T$ (1.30)

Längenausdehnungskoeffizient α_L: $\quad \dfrac{\Delta l}{l_0} = \alpha_L \cdot \Delta T$ (1.31)

Wärmeleitung

Wärmestromdichte im Festkörper:

$$j_W = -\lambda_W \cdot \frac{dT}{dx} \left[\frac{W}{m^2}\right]$$ (1.32)

Diffusion

Erstes Ficksches Gesetz:

$$\vec{J}_n = -D \cdot \operatorname{grad} c \qquad \left(J_n = -D \cdot \frac{dc}{dx}\right)$$ (1.34)

Temperaturabhängigkeit des Diffusionskoeffizienten:

$$D = D_0 \cdot e^{-\frac{\Delta W}{kT}}$$ (1.35)

Zweites Ficksches Gesetz:

$$\text{div grad } c = \Delta c = \frac{1}{D}\frac{\partial c}{\partial t} \qquad \left(\frac{\partial^2 c}{\partial x^2} = \frac{1}{D}\frac{\partial c}{\partial t}\right) \tag{1.37}$$

Eindringtiefe bei unerschöpflicher Quelle (Teilchendichte am Rand zu allen Zeiten konstant):

$$x_0 = 1,28 \cdot \sqrt{Dt} \tag{1.39}$$

Eindringtiefe bei begrenzter Quelle (Teilchendichte am Rand zum Zeitpunkt $t = 0$ gegeben):

$$x_0 = 2 \cdot \sqrt{Dt} \quad \text{für } d \ll x_0 \tag{1.41}$$

Symbole

N_A :	Avogadro-Konstante	ω_F :	Mittlere Schwingungsfrequenz von Phononen
ω_D :	Charakteristische Grenzfrequenz nach Debye	λ :	Wärmeleitfähigkeit
ΔV :	Volumenänderung	Δl :	Längenänderung
D :	Diffusionskoeffizient	D_0 :	Diffusionskonstante
c :	Teilchenkonzentration (Diffusionsprofil)	x_0 :	Eindringtiefe
d :	Schichtdicke		

Mechanische Eigenschaften

Definition von Spannung (Scherspannung) und Dehnung (Scherung):

$$\sigma_M = \frac{F}{A_0} \quad \left(\tau_M = \frac{F}{A_0}\right) \text{ und } \varepsilon_M = \frac{\Delta l}{l_0} \quad (\gamma_M = \tan\Theta) \tag{1.42f.}$$

Für kleine Dehnungen/Scherungen gilt das Hookesche Gesetz. In diesem Bereich werden die Elastizitäts- und Schubmodule definiert:

Elastizitätsmodul (Schubmodul):

$$E_M = \frac{\sigma_M}{\varepsilon_M} \text{ für } \varepsilon_M < 0,01 \text{ \%} \quad \left(G_M = \frac{\tau_M}{\gamma_M} \text{ für } \gamma_M < 0,01 \text{ \%}\right) \tag{1.44}$$

Definition Querkontraktionszahl/Poisson-Zahl:

$$v_M = -\frac{\Delta A / A_0}{2 \cdot \Delta l / l_0} \quad \text{mit } 0 < v_M < 0,5 \tag{1.45}$$

Symbole

σ_M :	Spannung	τ_M :	Scherspannung
ε_M :	Dehnung	γ_M :	Scherung
Θ :	Scherwinkel		

Elektrische Eigenschaften

Widerstand einer quaderförmigen Probe:

$$R = \rho \cdot \frac{l}{A} = \frac{1}{\sigma} \cdot \frac{l}{A} = \frac{1}{G} \tag{1.46}$$

Fermi-Verteilungsfunktion (Besetzungswahrscheinlichkeit der Energiezustände):

$$f(W) = \frac{1}{1 + e^{\frac{W - W_F}{kT}}} \tag{1.53}$$

	Ladungsträgerkonzentration	Ladungsträgerbeweglichkeit
Metalle	$n = \text{const.}$	$\mu_n \propto T^{-a}$
Halbleiter	$n \propto e^{-\frac{W_G}{2kT}}$	$\mu_n \propto T^{-a}$
Isolatoren	$n \propto e^{-\frac{W_G}{2kT}}$, $N_{ion} = \text{const.}$	$\mu_n \propto T^{-a}$ oder $\mu_n \propto e^{-\frac{A}{T}}$, $\mu_{ion} \propto e^{-\frac{B}{T}}$

Tabelle 1.13 Ladungsträgerkonzentration und -beweglichkeit als Funktion der Temperatur

Symbole

ρ :	Spezifischer Widerstand	σ :	Leitfähigkeit
G :	Leitwert	z :	Ladungszahl der Ladungsträger
n :	Ladungsträgerkonzentration	μ :	Ladungsträgerbeweglichkeit
W_G :	Bandabstand	W_F :	Fermi-Energie

7.3.2 Metallische Werkstoffe

7.3.2.1 Elektrische Eigenschaften

Driftgeschwindigkeit von Elektronen aufgrund von elektrischen Feldern:

$$v_d = \tau \cdot \frac{-e_0}{m_n} \cdot E = -\mu_n E \quad \text{(stationärer Fall)} \tag{2.5}$$

Feldstromdichte:

$$j = -e_0 n v_d = e_0 n \mu_n E = \sigma E \tag{2.6}$$

Definition der Leitfähigkeit für Metalle (n-Leiter):

$$\sigma = e_0 n \, \mu_n \tag{2.7}$$

Allgemeine Definition der Leitfähigkeit eines Werkstoffs (Mischleiter):

$$\sigma_{gesamt} = \sum_i \sigma_i = e_0 \sum_i |z_i| \cdot n_i \cdot \mu_i \tag{2.8}$$

Temperaturkoeffizient des spezifischen Widerstandes:

$$TK_\rho = \frac{1}{\rho}\frac{d\rho}{dT} = -TK_\sigma \qquad (2.12)$$

Driftgeschwindigkeit von Elektronen aufgrund von Temperaturgradienten:

$$v_{Dth} = -\frac{3}{2}\cdot\frac{k\tau}{m_n}\cdot\frac{dT}{dx} \quad \text{(stationärer Fall)} \qquad (2.16)$$

Wärmestromdichte:

$$q = n\cdot\frac{3}{2}kT\cdot v_{Dth} = n\cdot\frac{3}{2}kT\cdot\left(-\frac{3}{2}\frac{k\tau}{m_n}\right)\cdot\frac{dT}{dx} = -\lambda\cdot\frac{dT}{dx} \qquad (2.17)$$

Definition der Wärmeleitfähigkeit:

$$\lambda = \left(\frac{3}{2}\right)^2\cdot\frac{n\cdot\tau}{m_n}\cdot k^2 T \qquad (2.18)$$

Wiedemann-Franz-Gesetz:

$$\frac{\lambda}{\sigma} = \left(\frac{3}{2}\right)^2\cdot\frac{k^2}{e_0^2}\cdot T \qquad (2.19)$$

Definition Lorenz-Zahl:

$$L = \frac{\lambda}{\sigma\cdot T} \qquad (2.20)$$

Kontaktspannung

Kontaktspannung aufgrund unterschiedlicher Austrittsarbeiten:

$$-e_0\cdot U_{12} = W_{A1} - W_{A2} \qquad (2.21)$$

Thermoelektrische Effekte

Seebeck-Effekt:

$$U_{th} = \eta_{AB}\cdot\Delta T \qquad (2.22)$$

Peltier-Effekt:

$$P_P = \pi_{AB}\cdot I$$

Thomson-Effekt:

$$dP_{th} = \tau_{th}\cdot I\cdot \text{grad}(T)\ dV$$

Symbole

τ :	mittlere Flugdauer der Elektronen	m_n :	effektive Elektronenmasse
μ_n :	Elektronenbeweglichkeit	W_A :	Austrittsarbeit
U_{th} :	Potentialdifferenz	η_{AB} :	Seebeck-Koeffizient
P_p :	Wärmeleistung an der Kontaktstelle	π_{AB} :	Peltier-Koeffizient
dP_{th} :	Wärmeleistung im stromdurchflossenen Leiter	τ_{th} :	Thomson-Koeffizient

7.3.2.2 Metallische Leiter und Widerstandswerkstoffe

Dehnmessstreifen

Widerstand des Dehnmessstreifens:

$$R = \rho \frac{l}{A} = \rho \frac{l}{\pi r^2} \tag{2.24}$$

Widerstandsänderung (für ρ = const.):

$$\frac{\Delta R}{R} = \frac{\Delta l}{l} - 2 \frac{\Delta r}{r} = K \cdot \varepsilon_M \tag{2.27}$$

Symbole

r :	Radius des Leiters	K :	Konstante
ε_M :	Dehnung		

7.3.2.3 Supraleitung

Temperaturabhängigkeit der kritischen Feldstärke (Supraleiter erster Art):

$$H_c = H_0 \cdot \left[1 - \left(\frac{T}{T_c} \right)^2 \right] \tag{2.28}$$

Symbole

H_0 :	Kritische Feldstärke bei $T = 0$ K	T_c :	Sprungtemperatur

7.3.3 Halbleiter

Im thermodynamischen Gleichgewicht gilt für die Generation und Rekombination von Elektron-Loch-Paaren das Massenwirkungsgesetz:

$$n \cdot p = K(T) = n_i^2(T) \tag{3.1}$$

Intrinsischer Halbleiter:

$$W_L - W_{Fi} \gg kT \quad \text{und} \quad W_{Fi} - W_V \gg kT$$

Symbole

n :	Dichte der Elektronen im Leitungsband	p :	Dichte der Löcher im Valenzband
n_i :	intrinsische oder Eigenleitungskonzentration	W_{Fi} :	Energie des intrinsischen Fermi-Niveaus
W_L :	Unterkante des Leitungsbandes	W_V :	Oberkante des Valenzbandes

7.3.3.1 Eigenhalbleiter

Eigenleitungskonzentration

Da Generations- und Rekombinationsraten gleich groß sind, gilt für die Konzentrationen:

$$n = p = n_i$$

Bei intrinsischen Halbleitern werden Leitungs- und Valenzband auf diskrete Energieniveaus reduziert, welche mit N_L und N_V Zuständen besetzbar sind.

Effektive Zustandsdichte des Leitungsbands:
$$N_L = 2 \cdot \left(\frac{2\pi \cdot m_n \cdot kT}{h^2} \right)^{\frac{3}{2}} \qquad (3.2)$$

Effektive Zustandsdichte des Valenzbands:
$$N_V = 2 \cdot \left(\frac{2\pi \cdot m_p \cdot kT}{h^2} \right)^{\frac{3}{2}} \qquad (3.3)$$

Für den Fall gleicher effektiver Elektronen- und Löchermassen gilt die mittlere effektive Zustandsdichte:

$$N_{eff} = \sqrt{N_L \cdot N_V} \qquad (3.4)$$

Die Fermi-Verteilung (Besetzungswahrscheinlichkeit der Energiezustände) wird durch die klassische Boltzmann-Verteilung angenähert:

$$f(W) = \frac{1}{1 + e^{\frac{W - W_{Fi}}{kT}}} \quad \approx \quad f_B(W) = e^{-\frac{W - W_{Fi}}{kT}} \qquad (3.5)$$

Lage des Fermi-Niveaus bei intrinsischen Halbleitern:

$$W_{Fi} = W_V + \frac{1}{2} W_G + \frac{3}{4} kT \cdot \ln \frac{m_p}{m_n} \qquad (3.6)$$

Ladungsträgerkonzentrationen im Leitungs- und Valenzband gemäß Boltzmann-Verteilung:

$$n = N_L \cdot e^{\frac{-(W_L - W_{Fi})}{kT}} \qquad (3.8)$$

$$p = N_V \cdot e^{\frac{-(W_{Fi} - W_V)}{kT}} \qquad (3.9)$$

$$n_i = N_{eff} \cdot e^{\frac{-W_G}{2kT}} \qquad (3.10)$$

Leitfähigkeit:

$$\sigma_i = n_i \cdot e_0 \cdot (\mu_n + \mu_p) \tag{3.11}$$

Beweglichkeiten und deren Temperaturabhängigkeit:

Elektronen: $\quad \mu_n = \dfrac{e_0 \cdot \tau_n}{m_n} \quad$ mit $\quad \mu_n \sim T^{-\beta_n} \tag{3.12}$

Löcher: $\quad \mu_p = \dfrac{e_0 \cdot \tau_p}{m_p} \quad$ mit $\quad \mu_p \sim T^{-\beta_p} \tag{3.13}$

Temperaturkoeffizient der Leitfähigkeit:

$$TK_{\sigma_i} = \frac{1}{\sigma_i} \cdot \frac{d\sigma_i}{dT} = \frac{1}{n_i} \cdot \frac{dn_i}{dT} + \frac{1}{\mu_i} \cdot \frac{d\mu_i}{dT} = TK_{n_i} + TK_{\mu_i} \tag{3.21}$$

Symbole

N_L :	effektive Zustandsdichte des Leitungsbandes	N_V :	effektive Zustandsdichte des Valenzbandes
N_{eff}:	mittlere effektive Zustandsdichte	W_G :	Bandabstand
τ_n :	mittlere Flugdauer der Elektronen	τ_p :	mittlere Flugdauer der Löcher
m_n :	effektive Elektronenmasse	m_p :	effektive Löchermasse

7.3.3.2 Störstellenhalbleiter

Dotierung

Ionisierungsenergie der Donatoren und Akzeptoren:

$$\Delta W_D = \frac{m_n \cdot e_0^{\,4}}{2 \cdot (4\pi \cdot \varepsilon_r \cdot \varepsilon_0 \cdot \hbar)^2} \quad \text{und} \quad \Delta W_A = \frac{m_p \cdot e_0^{\,4}}{2 \cdot (4\pi \cdot \varepsilon_r \cdot \varepsilon_0 \cdot \hbar)^2} \tag{3.22f.}$$

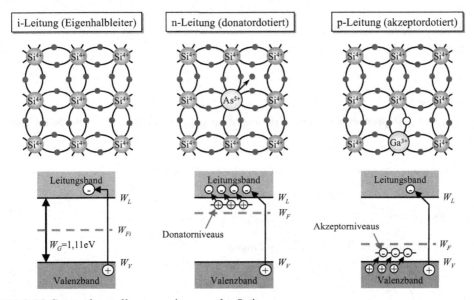

Bild 3.11 Gegenüberstellung von i-, n- und p-Leitung

Ladungsträgerkonzentration

Ladungsneutralität im Festkörper:

$$N_D^+ + p = N_A^- + n \tag{3.26}$$

Der Anteil der Eigenleitung ist zu vernachlässigen:

$$N_A^- = 0,\ N_D^+ \gg n_i \quad \text{bzw.}\quad N_D^+ = 0,\ N_A^- \gg n_i$$

Elektronenkonzentration bei reiner Donatordotierung gemäß Fermi-Verteilung:

Störstellenerschöpfung: $\quad 4\dfrac{N_D}{N_L} \cdot e^{\frac{\Delta W_D}{kT}} \ll 1 \Rightarrow n = N_D^+ \approx N_D \tag{3.30}$

Störstellenreserve: $\quad 4\dfrac{N_D}{N_L} \cdot e^{\frac{\Delta W_D}{kT}} \gg 1 \Rightarrow n = N_D^+ \approx \sqrt{N_D \cdot N_L} \cdot e^{-\frac{\Delta W_D}{2kT}} \tag{3.31}$

Löcherkonzentration bei reiner Akzeptordotierung gemäß Fermi-Verteilung:

Störstellenerschöpfung: $\quad 4\dfrac{N_A}{N_V} \cdot e^{\frac{\Delta W_A}{kT}} \ll 1 \Rightarrow p = N_A^- \approx N_A \tag{3.32}$

Störstellenreserve: $\quad 4\dfrac{N_A}{N_V} \cdot e^{\frac{\Delta W_A}{kT}} \gg 1 \Rightarrow p = N_A^- \approx \sqrt{N_A \cdot N_V} \cdot e^{-\frac{\Delta W_A}{2kT}} \tag{3.33}$

Symbole

N_D :	Donatorendichte	N_D^+ :	Dichte der ionisierten Donatoren
N_A :	Akzeptorendichte	N_A^- :	Dichte der ionisierten Akzeptoren
ε_r :	Dielektrizitätszahl		

Diffusionsstrom

Diffusionsstrom ist proportional zum Konzentrationsgefälle der Teilchen (erstes Ficksches Gesetz):

$$j_{\text{Diff,n}} = e_0 \cdot D_n \cdot \frac{dn}{dx} \tag{3.36}$$

$$j_{\text{Diff,p}} = -e_0 \cdot D_p \cdot \frac{dp}{dx} \tag{3.37}$$

Diffusionskonstanten gemäß Einstein-Beziehungen:

$$D_n = \frac{kT}{e_0} \cdot \mu_n \quad \text{und}\quad D_p = \frac{kT}{e_0} \cdot \mu_p \tag{3.39f.}$$

Galvanomagnetische und thermoelektrische Effekte

Kraft auf einen bewegten Ladungsträger im Magnetfeld (Lorentz-Kraft):

$$\vec{F} = q \cdot \vec{v} \times \vec{B} \tag{3.41f.}$$

Hallspannung:

$$U_{\mathrm{H}} = R_{\mathrm{H}} \cdot j \cdot b \cdot B = R_{\mathrm{H}} \cdot \frac{I}{d} \cdot B \tag{3.44}$$

Hall-Konstante:

$$\text{n-Leiter:} \quad R_{\mathrm{H}} = -\frac{1}{e_0 n} \tag{3.45}$$

$$\text{p-Leiter:} \quad R_{\mathrm{H}} = +\frac{1}{e_0 p} \tag{3.46}$$

Widerstandsänderung bei kurzen Proben ($L \ll b$), sogenannter Gauß-Effekt:

$$R(B) = \frac{R_0}{\cos^2 \Theta_{\mathrm{H}}} = R_0(1 + \tan^2 \Theta_{\mathrm{H}}) = R_0(1 + \mu_{\mathrm{n}}^2 \cdot B^2) \tag{3.47}$$

Symbole

q :	Ladung des Teilchens	v :	Geschwindigkeit des Ladungsträgers
R_{H} :	Hall-Konstante	B :	Magnetische Flussdichte
b :	Breite	d :	Dicke
L :	Länge	R_0 :	Widerstandswert der Probe für $B = 0$ T
Θ_{H} :	Hall-Winkel		

7.3.4 Dielektrische Werkstoffe

In einem Kondensator gespeicherte Ladung:

$$Q = CU \tag{4.1}$$

Kapazität eines Plattenkondensators:

$$C = \varepsilon_0 \varepsilon_{\mathrm{r}} \frac{A}{d} \tag{4.4}$$

7.3.4.1 Feld- und Materialgleichungen

Dielektrische Verschiebungsdichte (allgemein):

$$D = \varepsilon_0 E + P \tag{4.5}$$

Dielektrische Verschiebungsdichte (isotrope Materie):

$$D = \varepsilon_r \, \varepsilon_0 \, E \qquad (4.3)$$

Elektrische Suszeptibilität und relative Dielektrizitätszahl:

$$\chi_e = \frac{1}{\varepsilon_0} \frac{P}{E} \quad \text{in isotroper Materie,} \quad \varepsilon_r = 1 + \chi_e \qquad (4.6)$$

Symbole

χ_e :	elektrische Suszeptibilität	P :	Polarisation
ε_r :	relative Dielektrizitätszahl		

7.3.4.2 Polarisationsmechanismen

Grundtypen von Polarisationsmechanismen

Elektrische Suszeptibilität:

$$\chi_e = \chi_{el} + \chi_{ion} + \chi_{or} + \chi_{RL} \qquad (4.7)$$

Induziertes Dipolmoment und Polarisation:

$$p = \alpha E \quad \text{und} \quad P = n \, \alpha E$$

Symbole

α :	Polarisierbarkeit	n :	Konzentration der Atome

Elektronenpolarisation

Gleichgewichtsbedingung (auslenkende Kraft ist gleich der Coulomb-Kraft):

$$z \cdot e_0 \cdot E = \frac{(z \cdot e_0)^2}{4\pi \, \varepsilon_0 d^2} \cdot \frac{d^3}{R^3} \qquad (4.8)$$

Induziertes Dipolmoment:

$$p = z \cdot e_0 \cdot d = 4\pi \, \varepsilon_0 R^3 E = \alpha_{el} \cdot E \qquad (4.9)$$

Elektronischer Anteil der Suszeptibilität:

$$\chi_{el} = \frac{P}{\varepsilon_0 E} = \frac{n\alpha_{el}}{\varepsilon_0} = 4\pi n R^3 \qquad (4.11)$$

Ionenpolarisation

Induziertes Dipolmoment:

$$p = \frac{Q^2}{k} \cdot E = \alpha_{ion} \cdot E \qquad (4.15)$$

Ionischer Anteil der Suszeptibilität:

$$\chi_{\text{ion}} = \frac{nQ^2}{\varepsilon_0 \cdot k} \tag{4.16}$$

Orientierungspolarisation

Induziertes Dipolmoment:

$$p = p_0 \left[\coth\left(\frac{p_0 E}{kT} \right) - \frac{kT}{p_0 E} \right] \tag{4.26}$$

Bei Raumtemperatur gilt $p_0 E \ll kT$, weshalb mittels Taylor linearisiert wird:

$$p = \frac{p_0^2 E}{3kT} = \alpha_{\text{or}} \cdot E \tag{4.27}$$

Anteil der Orientierungspolarisation an der Suszeptibilität:

$$\chi_{\text{or}} = \frac{np_0^2}{3kT\varepsilon_0} \tag{4.28}$$

Symbole

z :	Kernladungszahl	d :	Verschiebung der Elektronenladung
R :	Radius der kugelförmigen Elektronenhülle	Q :	Ladung der Ionen
k :	Rückstellkonstante („Federkonstante")	p_0 :	permanentes (molekulares) Dipolmoment

Lokale Feldstärke

Polarisation und lokale Feldstärke:

$$P = n\alpha E_{\text{lok}} = n\alpha \frac{E}{1 - n\alpha/(3\varepsilon_0)} \tag{4.30f.}$$

Clausius-Mossotti-Beziehung für Dielektrika mit moderaten Dielektrizitätszahlen (keine Ferroelektrika):

$$\frac{n\alpha}{3\varepsilon_0} = \frac{\varepsilon_r - 1}{\varepsilon_r + 2} \tag{4.32}$$

Temperaturabhängigkeit

Temperaturkoeffizient der Dielektrizitätszahl:

$$TK_\varepsilon = \frac{1}{\varepsilon_r} \frac{d\varepsilon_r}{dT} = \frac{(\varepsilon_r - 1)(\varepsilon_r + 2)}{3\varepsilon_r}(TK_\alpha + TK_n) \tag{4.34}$$

Temperaturkoeffizient der Orientierungspolarisation:

$$\alpha_{\text{or}} = \frac{p^2}{3kT} \sim \frac{1}{T} \Rightarrow TK_{\alpha_{\text{or}}} = \frac{1}{\alpha_{\text{or}}} \cdot \frac{d\alpha_{\text{or}}}{dT} = -\frac{1}{T} \tag{4.35}$$

Dielektrische Verluste

Kapazitiver Strom:

$$i_C = \frac{dQ}{dt} = C \frac{du}{dt} \tag{4.36}$$

Definition dielektrischer Verlustfaktor (allgemein):

$$\tan \delta = \frac{i_R}{i_C} \tag{4.40}$$

Bei niedrigen Frequenzen dominieren die Verluste der Gleichstromleitfähigkeit:

$$\tan \delta = \frac{G}{\omega C} = \frac{\sigma}{\omega \varepsilon_r \varepsilon_0} \tag{4.41}$$

Bei höheren Frequenzen wird die komplexe (frequenzabhängige) Dielektrizitätszahl verwendet:

$$\varepsilon_r = \varepsilon_r' - j\varepsilon_r'' \tag{4.42}$$

Für den Verlustfaktor gilt in diesem Fall:

$$\tan \delta = \frac{\varepsilon_r''}{\varepsilon_r'} \tag{4.43}$$

Symbole

i_R :	Ohmscher Verluststrom	i_C :	kapazitiver Strom
G :	Leitwert	ω :	Kreisfrequenz

Ferroelektrizität

Temperaturabhängigkeit der Polarisierbarkeit:

$$\frac{n\alpha}{3\varepsilon_0} = 1 - 3\frac{T - T_0}{C} \quad \text{mit} \quad 3\frac{T - T_0}{C} \ll 1 \tag{4.54}$$

Mit der Clausius-Mossotti-Beziehung und $\varepsilon_r \gg 1$ folgt das Curie-Weiß-Gesetz:

$$T > T_C : \quad \varepsilon_r = \frac{C}{T - T_0} \, . \tag{4.55}$$

Symbole

T_0 :	Curie-Temperatur	T_C :	Curie-Punkt
C :	Curie-Konstante		

Piezoelektrizität

Piezoelektrische Materialgleichungen (skalare Schreibweise für E-Feld):

$$\varepsilon_M = s^E \cdot \sigma_M + d_p \cdot E \tag{4.56}$$

$$D = d_p \cdot \sigma_M + \varepsilon^T \varepsilon_0 \cdot E \tag{4.57}$$

Piezoelektrische Materialgleichungen (skalare Schreibweise für D-Feld):

$$\varepsilon_M = s^D \cdot \sigma_M + g_p \cdot D \tag{4.58}$$

$$E = -g_p \cdot \sigma_M + \frac{D}{\varepsilon^T \varepsilon_0} \tag{4.59}$$

Piezoelektrischer Kopplungskoeffizient:

$$k^2 = \frac{d_p^2}{s^E \varepsilon_r \varepsilon_0} = \frac{g_p^2 \varepsilon_r \varepsilon_0}{s^E} = \frac{\text{in mechanische Energie umgewandelte elektrische Energie}}{\text{aufgenommene elektrische Energie}} \tag{4.60}$$

Kristalle mit Symmetriezentrum zeigen den Effekt der Elektrostriktion:

$$\varepsilon_M = f_s \cdot E^2 \tag{4.61}$$

Symbole

ε_M :	Dehnung	σ_M :	Spannung
s^E :	Elastizitätskoeffizient bei E = konst.	d_P :	piezoelektrische Ladungskonstante
s^D :	Elastizitätskoeffizient bei D = konst.	g_P :	piezoelektrische Spannungskonstante
ε^T :	Dielektrizitätszahl bei σ_M = konst.	f_S :	Elektrostriktionskoeffizient

Pyroelektrische Werkstoffe

Pyrokoeffizient:

$$\pi_P = \frac{dP_R}{dT} \tag{4.62}$$

Temperaturabhängigkeit der Spannung bei offenen Elektroden:

$$\Delta U = \pi_P \cdot \frac{A \cdot \Delta T}{C} \tag{4.63}$$

Bei kurzgeschlossenen Elektroden fließt entsprechend der Temperaturänderung eine Ladung:

$$\Delta Q = \pi_P \cdot A \cdot \Delta T \tag{4.64}$$

Symbole

P_R :	remanente Polarisation	A :	Elektrodenfläche
C :	Kapazität		

7.3.4.3 Anwendungen dielektrischer Werkstoffe

Mikrowellen-Dielektrika

Resonanzfrequenz eines dielektrischen Resonators (Wellenlänge näherungsweise gleich dem Durchmesser des Resonators):

$$f_r = \frac{c_0}{\lambda_d \sqrt{\varepsilon_r}} \tag{4.66}$$

Temperaturkoeffizient der Resonanzfrequenz:

$$TK_f = \frac{1}{f_r} \frac{\partial f_r}{\partial T} = -\frac{1}{D} \frac{\partial D}{\partial T} - \frac{1}{2\varepsilon_r} \frac{\partial \varepsilon_r}{\partial T} = -\alpha - \frac{1}{2} TK_\varepsilon \tag{4.68}$$

Verlustfaktor und Güte des Resonators:

$$\tan \delta \approx \frac{1}{Q} = \frac{1}{Q_M} + \frac{1}{Q_L} \tag{4.69}$$

Symbole

c_0 :	Vakuumlichtgeschwindigkeit	λ_d :	Wellenlänge der stehenden Welle
D :	Durchmesser des Resonators	Q :	Güte des Resonators
Q_M :	Güte des Materials	Q_L :	Güte der Elektroden

7.3.5 Nichtlineare Widerstände

7.3.5.1 NTC-Widerstände

Sprung- oder Platzwechselfrequenz:

$$f_H = f_G \cdot e^{-\frac{W_A}{kT}} \tag{5.1}$$

Diffusionskoeffizient:

$$D = \frac{1}{2} a_0^{\,2} \cdot f_H \tag{5.2}$$

Beweglichkeit gemäß Einsteinscher Beziehung:

$$\mu = \frac{1}{2} \cdot e_0 \cdot a_0^{\,2} \cdot \frac{f_G}{kT} e^{-\frac{W_A}{kT}} = \frac{K_1}{T} \cdot e^{-\frac{W_A}{kT}} \tag{5.3}$$

Elektrische Leitfähigkeit:

$$\sigma = e_0 \cdot \mu \cdot n = \frac{K_2}{T} \cdot e^{-\frac{W_A}{kT}} \tag{5.4}$$

Temperaturabhängigkeit des Widerstands bezogen auf Nenndaten:

$$R(T) = R_{\mathrm{N}} \cdot e^{\frac{W_{\mathrm{A}}}{k}\left(\frac{1}{T} - \frac{1}{T_{\mathrm{N}}}\right)} \tag{5.6}$$

Symbole

f_{G} :	charakteristische Gitterfrequenz des Kristalls	W_{A} :	Aktivierungsenergie
a_0 :	Sprungweite	R_{N} :	Nennwiderstand
T_{N} :	Nenntemperatur		

7.3.5.2 PTC-Widerstände

Höhe der Potentialbarriere an den Korngrenzen:

$$\varphi_0 = \frac{e_0}{2 \cdot N_{\mathrm{D}} \cdot \varepsilon_{\mathrm{r}} \cdot \varepsilon_0} \cdot \rho_{\mathrm{F}} \tag{5.7}$$

Elektrische Leitfähigkeit:

$$\sigma \propto \exp(-e_0\varphi_0 / kT) \tag{5.8}$$

Symbole

N_{D} :	Dichte der ionisierten Donatoren in der RLZ	ρ_{F} :	Flächendichte der Akzeptoren an der Korngrenze

7.3.5.3 Varistoren

Kennlinie:

$$I = \pm K \cdot |U|^{\alpha_{\mathrm{Var}}}$$

Symbole

K :	geometrieabhängige Konstante	α_{Var} :	Nichtlinearitätskoeffizient

7.3.6 Magnetische Werkstoffe

7.3.6.1 Feld- und Materialgleichungen

Magnetische Flussdichte (allgemein):

Definition anhand magnetischer Polarisation J : $B = \mu_0 H + J$ (6.3)

Definition anhand Magnetisierung M : $B = \mu_0(H + M)$ (6.4)

Magnetische Flussdichte (magnetisch isotrope Materie):

$$B = \mu_r \mu_0 H \tag{6.2}$$

Magnetische Suszeptibilität und relative Permeabilität:

$$\chi_m = \frac{M}{H} = \frac{1}{\mu_0} \cdot \frac{J}{H} \quad \text{in magnetisch isotroper Materie:} \quad \mu_r = \chi_m + 1 \tag{6.5}$$

Kraft auf eine dia- oder paramagnetische Probe im Magnetfeld:

$$F = \chi_m V \frac{B}{\mu_0} \frac{dB}{dx} \tag{6.6}$$

Symbole

J :	Magnetische Polarisation	M :	Magnetisierung
μ_r :	relative Permeabilität	χ_m :	Magnetische Suszeptibilität
V :	Volumen der Probe		

7.3.6.2 Magnetische Polarisationsmechanismen

Definition magnetisches Dipolmoment:

$$\mu_M = I \cdot A \tag{6.7}$$

Atomarer Kreisstrom:

$$I = e_0 / \tau = e_0 \omega / 2\pi$$

Magnetisches Moment der Bahndrehbewegung der Elektronen:

$$\mu_{Bahn} = \frac{e_0 \omega}{2\pi} \cdot \pi r^2 = \frac{n e_0 h}{4\pi m_e} = n \cdot \mu_B \tag{6.11}$$

Bohrsches Magneton:

$$\mu_B = \frac{e_0 h}{4\pi m_e} = 9,27 \cdot 10^{-24} \, \text{Am}^2 \tag{6.9}$$

Bohrsche Quantenbedingung:

$$m_e \omega r \cdot 2\pi r = n \cdot h, \quad n = 1,\ 2,\ 3,\ ... \tag{6.10}$$

Gyromagnetisches Verhältnis der Bahndrehbewegung der Elektronen:

$$\gamma_{Bahn} = \frac{n \cdot \mu_B}{m_e \omega r^2} = \frac{e_0}{2m_e} \tag{6.12}$$

Gyromagnetisches Verhältnis des Elektronenspins:

$$\gamma_{\text{Spin}} = \frac{\mu_B}{h/4\pi} = \frac{e_0}{m_e} \qquad (6.13)$$

Symbole

I :	Kreisstrom	A :	umschlossene Fläche
ω :	Kreisfrequenz	μ_B :	Bohrsches Magneton
τ :	Umlaufzeit	m_e :	Elektronenmasse

Diamagnetismus

Definition Diamagnetismus:

$$\chi_m < 0$$

Ein äußeres Magnetfeld erregt magnetische Dipole zu einer Präzessionsbewegung. Die Kreisfrequenz dieser Bewegung ist die Larmor-Frequenz:

$$\omega_L = \gamma_{\text{Bahn}} \cdot B \qquad (6.14)$$

Daraus resultiert ein induziertes (mittleres) Moment:

$$\mu_{\text{ind}} = -\pi r_1^2 \frac{\omega_L}{2\pi} e_0 = -\frac{e_0^2}{4m_e} r_1^2 B \quad \Rightarrow \quad \bar{\mu}_{\text{ind}} = -\frac{e_0^2 r^2}{6m_e} B \qquad (6.15\text{f.})$$

Magnetisierung:

$$M = N \cdot \bar{\mu}_{\text{ind}} = -\frac{N e_0^2 r^2}{6m_e} B \qquad (6.17)$$

Magnetische Suszeptibilität:

$$\chi_{\text{mD}} = \mu_0 \frac{M}{B} = -\mu_0 N \frac{e_0^2 r^2}{6m_e} \qquad (6.18)$$

Symbole

r_1 :	Projektion des Bahnradius auf die Feldrichtung	N :	Konzentration der diamagnetischen Atome

Paramagnetismus

Definition Paramagnetismus:

$$\chi_m > 0$$

Magnetisierung:

$$M = N\mu_B \cdot L\left(\mu_B \cdot B/kT\right) \qquad (6.19)$$

Bei niedriger Feldstärke wird die Langevin-Funktion linear approximiert:

$$\mu_{\mathrm{B}}B \ll kT: \quad M = \frac{N\mu_{\mathrm{B}}^{2}B}{3kT} \tag{6.20}$$

Für die paramagnetische Suszeptibilität folgt das Curie-Gesetz:

$$\chi_{\mathrm{mP}} = \mu_{0}\frac{M}{B} = \mu_{0}\frac{N\mu_{\mathrm{B}}^{2}}{3kT} = \frac{C}{T} \tag{6.21f.}$$

Symbole

N :	Konzentration der Dipole mit dem Moment μ_{B}	L :	Langevin-Funktion
C :	Curie-Konstante	T :	Temperatur

Ferro-, Ferri- und Antiferromagnetismus

Definitionen:

$$\text{Ferromagnetismus} \quad \chi_{\mathrm{m}} \gg 0$$

$$\text{Ferrimagnetismus} \quad \chi_{\mathrm{m}} \gg 0$$

$$\text{Antiferromagnetismus} \quad \chi_{\mathrm{m}} > 0$$

Oberhalb von T_{C} bzw. T_{N} herrscht paramagnetisches Verhalten vor. Für die Suszeptibilität gilt in diesem Fall das Curie-Weißsche Gesetz:

$$T > T_{\mathrm{C}}: \quad \chi_{\mathrm{mP}} = \frac{C}{T - T_{\mathrm{C}}} \quad \text{(bei Ferromagnetika)} \tag{6.23}$$

$$T > T_{\mathrm{N}}: \quad \chi_{\mathrm{mP}} = \frac{C}{T - \Theta} \quad \text{(bei ferri- und antiferromagnetischen Substanzen)} \tag{6.24}$$

Symbole

T_{C} :	Curie-Temperatur	T_{N} :	Néel-Temperatur
Θ :	Curie-Weiß-Temperatur	C :	(Curie-)Konstante

Magnetische Permeabilität

Definition (relative) Anfangspermeabilität:

$$\mu_{\mathrm{ra}} = \frac{1}{\mu_{0}} \cdot \left.\frac{\mathrm{d}B}{\mathrm{d}H}\right|_{H=0} \tag{6.25}$$

Definition Amplitudenpermeabilität:

$$\hat{\mu}_{\mathrm{r}} = \frac{1}{\mu_{0}} \cdot \left.\frac{B}{H}\right|_{H=\hat{H}} \tag{6.26}$$

Definition reversible Permeabilität am Arbeitspunkt AP:

$$\mu_{r,rev} = \frac{1}{\mu_0} \cdot \frac{\Delta B}{\Delta H}\bigg|_{AP} \tag{6.27}$$

7.3.6.3 Einsatz magnetischer Werkstoffe

Ideale und verlustbehaftete Spulen

Induktivität langer Spulen $l \gg r$:

$$L = \mu_r \mu_0 \frac{n^2 A}{l} \tag{6.28}$$

Induktiver Spannungsabfall:

$$u_L = L \frac{\mathrm{d}i}{\mathrm{d}t} \tag{6.29}$$

Verlustfaktor:

$$\tan \delta = \frac{u_R}{u_L} = \frac{\mu_r''}{\mu_r'} \tag{6.31ff.}$$

Komplexe Permeabilitätszahl:

$$\mu_r = \mu_r' - j \cdot \mu_r'' \tag{6.32}$$

Energiedichte der Hystereseverluste bei periodischer Ummagnetisierung:

$$w_H = f \oint H dB \tag{6.34}$$

Bei geringer Aussteuerung gilt für den Verlustfaktor einer realen Spule näherungsweise:

$$\tan \delta = \tan \delta_{Cu} + \tan \delta_H + \tan \delta_W \quad (Cu = Kupfer, H = Hysterese, W = Wirbelstrom) \tag{6.35}$$

Frequenzabhängigkeit der einzelnen Verlustfaktoranteile:

$$\tan \delta_{Cu} \sim f^{-1} \tag{6.36}$$

$$\tan \delta_H = const. \tag{6.37}$$

$$\tan \delta_W \sim f \tag{6.38}$$

Symbole

A :	Spulenquerschnittsfläche	l :	Länge der Spule
n :	Windungszahl der Spule	u_R :	Ohmsche Verlustspannung
u_L :	Induktive Spannung	f :	Frequenz der Ummagnetisierung

Wichtige Konstanten

Konstante	Bezeichnung	Wert	Einheit
ε_0	Elektrische Feldkonstante	$8{,}85 \cdot 10^{-12}$	As/Vm
μ_B	Bohrsches Magneton	$9{,}3 \cdot 10^{-24}$	Am^2
μ_0	Magnetische Feldkonstante	$4\pi \cdot 10^{-7}$	Vs/Am
π	Kreiszahl	$\approx 3{,}1416$	-
c_0	Vakuumlichtgeschwindigkeit	$2{,}998 \cdot 10^8$	m/s
e_0	Elementarladung	$1{,}602 \cdot 10^{-19}$	As
h	Plancksches Wirkungsquantum	$6{,}626 \cdot 10^{-34}$	Js
k	Boltzmann-Konstante	$1{,}381 \cdot 10^{-23}$	J/K
k	Boltzmann-Konstante	$8{,}617 \cdot 10^{-5}$	eV/K
kT	Thermische Energie (bei 300 K)	$0{,}025$	eV
m_e	Ruhemasse des Elektrons	$9{,}109 \cdot 10^{-31}$	kg
m_N	Ruhemasse des Neutrons	$1{,}675 \cdot 10^{-27}$	kg
m_P	Ruhemasse des Protons	$1{,}673 \cdot 10^{-27}$	kg
N_A	Avogadro-Konstante	$6{,}022 \cdot 10^{23}$	1/mol
v_{th}	Thermische Geschwindigkeit (bei 300 K)	$\approx 10^7$	cm/s

7.4 Aufgabensammlung

Multiple-Choice-Aufgaben (MC)

Bei den folgenden Multiple-Choice-Aufgaben können jeweils eine oder mehrere Antworten richtig sein.

MC1   Nach dem Pauli-Prinzip dürfen zwei Elektronen in einem Atom
a) nicht auf derselben Schale sitzen.
b) nicht in drei der vier Quantenzahlen übereinstimmen.
c) nicht im identischen Elektronenzustand (beschrieben durch die vier Quantenzahlen) sein.
d) auf der untersten Schale nur mit unterschiedlichem Spin sitzen.

MC2   Zwischen zwei Atomen, die eine chemische Bindung eingehen, stellt sich ein Gleichgewichtsabstand r_0 ein, wenn:
a) die potentielle Energie W minimal ist.
b) die potentielle Energie $W = 0$ ist.
c) $F_{eff} = F_{an} + F_{ab}$ = minimal.
d) $F_{eff} = F_{an} + F_{ab} = 0$.

MC3   Amorphe Festkörper
a) zeigen Nahordnung, aber keine Fernordnung.
b) besitzen ein Schmelzverhalten wie kristalline Festkörper.
c) unterscheiden sich im Schmelzverhalten deutlich von kristallinen Festkörpern.
d) Bei gleicher Temperatur hat ein amorpher Festkörper ein größeres Volumen als ein kristalliner Festkörper gleicher Zusammensetzung.

MC4   Gläser
a) zeigen beim Abkühlen aus der Schmelze eine kontinuierliche Volumenänderung.
b) Ein Glas besitzt eine streng periodische Fernordnung.
c) Durch Zugabe von Alkaliionen als Netzwerkwandler kann die elektrische Leitfähigkeit eines Glases um Größenordnungen erhöht werden.
d) Der Einbau von Alkaliionen führt zu einer Verringerung des dielektrischen Verlustfaktors.

MC5   Kovalente Bindungen
a) zwischen zwei Atomen desselben Elements weisen keinen ionischen Bindungsanteil auf.
b) werden nur zwischen Elementen, die im Periodensystem sehr weit voneinander entfernt stehen, eingegangen.
c) haben eine geringe elektrische Leitfähigkeit des Werkstoffs zur Folge.
d) können nicht zwischen Elementen, die im Periodensystem in derselben Gruppe (Spalte) stehen, eingegangen werden.

MC6   Die Anzahl von Punktdefekten in Kristallgittern
a) ist nicht von der Temperatur abhängig.
b) nimmt im Allgemeinen mit steigender Temperatur ab.
c) nimmt im Allgemeinen mit steigender Temperatur zu.
d) ist bei gleicher Temperatur in unterschiedlichen Kristallgittern gleich.

MC7 Schottkydefekte sind vorhanden
a) ausschließlich in Ionenkristallen.
b) ausschließlich in rein kovalent gebundenen Kristallen.
c) bei höheren Temperaturen in höherer Konzentration.
d) in Einkristallen und polykristallinen Werkstoffen.

MC8 Der Anstieg der Frenkel-Defekt-Konzentration
a) hat eine Volumenvergrößerung des Kristalls zur Folge.
b) ändert die Dichte des Materials nicht.
c) ist proportional zur absoluten Temperatur.
d) ist unabhängig von der Bildungsenergie der Defekte.

MC9 Die Wärmeleitung in Festkörpern erfolgt
a) bei kovalenter Bindung überwiegend durch Elektronen.
b) in Isolatoren überwiegend durch Phononen.
c) in Metallen überwiegend durch Elektronen.
d) in Metallen überwiegend durch Phononen.

MC10 Nach dem Wiedemann-Franz-Gesetz ist die Wärmeleitfähigkeit bei konstanter Temperatur
a) proportional zum spezifischen Widerstand.
b) unabhängig vom spezifischen Widerstand.
c) proportional zur spezifischen Leitfähigkeit.

MC11 Das Bändermodell
a) beschreibt die möglichen Energiezustände der Elektronen im Festkörper.
b) ermöglicht die Unterscheidung nach Isolator, Halbleiter und Leiter.
c) beschreibt die Zusammensetzung von Legierungen über einen großen Temperatur-bereich.

MC12 Die elektrische Leitfähigkeit in Festkörpern erfolgt
a) in Metallen durch Phononen.
b) bei kovalenter Bindung durch Ionen.
c) in Halbleitern durch Elektronen und Defektelektronen.
d) in Ionenkristallen durch Elektronen und/oder Ionen.

MC13 Metallische Leitfähigkeit tritt dann auf,
a) wenn das Leitungsband nur teilweise mit Elektronen besetzt ist.
b) wenn Leitungsband und Valenzband überlappen.
c) wenn das Valenzband gefüllt und das Leitungsband leer ist.

MC14 Ein reines Metall zeigt gegenüber einem solchen mit geringen Verunreinigungen einen niedrigeren spezifischen Widerstand, weil
a) die mittlere Geschwindigkeit der Ladungsträger kleiner ist.
b) die Fermienergie kleiner ist.
c) die Ladungsträgerdichte größer ist.
d) die Ladungsträgerbeweglichkeit größer ist.

MC15   Bei welchem der folgenden Effekte handelt es sich um einen thermoelektrischen
Effekt?
a) Piezo-Effekt
b) Peltier-Effekt
c) Seebeck-Effekt
d) Meißner-Ochsenfeld-Effekt

MC16   Der Seebeck-Effekt
a) beschreibt die Potentialdifferenz, die sich bei einem Temperaturgradienten in einem metallischen Leiter aufbaut.
b) beruht auf dem Auftreten eines Elektronen-Diffusionsstroms vom kalten zum war-
men Ende eines metallischen Leiters.
c) besagt, dass sich das wärmere Ende eines metallischen Leiters positiv gegenüber
dem kälteren Ende auflädt.
d) tritt auf, wenn zwei Metalle mit unterschiedlichen Austrittsarbeiten in Kontakt
kommen.

MC17   Die Temperaturabhängigkeit der elektrischen Leitfähigkeit eines reinen Metalls wird
a) von der Aktivierungsenergie der Ladungsträger bestimmt.
b) von der Temperaturabhängigkeit der Ladungsträgerbeweglichkeit bestimmt.
c) von der Temperaturabhängigkeit der Ladungsträgerkonzentration bestimmt.
d) von der Ionisierungsenergie des Elements bestimmt.

MC18   In Metallen gilt im Allgemeinen für die Anzahl n der freien Leitungselektronen:
a) $n = $ const.
b) $n = p = n_i$
c) $n \propto \exp\left(-W_g/kT\right)$

MC19   Bei Metallen
a) nimmt der spezifische Widerstand mit steigender Temperatur zu.
b) beruht die Wärmeleitfähigkeit λ überwiegend auf Gitterschwingungen.
c) ist die Wärmeleitfähigkeit λ in einer Vielzahl von Fällen dem Produkt aus
elektrischer Leitfähigkeit σ und absoluter Temperatur T proportional.
d) erhöht sich der spezifische Widerstand durch den Einbau von 3 % Fremdatomen.

MC20   Im Bereich der Störstellenerschöpfung ist der Temperaturkoeffizient der elektrischen
Leitfähigkeit
a) eines p-Halbleiters positiv.
b) eines n-Halbleiters negativ.
c) eines n-Halbleiters positiv.

MC21   In einem dotierten Halbleiterwerkstoff
a) steigt die elektrische Leitfähigkeit kontinuierlich mit steigender Temperatur.
b) sinkt die Ladungsträgerbeweglichkeit mit steigender Temperatur.
c) steigt die Ladungsträgerkonzentration kontinuierlich mit steigender Temperatur.
d) sind bei $T = 0$ K immer Elektronen im Leitungsband.

MC22 Dehnmessstreifen
a) werden als Kraftsensoren eingesetzt.
b) ändern ihren Querschnitt bei Längenänderung.
c) bestehen aus piezoelektrischen Metalloxiden.

MC23 Ionenkristalle zeigen im Allgemeinen
a) eine elektrische Suszeptibilität $\chi_{el} > 10^4$.
b) eine hohe Ladungsträgerdichte von ca. 10^{22} cm^{-3}.
c) eine niedrige Wärmeleitfähigkeit.
d) ausgeprägte Molekülorbitale.

MC24 Warum sinkt der Beitrag der Orientierungspolarisation zur gesamten Polarisation mit steigender Temperatur ($T < T_C$)?
a) Die elektrostatische Abstoßung der permanenten Dipole wird größer.
b) Die thermische Bewegung der permanenten Dipole nimmt zu.
c) Die Zahl der permanenten Dipole nimmt ab.

MC25 Die Polarisierbarkeit dielektrischer Werkstoffe α_{ges} setzt sich zusammen aus:
a) in Si und Ge: $\alpha_{ges} = \alpha_e + \alpha_{ion}$
b) in GaAs: $\alpha_{ges} = \alpha_e + \alpha_{ion}$
c) in BaTiO$_3$ ($T > 600$ K) : $\alpha_{ges} = \alpha_e + \alpha_{ion}$
d) in Edelgasen: $\alpha_{ges} = \alpha_e + \alpha_{ion}$

MC26 Für die Temperaturabhängigkeit der relativen Dielektrizitätszahl TK_{ε_r} gilt
a) Stoffe mit Elektronenpolarisation: $TK_{\varepsilon_r} \cong 0$
b) Stoffe mit Elektronen- und Ionenpolarisation: $TK_{\varepsilon_r} = 0$
c) Edelgase: $TK_{\varepsilon_r} \cong 0$
d) Stoffe mit spontanen Dipolen: $TK_{\varepsilon_r} \propto T^{-1}$

MC27 Ein Plattenkondensator ist mit Luft gefüllt. Bei konstanter Spannung wird eine Platte aus Kunststoff ($\varepsilon_r > 1$) in den Zwischenraum eingeführt. Die Kapazität des Kondensators wird dabei
a) größer.
b) kleiner.
c) bleibt gleich.

MC28 Elektronenpolarisation
a) fällt meist schon bei wenigen Hertz aus.
b) fällt erst bei sehr hohen Frequenzen aus.
c) tritt nur in ferroelektrischen Materialien auf.
d) tritt nur in ferrielektrischen Materialien auf.

MC29 Der Verlustfaktor tan δ eines realen Kondensators ist
a) unabhängig von der Güte Q des Kondensators.
b) frequenzunabhängig.
c) ein Maß für die Abweichung des Kondensators von rein kapazitivem Verhalten.
d) materialunabhängig.

MC30 Welche Stoffe sind piezoelektrisch?
a) Alle Einkristalle.
b) Ionenkristalle ohne Symmetriezentrum.
c) Alle ferroelektrischen Stoffe.

MC31 Heißleiter (NTCs)
a) können zur Temperaturmessung eingesetzt werden.
b) sind aufgrund ihrer nichtlinearen $R(T)$-Abhängigkeit als Temperatursensor unbrauchbar.
c) können nur bei sehr hohen Temperaturen ($T > 600$ °C) eingesetzt werden.
d) weisen aufgrund thermisch aktivierter Hopping-Prozesse (Hopping-Leitung) einen positiven Temperaturkoeffizienten TK_σ auf.

MC32 Ferromagnetika und Ferroelektrika haben folgende Gemeinsamkeiten:
a) Sie besitzen permanente magnetische bzw. elektrische Dipole.
b) Oberhalb der Curietemperatur sind sie paramagnetisch bzw. paraelektrisch.
c) Sie zeigen Hystereseverhalten.

MC33 Die diamagnetische Suszeptibilität
a) steigt mit der Temperatur.
b) ist temperaturunabhängig.
c) sinkt mit der Temperatur.
d) ist in Supraleitern im supraleitenden Zustand besonders hoch ($\chi = -1$).

MC34 Welche der Aussagen über ferromagnetische und ferroelektrische Werkstoffe sind richtig?
a) Ferroelektrische und ferromagnetische Werkstoffe zeigen unterhalb der Curie-Temperatur eine ausgeprägte Hysterese.
b) Ferroelektrische und ferromagnetische Bauelemente bestehen aus metallischen Werkstoffen.
c) Beim Überschreiten der Curie-Temperatur verschwinden in einem ferroelektrischen Material die permanenten Dipole, während in einem ferromagnetischen Material nur die Ordnung der Dipole gestört wird.
d) Ferroelektrische und ferromagnetische Bauelemente sind elektrisch isolierend.

MC35 Für digitale magnetische Speicher
a) werden bevorzugt hartmagnetische Materialen verwendet.
b) werden bevorzugt weichmagnetische Materialien verwendet.
c) sind Materialien mit Rechteck-Hysteresekurve ideal.
d) sind Materialien mit niedriger elektrischer Leitfähigkeit ideal.

Kapitelweise Übungsaufgaben

Kapitel 1   Aufbau und Eigenschaften der Materie

7.4.1.1 Ionisierungsenergie

Betrachtet wird die 2. Periode (Lithium bis Neon) des Periodensystems der Elemente. Welcher der nachfolgenden Verläufe A, B oder C der Ionisierungsenergie über der Ordnungszahl ist richtig? Begründen Sie kurz Ihre Antwort.

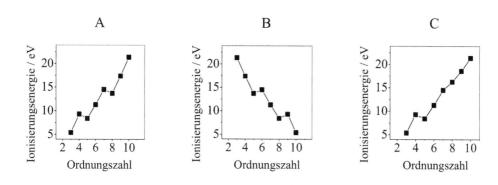

7.4.1.2 Elementarzellen

Skizziert ist die Elementarzelle des ferroelektrischen Ionenkristalls Bariumtitanat (BaTiO$_3$) bei Raumtemperatur (20 °C). In der gezeigten tetragonalen Phase hat das Titanion zwei gleichberechtigte Positionen.

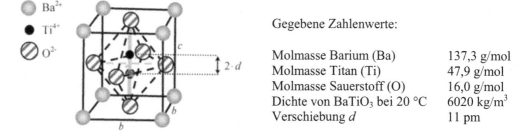

Gegebene Zahlenwerte:

Molmasse Barium (Ba)	137,3 g/mol
Molmasse Titan (Ti)	47,9 g/mol
Molmasse Sauerstoff (O)	16,0 g/mol
Dichte von BaTiO$_3$ bei 20 °C	6020 kg/m^3
Verschiebung d	11 pm

a) Wie ist Barium zu Sauerstoff koordiniert? Geben Sie die Koordinationszahl an.

b) Experimentell wird das Verhältnis der Gitterkonstanten b und c der Elementarzelle zu $c / b = 1,011$ bestimmt. Wie groß sind die Gitterkonstanten b und c?

Kapitel 2   Metallische Werkstoffe

7.4.2.1 Leitfähigkeit verunreinigter Metalle

a) Zwei Kupferchargen A und B aus dem gleichen Herstellungsprozess werden einer Qualitätskontrolle unterzogen. Dazu werden die spezifischen Widerstände beider Chargen bei $T = 4$ K gemessen. Es ergibt sich: $\rho_A = 0,1 \cdot 10^{-8}$ Ωm, $\rho_B = 1,0 \cdot 10^{-8}$ Ωm. Welche der beiden Chargen hat eine kleinere Konzentration von Verunreinigungen? Geben Sie eine kurze Begründung.

b) Der spezifische Widerstand ρ folgender Materialien wurde über der Temperatur T ermittelt:
  - reines Kupfer: Cu
  - mit 1 % Fremdatomen Eisen (Fe) verunreinigtes Kupfer: Cu + 1 % Fe
  - mit 1 % Fremdatomen Nickel (Ni) verunreinigtes Kupfer: Cu + 1 % Ni

  Ordnen Sie den Messkurven das jeweilige Material zu und begründen Sie kurz Ihre Wahl.

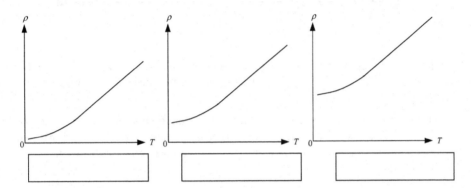

7.4.2.2 Dehnmessstreifen

Dargestellt ist ein mäanderförmiger Dehnmessstreifen (DMS) aus Metall.

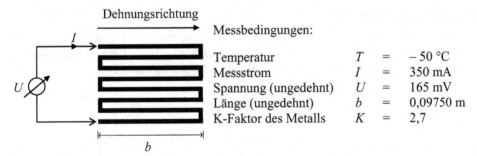

Messbedingungen:

Temperatur	T =	$-50\ °C$
Messstrom	I =	350 mA
Spannung (ungedehnt)	U =	165 mV
Länge (ungedehnt)	b =	0,09750 m
K-Faktor des Metalls	K =	2,7

a) Warum werden DMS in Mäanderform hergestellt? Geben Sie eine kurze Erklärung.

b) Der DMS wird an einer Flugzeugtragfläche aufgebracht, gemäß obigem Bild verschaltet und unter den angegebenen Bedingungen betrieben. Während der Messung sind Temperatur T und Messstrom I konstant. In Abhängigkeit von der auf die Tragfläche wirkenden Windlast wird eine mechanische Dehnung beobachtet, die Länge b wird auf $b' = 0,09925$ m gedehnt. Wie groß ist die resultierende Spannungsänderung ΔU des Dehnmessstreifens?

c) Die Messgenauigkeit, die mit DMS aus Metall erreicht werden kann, wird durch die Temperaturabhängigkeit des spezifischen Widerstands stark eingeschränkt. Nennen Sie zwei Möglichkeiten, den Einfluss der Temperatur in der praktischen Anwendung zu reduzieren.

7.4.2.3 Thermoelemente

a) Betrachtet wird ein homogener Metallstab, dem zur Zeit t_0 ein Temperaturgradient aufgeprägt wird. Skizzieren und benennen Sie die Art der Ladungsträger und deren Bewegungsrichtung unmittelbar nach t_0 im vorgegebenen Bild. Bestimmen Sie das Vorzeichen der sich einstellenden Thermospannung U. (*Hinweis: $T_1 > T_2$*)

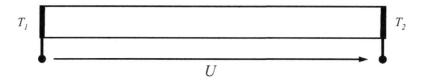

b) Skizzieren und beschriften Sie einen möglichen Messaufbau zur Temperaturmessung mittels Thermoelementen. Was wird zur Bestimmung der tatsächlichen Temperatur zusätzlich benötigt?

c) An den Enden eines Thermoelementes mit der Materialkombination Ni-CrNi wird bei einer Temperaturdifferenz von $\Delta T = 132$ K eine Thermospannung von $U = 5{,}41$ mV gemessen. Berechnen Sie den Seebeck-Koeffizienten η_{AB} für diese Materialkombination.

Kapitel 3   Halbleiter

7.4.3.1 Temperaturabhängigkeiten

Gegeben sind die Diagramme (a) bis (d). Die vier Kurven sind aus Messungen der elektrischen Leitfähigkeit σ über der Temperatur T entstanden. Ordnen Sie (a) bis (d) je eine der folgenden Werkstoffklassen zu: dotierter Halbleiter, PTC, Metall, intrinsischer Halbleiter.

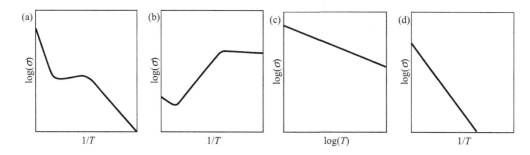

7.4.3.2 Hall-Effekt

Gegeben sei eine elektrisch kontaktierte Probe aus dotiertem Indiumantimonid (InSb). Die Probe befinde sich in Störstellenerschöpfung.

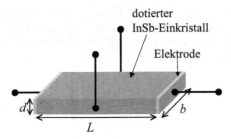

a) Um festzustellen, ob die Probe p- oder n-dotiert ist, wird sie in ein Magnetfeld der Fluss-dichte $\vec{B}$ gebracht und eine Stromdichte j eingeprägt, wie unten in der Aufsicht skizziert.

Zeichnen Sie für den Fall, dass es sich um einen p-Halbleiter (links) bzw. um einen n-Halbleiter (rechts) handelt, die Lorentz-Kraft ein, die auf die jeweiligen Majoritätsladungsträ-ger (Geschwindigkeit $\vec{v}$) wirkt, und geben Sie das sich daraus ergebende Vorzeichen der Hall-Spannung U_H ($U_H > 0$ bzw. $U_H < 0$) für beide Fälle an.

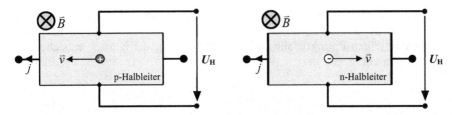

b) Lässt sich der Hall-Effekt auch an einer undotierten (intrinsischen) Probe beobachten? Begründen Sie Ihre Antwort.

c) Im Folgenden soll angenommen werden, dass die InSb-Probe n-dotiert sei. Bei einer Hallmessung in einem Magnetfeld der Flussdichte B wurde die nachfolgende Messkurve $U_H(I)$ aufgenommen. Berechnen Sie die Donatorendichte N_D in der Probe. (Zahlenwerte: $B = 0,5$ T, $L = 24$ mm, $b = 6$ mm, $d = 500$ μm.)

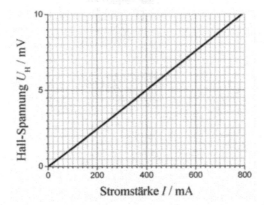

Kapitel 4   Dielektrische Werkstoffe

7.4.4.1 Piezoelektrizität

Betrachtet wird eine Waage, deren Messaufbau in dem Schnittbild angegeben ist. Der schraffiert dargestellte Piezokristall befindet sich zwischen zwei leitfähigen Platten. Die Spannung U zwischen den Platten wird mit einem idealen Spannungsmessgerät gemessen.

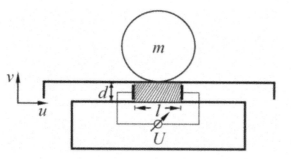

d	Dicke des Piezokristalls
l	Länge des Piezokristalls
t	Tiefe des Piezokristalls
m	Masse des Gewichts
g	Erdbeschleunigung (wirkt in negativer v-Richtung)
g_P	Piezoelektrische Spannungskonstante

a) Geben Sie die Funktion $U(m)$ in Abhängigkeit von den gegebenen Parametern an.

b) Wie muss das Kristallgitter des Piezokristalls orientiert sein, damit der in a) verwendete Messaufbau funktioniert? Kreuzen Sie diese Orientierung an und zeichnen Sie an die Seiten der schraffiert dargestellten Piezokristalle die unter Einwirkung der Kraft F entstehenden Polarisationsladungen ein.

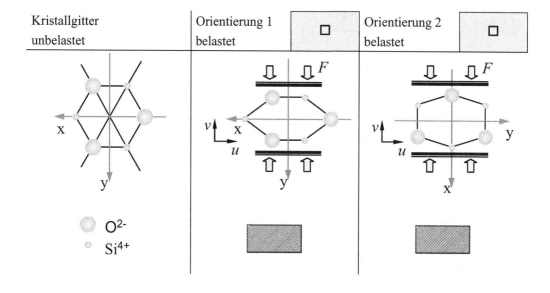

7.4.4.2 Dielektrische Polarisation

a) Kreuzen Sie an, welche Polarisationsmechanismen in folgenden Verbindungen bei Raumtemperatur auftreten.

	einkristallines Lithiumfluorid LiF	molekularer Sauerstoff O_2	polykristallines Bariumtitanat $BaTiO_3$
Elektronische Polarisation	☐	☐	☐
Ionische Polarisation	☐	☐	☐
Orientierungspolarisation	☐	☐	☐
Raumladungspolarisation	☐	☐	☐

b) Skizzieren Sie den Verlauf des dielektrischen Dispersionsspektrums für Wasser.

7.4.4.3 Pyroelektrika

Eine pyroelektrische Scheibe wird an der Ober- und Unterseite mit dünnen, metallischen Elektroden versehen. Fällt auf das Material eine zeitlich veränderliche Wärmestrahlung, so führt dies zu einer Temperaturänderung in der Scheibe. Die Anordnung wird im Folgenden in einem IR-Bewegungsmelder eingesetzt.

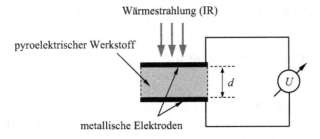

Zahlenwerte:

Masse der Scheibe	m	=	0,3 mg
Dicke der Scheibe	d	=	100 µm
Wärmekapazität der Scheibe	c	=	420 J/kgK
Dielektrizitätszahl der Scheibe	ε_r	=	300
Fläche der Elektroden	A	=	300 mm^2

a) Ein Besucher nähert sich abends einem Hauseingang. In einem Abstand von $l = 1$ m zum Bewegungsmelder bleibt er in Ruhe stehen. Der Detektor erwärmt sich aufgrund der abgestrahlten Körperwärme. Die Strahlungsleistung des Besuchers $P_B = 70$ W fällt senkrecht auf die Elektrodenfläche. Berechnen Sie die zeitliche Temperaturänderung $k = dT/dt$ des Detektors. *Hinweise*: Betrachten Sie den Besucher als ideale, punktförmige Wärmequelle, die radial abstrahlt. Die Oberfläche O einer Kugel mit Radius r berechnet sich gemäß $O = 4\,\pi\,r^2$. Für die absorbierte Wärmemenge gilt $W = c\,m\,\Delta T$. Vernachlässigen Sie die Abstrahlung des Sensorelementes.

b) Gegeben sind die Kennlinien der remanenten Polarisation P_r von drei verschiedenen Materialien über der Temperatur.

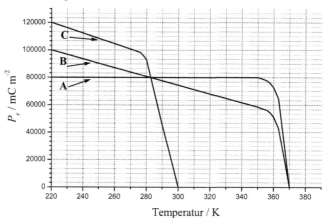

Untersuchen Sie die Kennlinien der drei gegebenen Werkstoffe auf ihre Einsatzfähigkeit als Sensorelement in einem Bewegungsmelder. Begründen Sie kurz die Eignung bzw. Nichteignung für jedes der drei Materialien. Berechnen Sie für den von Ihnen als geeignet betrachteten Werkstoff den Pyrokoeffizienten π_P im relevanten Temperaturbereich unter Zuhilfenahme der Kennlinien aus dem Diagramm.

c) Das Spannungssignal des IR-Detektors wird anhand eines idealen und verlustlosen Komparators ausgewertet. Eine Spannungsänderung von 100 mV im Vergleich zum Ruhezustand löst den Alarm aus. Berechnen Sie die minimale Verweilzeit Δt, die sich der Besucher aus Teilaufgabe a) im Bereich des Detektors mit dem Sensorelement aus Teilaufgabe b) aufhalten muss, um den Alarm auszulösen.

Kapitel 5   Nichtlineare Widerstände

7.4.5.1 Nichtlineare Widerstände

In den folgenden drei Kästen sind die Strom-Spannungs-Charakteristiken verschiedener keramischer nichtlinearer Widerstände gegeben. Geben Sie jeweils die Bauteilbezeichnung und eine Anwendungsmöglichkeit an.

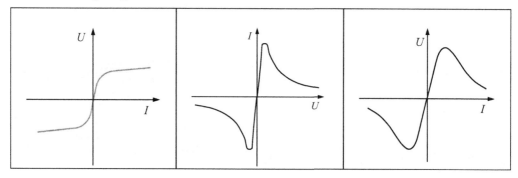

7.4.5.2 Heißleiter

a) Die Abhängigkeit des elektrischen Widerstands R von der Temperatur ϑ_{Th} (in °C) ist im folgenden Diagramm für einen Thermistor gezeigt. Bestimmen Sie die Aktivierungsenergie E_A und den Koeffizienten A zur Beschreibung der Temperaturabhängigkeit von R gemäß der Beziehung $R(T_{\text{Th}}) = A \exp(E_A/(2kT_{\text{Th}}))$.

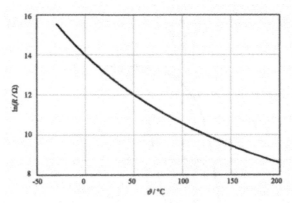

b) Ein Thermistor mit den unten angegebenen Kenndaten wird zur Bestimmung der Strömungsgeschwindigkeit v von Luft eingesetzt. Die Wärmeübergangszahl α ist eine Funktion der Strömungsgeschwindigkeit: $\alpha = \alpha_L + k_v \cdot \sqrt{v}$. In dem folgenden Diagramm sind Kennlinien für die drei Strömungsgeschwindigkeiten v_1, v_2 und v_3 gegeben. Berechnen Sie mit Hilfe der Kennlinien die Koeffizienten k_v und α_L sowie die Strömungsgeschwindigkeit v_3. (*Hinweis:* Überlegen Sie sich die Zuordnung von v_1, v_2 und v_3 zu den Kennlinien.)

Abgeführte Leistung	P_K =	$\alpha \cdot A_O \cdot (T_{\text{Th}} - T_U)$
Thermistoroberfläche	A_O =	0,5 cm²
Strömungsgeschwindigkeiten	v_1 =	0 cm/s
	v_2 =	21 cm/s
	v_3 >	v_2
Umgebungstemperatur	ϑ_U =	22 °C
Thermistorkonstanten	A =	0,015 Ω
	B =	3800 K

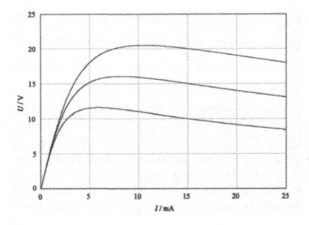

Kapitel 6   Magnetische Werkstoffe

7.4.6.1 Ferromagnetische Hysterese I

Ordnen Sie die Punkte 1 bis 6 der ferromagnetischen Hysteresekurve den unten abgebildeten Domänen zu.

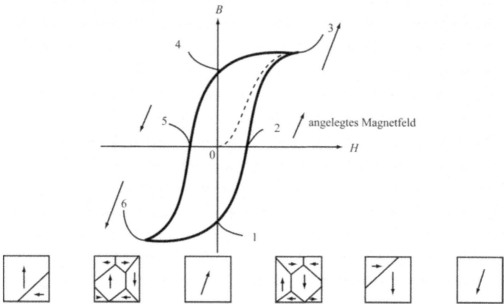

7.4.6.2 Ferromagnetische Hysterese II

Skizziert ist eine Anordnung aus Ringkern und Spule.

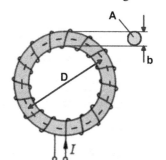

Zahlenwerte:

Durchmesser des Rings	D	= 6 cm
Durchmesser des Kerns	b	= 0,75 cm
Windungszahl	n	= 2250

A ist die Querschnittsfläche des Ringkerns.

Es gelten folgende Vereinfachungen: (1) Das Volumen des Magnetkerns wird durch $V \approx \frac{1}{4} \cdot \pi^2 \cdot D \cdot b^2$ angenähert; (2) Streufelder sind zu vernachlässigen, die magnetische Flussdichte ist im gesamten magnetischen Kreis über die Querschnittsfläche A konstant.

a) Der Kern besteht aus einem Werkstoff mit dem unten dargestellten, idealisierten $B(H)$-Zusammenhang. Zeichnen Sie die magnetische Polarisation J in Abhängigkeit von der magnetischen Feldstärke H. Nutzen Sie dazu die Werte aus der Tabelle. Begründen Sie den Verlauf Ihrer Lösung rechnerisch.

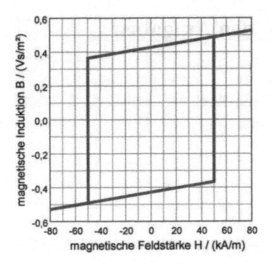

H / (kAm^{-1})	-80	-50	50	80	50	-50
$B(H)$ / (Vsm^{-2})	-0,526	-0,488	-0,362	+0,526	+0,488	+0,362

b) In die Spule wird ein Strom $i(t) = I_0 \cdot \cos(\omega t)$ mit $I_0 = 5$ A eingeprägt. Berechnen Sie die Hystereseverlustleistung $P_\mathrm{H} = V \cdot f \cdot \oint H dB$ im Ringkern bei einer Frequenz $f = 50$ Hz.

c) Im Folgenden wird die eingangs skizzierte Anordnung mit einem Ringkern aus einem anderen ferromagnetischen Werkstoff betrieben. Der Werkstoff zeigt den folgenden $B(H)$-Zusammenhang.

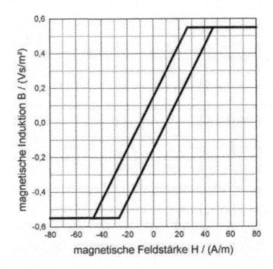

Berechnen Sie den Strom I_S, der in der Spule fließen muss, um in diesem Werkstoff die Sättigung zu erreichen. Entnehmen Sie benötigte Werte aus dem Diagramm.

d) Nennen Sie zwei Möglichkeiten, den Werkstoff zu entmagnetisieren.

Lösungen zu den Aufgaben

MC1   *Richtige Antworten*: (c), (d)

MC2   *Richtige Antworten*: (a), (d)

MC3   *Richtige Antworten*: (a), (c), (d)

MC4   *Richtige Antworten*: (a), (c)

MC5   *Richtige Antworten*: (a), (c)

MC6   *Richtige Antwort*: (c)

MC7   *Richtige Antworten*: (c), (d)

MC8   *Richtige Antwort*: (b)

MC9   *Richtige Antworten*: (b), (c)

MC10   *Richtige Antwort*: (c)

MC11   *Richtige Antworten*: (a), (b)

MC12   *Richtige Antworten*: (c), (d)

MC13   *Richtige Antworten*: (a), (b)

MC14   *Richtige Antwort*: (d)

MC15   *Richtige Antworten*: (b), (c)

MC16   *Richtige Antworten*: (a), (c)

MC17   *Richtige Antwort*: (b)

MC18   *Richtige Antwort*: (a)

MC19   *Richtige Antworten*: (a), (c), (d)

MC20   *Richtige Antwort*: (b)

MC21   *Richtige Antwort*: (b)

MC22   *Richtige Antworten*: (a), (b)

MC23   *Richtige Antwort*: (c)

MC24 *Richtige Antwort*: (b)

MC25 *Richtige Antworten*: (b), (c)

MC26 *Richtige Antworten*: (a), (c), (d)

MC27 *Richtige Antwort*: (a)

MC28 *Richtige Antwort*: (b)

MC29 *Richtige Antwort*: (c)

MC30 *Richtige Antworten*: (b), (c)

MC31 *Richtige Antworten*: (a), (d)

MC32 *Richtige Antworten*: (a), (b), (c)

MC33 *Richtige Antworten*: (b), (d)

MC34 *Richtige Antworten*: (a), (c)

MC35 *Richtige Antworten*: (a), (c)

7.4.1.1 Bild A. *Begründung*: Ionisierungsenergie steigt mit der Anzahl der Elektronen in der s- bzw. in der p-Unterschale an. Volles s-Orbital und halbvolles p-Orbital sind stabile Zustände. → Abnahme der Ionisierungsenergie von Ordnungszahl 4 zu 5 und von Ordnungszahl 7 zu 8.

7.4.1.2 a) Koordinationszahl: 12
b) Molmasse von $BaTiO_3$: $m_{mol} = (137,3 + 47,9 + 3 \cdot 16,0)$ g/mol = 233,2 g/mol

$$\rho = \frac{m_{mol}}{V_{mol}} = \frac{m_{mol}}{N_A \cdot V_{Elementarzelle}} = \frac{m_{mol}}{N_A \cdot b^2 c} = \frac{m_{mol}}{N_A \cdot 1,011 \cdot b^3}$$

$$\Rightarrow b = \left(\frac{m_{mol}}{N_A \cdot 1,011 \cdot \rho_{20\,°C}} \right)^{\frac{1}{3}} \approx \frac{233,2 \text{ g} \cdot \text{mol}^{-1}}{6,022 \cdot 10^{23} \text{ mol}^{-1} \cdot 1,011 \cdot 6,02 \cdot 10^6 \text{ g} \cdot \text{m}^{-3}}$$

$$\approx 3,992 \cdot 10^{-10} \text{ m}$$

$$\Rightarrow c = 1,011 \cdot b$$

$$\approx 4,036 \cdot 10^{-10} \text{ m}$$

7.4.2.1 a) Charge A. *Begründung*: Bei sehr tiefen Temperaturen dominiert der Restwiderstand, verursacht durch Streuung von Elektronen an Gitterfehlstellen. Je größer die Anzahl der Gitterfehlstellen (Verunreinigungen), desto höher ist der Restwiderstand.

b) *Linkes Bild*: Cu, *Mitte*: Cu + 1 % Ni, *rechtes Bild*: Cu + 1 % Fe. *Begründung*: Die Widerstandserhöhung bei Verunreinigung fällt umso höher aus, je größer die Differenz der Ordnungszahlen ΔZ der Fremdatome zu den Wirtsgitteratomen ist ($\Delta Z_{\text{Cu-Fe}}$ = 3, $\Delta Z_{\text{Cu-Ni}}$ = 1).

7.4.2.2   a) Größere Gesamtlänge, dadurch größere Änderung der Länge, höhere Empfindlichkeit und höhere Messgenauigkeit.

b) $l_{\text{ges}} = 8 \cdot b$, ungedehnt: $l_{\text{ges}} = 0,78$ m, gedehnt: $l_{\text{ges}} = 0,794$ m $\Rightarrow \Delta l_{\text{ges}} = 0,014$ m

Es gilt: $\dfrac{\Delta R}{R} = K \cdot \dfrac{\Delta l}{l}$. Wegen $I = const$ gilt: $\dfrac{\Delta R}{R} = \dfrac{\Delta U}{U}$.

Somit: $\dfrac{\Delta U}{U} = K \cdot \dfrac{\Delta l_{\text{ges}}}{l_{\text{ges}}} \Rightarrow \Delta U = U \cdot K \cdot \dfrac{\Delta l_{\text{ges}}}{l_{\text{ges}}} = 165 \text{ mV} \cdot 2,7 \cdot \dfrac{0,014 \text{ m}}{0,78 \text{ m}} = 8 \text{ mV}$

c) Möglichkeiten sind z. B. die Verwendung von DMS in Brückenschaltung oder die Verwendung von temperaturkompensierten Widerstandsmaterialien, z. B. Konstantan. (Durch Verwendung eines Materials mit höherem K-Faktor (z. B. Halbleiter) kann die Empfindlichkeit ebenfalls gesteigert werden.)

7.4.2.3   a) Vorzeichen der Thermospannung: $U > 0$.

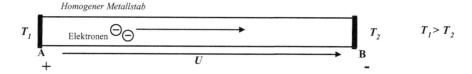

b) Da nur die Temperaturdifferenz erfasst wird, ist eine bekannte Vergleichstemperatur T_{Referenz} zur Bestimmung der zu messenden Temperatur T_{Mess} erforderlich (Eiswasser o.ä.).

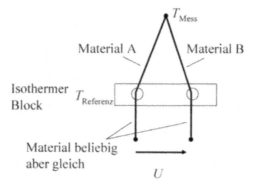

c) $U_{\text{th}} = \eta_{\text{AB}} \cdot \Delta T \Rightarrow \eta_{\text{AB}} = \dfrac{U_{\text{th}}}{\Delta T} = \dfrac{5,41 \text{ mV}}{132 \text{ K}} = 0,041 \dfrac{\text{mV}}{\text{K}}$

7.4.3.1   (a) dotierter Halbleiter, (b) PTC, (c) Metall, (d) intrinsischer Halbleiter.

7.4.3.2 a)

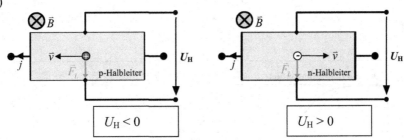

b) Ja, aufgrund der unterschiedlichen Beweglichkeiten der Elektronen und Löcher: Im Allgemeinen gilt $\mu_n \neq \mu_p \Rightarrow j_n \neq j_p \Rightarrow U_H \neq 0$.

c) Es liegt Störstellenerschöpfung vor, d. h. $n \approx N_D^+ \approx N_D$.

$$U_H = \frac{1}{e_0 \cdot n} \cdot \frac{I}{d} \cdot B \;\Rightarrow\; N_D \approx n = \frac{B}{e_0 \cdot d} \cdot \frac{I}{U_H}$$

Liest man aus der Messkurve ein Wertepaar ab, z. B. $(U_{H}, I) = (5\ \text{mV},\ 400\ \text{mA})$, so ergibt sich:

$$N_D \approx \frac{5 \cdot 10^{-1}\ \text{T}}{1{,}602 \cdot 10^{-19}\ \text{As} \cdot 5 \cdot 10^{-4}\,\text{m}} \cdot \frac{4 \cdot 10^{-1}\ \text{A}}{5 \cdot 10^{-3}\ \text{V}} \approx 5 \cdot 10^{23}\ \text{m}^{-3} = 5 \cdot 10^{17}\ \text{cm}^{-3}$$

7.4.4.1 a) Es gilt $E = \dfrac{U}{l}$ bzw. $U = l \cdot E$. Weiterhin ist $E = -g_P \cdot \sigma_M$ mit $\sigma_M = \dfrac{m \cdot g}{t \cdot l}$.

Insgesamt also: $U(m) = -\dfrac{g_P \cdot g}{t} \cdot m$

b)

Orientierung 1 belastet	☑	Orientierung 2 belastet	☐

7.4.4.2 a)

	einkristallines Lithiumfluorid LiF	molekularer Sauerstoff O_2	polykristallines Bariumtitanat $BaTiO_3$
Elektronische Polarisation	☒	☒	☒
Ionische Polarisation	☒	☐	☒
Orientierungspolarisation	☐ (oder auch ☒)	☐	☒
Raumladungspolarisation	☐	☐	☐

b)

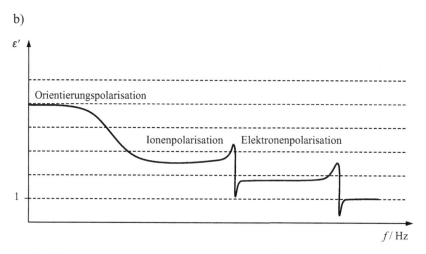

7.4.4.3 a) Die Wärmemenge W (Energie) ist Leistung P mal Zeit t:

$$W = P \cdot \Delta t = c \cdot m \cdot \Delta T \;\Rightarrow\; k = \frac{\Delta T}{\Delta t} = \frac{P_{\text{Sensor}}}{c \cdot m}$$

Die Leistung, die den Sensor erreicht, berechnet sich zu:

$$P_{\text{Sensor}} = \frac{P_{\text{B}}}{4\pi \cdot l^2} \cdot A = \frac{70\ \text{W} \cdot 300\ \text{mm}^2}{4\pi \cdot 1\ \text{m}^2} = 1{,}67\ \text{mW}$$

Daraus folgt die Heizrate:

$$k = \frac{P_{\text{Sensor}}}{c \cdot m} = \frac{1{,}67\ \text{mW} \cdot \text{kg} \cdot \text{K}}{420\ \text{J} \cdot 0{,}3\ \text{mg}} = 13{,}26\ \frac{\text{K}}{\text{s}}$$

b) Material A: ungeeignet, da in weiten Bereichen $dP_{\text{r}}/dT = 0 \Rightarrow$ kein Effekt.
Material B: geeignet, da in einem weiten Temperaturbereich eine (konstante) Steigung vorhanden ist.
Material C: ungeeignet, da durch Sonneneinstrahlung oder Umgebungstemperatur die Temperatur des Sensors leicht 300 K (= 27 °C) überschreiten kann; dann würde der Sensor ausfallen.

Für B:
$$\pi_{\text{P}} = \left|\frac{dP_{\text{r}}}{dT}\right|^{\text{linear}} = \left|\frac{\Delta P_{\text{r}}}{\Delta T}\right| = \left|\frac{60000\ \frac{\text{mC}}{\text{m}^2} - 100000\ \frac{\text{mC}}{\text{m}^2}}{345\ \text{K} - 220\ \text{K}}\right| = \frac{40000\ \frac{\text{mC}}{\text{m}^2}}{125\ \text{K}} = 320\ \frac{\text{mC}}{\text{m}^2 \cdot \text{K}}$$

c) Für die Spannungsänderung durch Temperaturänderung gilt: $\Delta U = \pi_{\text{P}} \cdot \dfrac{A \cdot \Delta T}{C} \cdot$

Mit $k = \dfrac{\Delta T}{\Delta t}$ und $C = \varepsilon_{\text{r}} \cdot \varepsilon_0 \cdot \dfrac{A}{d}$ folgt: $\Delta U = \pi_{\text{P}} \cdot \dfrac{A \cdot k \cdot \Delta t \cdot d}{\varepsilon_{\text{r}} \cdot \varepsilon_0 \cdot A} \;\Rightarrow\; \Delta t = \dfrac{\Delta U \cdot \varepsilon_{\text{r}} \cdot \varepsilon_0}{\pi_{\text{P}} \cdot k \cdot d}$ und

somit die minimale Verweilzeit Δt:

$$\Delta t = \frac{0{,}1\ \text{V} \cdot 300 \cdot 8{,}85 \cdot 10^{-12}\ \frac{\text{As}}{\text{Vm}} \cdot \text{m}^2 \cdot \text{K} \cdot \text{s}}{320\ \text{mC} \cdot 13{,}26\ \text{K} \cdot 100\ \mu\text{m}} = 0{,}626\ \mu\text{s}$$

7.4.5.1 *Links*: Varistor (VDR), Anwendungen: Blitzschutz, Überspannungsschutz, Hochspannungsableiter;

Mitte: PTC/Kaltleiter, Anwendungen: Überlastschutz, Stromstabilisierung, Strombegrenzung, Temperaturmessung/-überwachung/-sensor, Schaltverzögerung, Füllstandsüberwachung, Strömungsmessung, (selbstregelnde) Heizelemente, Entmagnetisierung; *rechts*: NTC/Heißleiter, Anwendungen: Einschaltverzögerung, Anlassheißleiter, Spannungsstabilisierung, Spannungsbegrenzung, Temperaturmessung/-überwachung/-sensor, Temperaturkompensation.

7.4.5.2 a) Lösung: $E_A = 0{,}609$ eV, $A = 2{,}896\ \Omega$. *Lösungsweg*: Ablesen zweier Wertepaare aus dem Diagramm: $(\ln R_1, \vartheta_1)$, $(\ln R_2, \vartheta_2) \Rightarrow (R_1, T_1)$, (R_2, T_2).

Mit $\dfrac{R_1}{R_2} = \dfrac{e^{\frac{E_A}{2kT_1}}}{e^{\frac{E_A}{2kT_2}}}$ folgt: $E_A = \ln\left(\dfrac{R_1}{R_2}\right) \cdot \dfrac{2k}{\dfrac{1}{T_1} - \dfrac{1}{T_2}}$ und $A = \dfrac{R_1}{e^{\frac{E_A}{2kT_1}}}$.

b) Lösung: $\alpha_L = 5 \cdot 10^{-3}$ W/(cm^2·K), $k_v = 1 \cdot 10^{-5}$ W·s$^{1/2}$/(K·cm$^{3/2}$), $v_3 = 113{,}7$ cm/s. *Lösungsweg*: Unterste Kennlinie im Diagramm: v_1 (hier wird die kleinste thermische Leistung abgeführt), mittlere: v_2, oberste: v_3 (wegen $v_3 > v_2$). Auswahl von geeigneten Wertepaaren im Kennlinienfeld der Eigenerwärmung:
$$U_1 = 10\ \text{V};\ I_1 = 15\ \text{mA}$$
$$U_2 = 15\ \text{V};\ I_2 = 15\ \text{mA}$$
$$U_3 = 20\ \text{V};\ I_3 = 15\ \text{mA}$$

$$P_K = U \cdot I = (\alpha_L + k_v\sqrt{v}) \cdot A_0 \cdot (T - T_U)$$

$$P_{K1} = U_1 \cdot I_1 = I_1^2 \cdot R_1 = I_1^2 \cdot A \cdot e^{\frac{B}{T_1}}$$

$$\Rightarrow \quad T_1 = \dfrac{B}{\ln\left(\dfrac{U_1}{I_1} \cdot \dfrac{1}{A}\right)} = 355{,}1\,\text{K}; \quad T_2 = 342{,}1\,\text{K}; \quad T_3 = 333{,}5\,\text{K}$$

Mit Hilfe von $v_1 = 0$ cm/s:
$$U_1 \cdot I_1 = \alpha_L \cdot A_0 \cdot (T_1 - T_U) \quad \Rightarrow \quad \alpha_L = \dfrac{U_1 \cdot I_1}{A_0 \cdot (T_1 - T_U)} = 5 \cdot 10^{-3}\ \text{W/(cm}^2 \cdot \text{K)}$$

Mit Hilfe von $v_2 = 21$ cm/s:

$$P_{K2} = U_2 \cdot I_2 = ((\alpha_L + k_v\sqrt{v}) \cdot A_0 \cdot (T_2 - T_U) \quad \Rightarrow \quad k_v = \left(\dfrac{U_2 \cdot I_2}{A_0 \cdot (T_2 - T_U)} - \alpha_L\right)\dfrac{1}{\sqrt{v_2}} = 1 \cdot 10^{-5}\ \dfrac{\text{W}\,\text{s}^{\frac{1}{2}}}{\text{K} \cdot \text{cm}^{\frac{3}{2}}}$$

$$P_{K3} = U_3 \cdot I_3 = (\alpha_L + k_v\sqrt{v_3}) \cdot A_0 \cdot (T_3 - T_U) \quad \Rightarrow \quad v_3 = \left(\left(\dfrac{U_3 \cdot I_3}{A_0 \cdot (T_3 - T_U)} - \alpha_L\right) \cdot \dfrac{1}{k_v}\right)^2 = 113{,}7\ \text{cm/s}$$

7.4.6.1

7.4.6.2 a) Rechnerische Begründung: $B = \mu_0 \cdot H + J$, d.h. $J(H)$ verschiebt sich im Vergleich zu $B(H)$ um $-\mu_0 \cdot H$. Zur Überprüfung Werte ausrechnen bzw. Steigung der Geraden bestimmen.

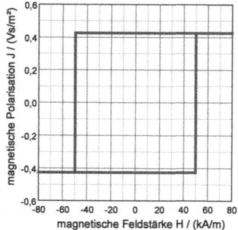

b) Für das Volumen gilt laut Aufgabenstellung:

$$V = \tfrac{1}{4} \cdot \pi^2 \cdot D \cdot b^2 = \tfrac{1}{4} \cdot \pi^2 \cdot 6 \text{ cm} \cdot (0{,}75 \text{ cm})^2 = 8{,}327 \cdot 10^{-6} \text{ m}^3$$

Wird die Hysteresekurve komplett durchlaufen?

$$n = 2250 \text{ Windungen}, \; I_0 = 5 \text{ A} \; \Rightarrow H(t) \approx 60 \frac{\text{kA}}{\text{m}} \cdot \cos (\omega t) \Rightarrow |H_{\max}| > H_C$$

$\Rightarrow$ Hystereseschleife wird komplett durchlaufen.

Fläche der Hystereseschleife: $\oint H \cdot dB$

Rechnet man mit B_S, so muss man beachten, dass B in Teilaufgabe a) nur verschoben wird, also auch mit J_S gerechnet werden kann. Eleganter geht es durch Substitution der Integrationsvariablen: $B = \mu_0 \cdot H + J \Rightarrow \dfrac{dB}{dJ} = 1 \Rightarrow dB = dJ$. Damit folgt:

$$\oint H \cdot dB = \oint H \cdot dJ = 2 \cdot H_C \cdot 2 \cdot J_S = 2 \cdot 50 \frac{\text{kA}}{\text{m}} \cdot 2 \cdot 0{,}425 \frac{\text{Vs}}{\text{m}^2} = 8{,}5 \cdot 10^4 \frac{\text{VsA}}{\text{m}^3}$$

$$\Rightarrow P_H = V \cdot f \cdot \oint H dB = 8{,}327 \cdot 10^{-6} \text{ m}^3 \cdot \frac{50}{\text{s}} \cdot 8{,}5 \cdot 10^4 \frac{\text{VsA}}{\text{m}^3} = 35{,}4 \text{ W}$$

c) H_S ist nötig, um B_S zu erreichen. Ablesen: $H_S \approx 45 \text{ A/m}$.

Für die Ringspule gilt wieder: $n \cdot I_S = H_S \cdot \pi \cdot D$

$$\Rightarrow I_S = \frac{H_S \cdot \pi \cdot D}{n} = \frac{45 \text{A/m} \cdot \pi \cdot 6 \text{ cm}}{2250} = 3{,}8 \text{ mA}$$

d) Erwärmen über Curie-Temperatur ($T > T_c$), Wechselfeld-Abmagnetisierung, Aussteuerung zum (meist unbekannten) Punkt P, der nach Abschalten des Feldes zu $H = 0, J = 0$ führt (scheinbare Abmagnetisierung).

8 Stichwortverzeichnis

Teubner Lehrbücher: einfach clever

Frohne, Heinrich /
Löcherer, Karl-Heinz / Müller, Hans
**Moeller Grundlagen der
Elektrotechnik**

hrsg. von Jürgen Meins, Rainer Scheithauer,
Herrmann Weidenfeller
20., überarb. Aufl. 2005. XVI, 551 S.
(Leitfaden der Elektrotechnik) Br. € 38,90
ISBN 3-519-66400-3

Scheithauer, Rainer
Signale und Systeme
Grundlagen für die Messtechnik,
Regelungstechnik und Nachrichten-
technik

hrsg. von Jürgen Meins, Rainer
Scheithauer, Herrmann Weidenfeller
2., durchges. Aufl. 2005. XI, 436 S. mit
297 Abb.3 Tabellen, 67 Beispiele
(Leitfaden der Elektrotechnik) Br. € 32,90
ISBN 3-519-16425-6

Flosdorff, René / Hilgarth, Günther
Elektrische Energieverteilung

9., durchges. und akt. Aufl. 2005.
XIV, 390 S. (Leitfaden der Elektrotechnik)
Br. ca. € 34,90
ISBN 3-519-36424-7

Busch, Rudolf
Elektrotechnik und Elektronik
für Maschinenbauer und
Verfahrenstechniker

4., korr. und akt. Aufl. 2006.
XIV, 390 S. mit 463 Abb. Br. € 34,90
ISBN 3-8351-0022-X

Stand Juli 2006.
Änderungen vorbehalten.
Erhältlich im Buchhandel
oder beim Verlag.

B. G. Teubner Verlag
Abraham-Lincoln-Straße 46
65189 Wiesbaden
Fax 0611.7878-400
www.teubner.de

Teubner Lehrbücher: einfach clever

Frey, Thomas / Bossert, Martin
Signal- und Systemtheorie

hrsg. von Norbert Fliege und Martin Bossert
2004. XII, 346 S. mit 117 Abb. u. 26 Tab. u.
64 Aufg. (Informationstechnik) Br. € 34,90
ISBN 3-519-06193-7

Kammeyer, Karl Dirk
Nachrichtenübertragung

hrsg. von Norbert Fliege und Martin Bossert
3., neu bearb. und erg. Aufl. 2004.
XX, 822 S. mit 458 Abb. u. 39 Tab.
(Informationstechnik) Br. € 54,90
ISBN 3-519-26142-1

Girod, Bernd / Rabenstein, Rudolf /
Stenger, Alexander
**Einführung in die
Systemtheorie**
Signale und Systeme in der
Elektrotechnik und
Informationstechnik

3., korr. Aufl. 2005. XVIII, 536 S.
Br. € 43,90
ISBN 3-519-26194-4

Stand Juli 2006.
Änderungen vorbehalten.
Erhältlich im Buchhandel
oder beim Verlag.

Teubner

B. G. Teubner Verlag
Abraham-Lincoln-Straße 46
65189 Wiesbaden
Fax 0611.7878-400
www.teubner.de